기중기
운전기능사총정리문제

건설기계교육아카데미 편저

글첫머리에

건설기계와 자동차 공업은 건설 및 각종 생산에서 가장 중요한 위치를 차지하고 있음은 누구나 잘 알고 있는 바이며, 근래에 와서는 모든 생산 및 건설분야가 전문화와 세분화됨에 따라 인력부족과 자리부족의 심각한 상황에 이르러 건설기계의 활용으로 대처해 나가고 있으나 기술인력의 부족으로 많은 고충을 겪고 있는 실정입니다.

이 책은 한국산업인력공단이 주관 및 시행하고 있는 기중기운전기능사 자격시험을 준비하고자 하는 분들을 위해 최근 개정된 법령 및 출제기준, 그간의 기출문제를 면밀히 분석하여 과목별 핵심이론과 함께 다음의 사항을 중심으로 집필하였습니다.

1. 한국산업인력공단의 최근 출제기준 및 강화된 건설기계관리 법규 등을 충실히 반영하여 이론을 정리하고 이에 따른 출제예상문제를 엄선하여 수록하였습니다.
2. 또한, 출제기준 변경에 따라 기중기 작업장치와 관련된 문항이 대폭 늘어난 만큼 기중기 작업장치와 관련된 이론 내용과 출제예상문제를 보다 풍부하게 수록하고자 하였습니다.
3. 끝으로 7장에서는 한국산업인력공단이 주관하여 시행한 기출문제와 함께 CBT 시험에 출제되었던 문제를 복원하여 재구성한 6회분의 CBT 복원문제를 상세한 해설과 함께 수록함으로써 문제은행 방식의 자격시험에 효과적으로 대비하도록 하였습니다.

국가에서 요구하는 기술인으로서의 국위선양에 일익을 담당할 여러분에게 영광이 있기를 빌며 본의 아니게 잘못된 내용은 앞으로 철저히 수정 보완하여 나가기로 약속드리며, 이 책의 출판에 적극 힘써 주신 도서출판 책과상상 임직원 및 편집부 담당자들에게 감사의 인사를 전합니다.

출제기준표
Questions Standard

- **시행기관** : 한국산업인력공단
- **자격종목** : 기중기운전기능사
- **직무내용** : 대형 건설작업현장, 토목공사현장, 항만하역현장, 운송 및 창고업체현장 건설기계 임대 업체 현장 등에서 과중량 화물을 인양하여 상하 또는 좌우로 위치를 이동시키는 작업 을 수행하는 기중기를 운전하는 업무 수행
- **필기시험방법(문제수)** : 객관식(전과목 혼합, 60문항)
- **합격기준(필기 · 실기)** : 100점을 만점으로 하여 60점 이상
- **시험시간** : 1시간

필기과목명	문제수	주요항목	세부항목	세세항목	
기중기 조종, 점검 및 안전관리	60	1. 기중기 일반	1. 기중기 구조	1. 기중기의 주요 구조부 3. 안전장치	2. 기중기 주요 구조의 특성
			2. 기중기 규격 파악	1. 기중기 정격용량	2. 기중기 작업반경
		2. 기중기 점검 및 작업	1. 기중기 점검 및 안전사항	1. 작업 전 · 후 점검 3. 안전장치 확인	2. 작동상태 확인
			2. 작업 환경 파악	1. 작업장 주변 확인 3. 중량물 확인	2. 지반상태 확인 4. 줄걸이 결속 확인
			3. 인양작업	1. 인상 준비 및 인상작업 3. 주행, 선회 작업	2. 인하 준비 및 인하작업 4. 특정작업장치 작업
			4. 줄걸이 및 신호체계	1. 줄걸이 용구 확인 3. 신호체계 확인	2. 줄걸이 작업 방법 4. 신호방법 확인
		3. 안전관리	1. 안전보호구 착용 및 안전장치 확인	1. 안전보호구 2. 안전장치	
			2. 위험요소 확인	1. 안전표시 3. 위험요소	2. 안전수칙
			3. 안전작업	1. 장비사용설명서 2. 작업안전 및 기타 안전 사항	
			4. 장비안전관리	1. 장비 상태 확인 2. 기계 · 기구 및 공구에 관한 사항	
		5. 건설기계관리법 및 도로교통법	1. 건설기계관리법	1. 건설기계 등록 및 검사 2. 면허 · 사업 · 벌칙	
			2. 도로교통법	1. 도로통행방법에 관한 사항 2. 도로통행법규의 벌칙	
		6. 장비구조	1. 엔진구조	1. 엔진 구조와 기능 3. 연료장치 구조와 기능 5. 냉각장치 구조와 기능	2. 윤활장치 구조와 기능 4. 흡배기장치 구조와 기능
			2. 전기장치	1. 시동장치 구조와 기능 2. 충전장치 구조와 기능 3. 등화 및 계기장치 구조와 기능 4. 퓨즈 및 계기장치 구조와 기능	
			3. 전 · 후진 주행장치	1. 조향장치의 구조와 기능 3. 동력전달장치 구조와 기능 5. 주행장치 구조와 기능	2. 변속장치의 구조와 기능 4. 제동장치 구조와 기능
			4. 유압장치	1. 유압 기초 3. 기타 부속장치	2. 유압장치 구성

NCS(국가직무능력표준) 안내

NCS(국가직무능력표준)와 NCS 학습모듈

- 국가직무능력표준(NCS, National Competency Standards)이란 산업현장에서 직무를 수행하기 위해 요구되는 지식·기술·소양 등의 내용을 국가가 산업부문별·수준별로 체계화한 것으로 국가적 차원에서 표준화한 것을 의미합니다.
- NCS 학습모듈은 NCS 능력단위를 교육 및 직업훈련 시 활용할 수 있도록 구성한 교수·학습자료입니다. 즉, NCS 학습모듈은 학습자의 직무능력 제고를 위해 요구되는 학습 요소(학습 내용)를 NCS에서 규정한 업무 프로세스나 세부 지식, 기술을 토대로 재구성한 것입니다.

NCS 학습모듈의 특징

- NCS 학습모듈은 산업계에서 요구하는 직무능력을 교육훈련 현장에 활용할 수 있도록 성취목표와 학습의 방향을 명확히 제시하는 가이드라인의 역할을 합니다.
- NCS 학습모듈은 특성화고, 마이스터고, 전문대학, 4년제 대학교의 교육기관 및 훈련기관, 직장교육기관 등에서 표준교재로 활용할 수 있으며 교육과정 개편 시에도 유용하게 참고할 수 있습니다.

NCS 개념도

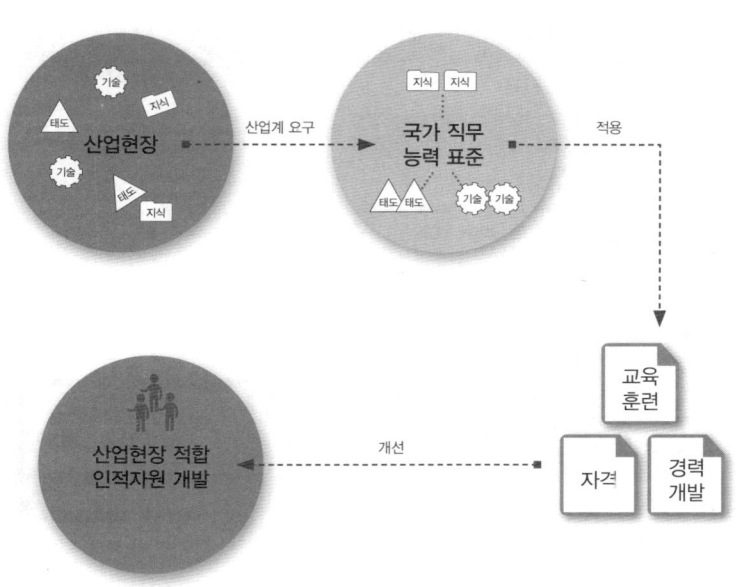

NCS와 NCS 학습모듈의 연결 체제

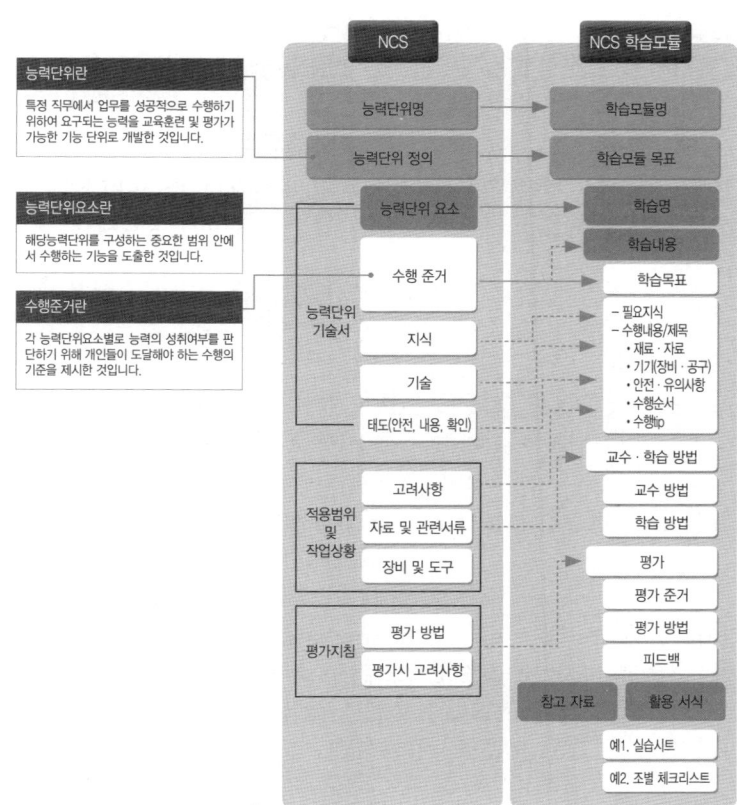

NCS의 활용영역

구분		활용 콘텐츠
산업현장	근로자	평생경력개발경로, 자가진단도구
	기업	현장수요 기반의 인력채용 및 인사관리기준, 직무기술서
교육훈련기관		직업교육 훈련과정 개발, 교수계획 및 매체·교재개발, 훈련기준 개발
자격시험기관		자격종목설계, 출제기준, 시험문항, 시험방법

과정평가형자격취득 안내

과정평가형 자격

과정평가형 자격은 국가기술자격법에 근거하여 국가직무능력
표준(NCS)에 따라 설계된 교육·훈련과정을 체계적으로 이수
한 교육·훈련생에게 내·외부 평가를 통해 국가기술자격증을
부여하는 새로운 개념의 국가기술자격 취득 제도로서 2015년
부터 시행되고 있다.

과정평가형 자격 운영 절차

```
                    자격증 발급
                        ↑
                    외부 평가
                        ↑
교육 · 훈련 기관  →  교육 · 훈련 과정 모니터링
                    (종목별 평가단 활용)
• 교육 · 훈련 실시       ↑
• 능력단위별 내부평가  ←
                    교육 · 훈련 과정 심사
                (1차 : 서류심사, 2차 : 현장조사)
                    • 인적 · 물적 요건
                    • 교육 · 훈련 내용 및 방법
                    • 평가체계 등
                        ↑
                    적용대상기관 모집공고
                        ↑
교육 · 훈련 기관  ←  종목별 편성기준 개발
                        ↑
• NCS기반 교육 · 훈련  ←  적용대상종목 선정
  과정 개발                ↑
                    국가직무능력표준(NCS) 표준
                        ↑
                    산업현장(일)
```

시행 대상

국가기술자격법의 과정평가형 자격 신청자격에 충족한 기관 중
공모를 통하여 지정된 교육·훈련기관의 단위과정별 교육·훈
련을 이수하고 내부평가에 합격한 자

교육 · 훈련생 평가

① 내부평가(지정 교육 · 훈련기관)
  ㉮ 평가대상 : 능력단위별 교육 · 훈련과정의 75% 이상 출석
    한 교육 · 훈련생
  ㉯ 평가방법
    ㉠ 지정받은 교육 · 훈련과정의 능력단위별로 평가
    ㉡ 능력단위별 내부평가 계획에 따라 자체 시설 · 장비를
      활용하여 실시
  ㉰ 평가시기
    ㉠ 해당 능력단위에 대한 교육 · 훈련이 종료된 시점에서
      실시하고 공정성과 투명성이 확보되어야 함
    ㉡ 내부평가 결과 평가점수가 일정수준(40%) 미만인 경
      우에는 교육 · 훈련기관 자체적으로 재교육 후 능력단
      위별 1회에 한해 재평가 실시
② 외부평가(한국산업인력공단)
  ㉮ 평가대상 : 단위과정별 모든 능력단위의 내부평가 합격자
  ㉯ 평가방법 : 1차 · 2차 시험으로 구분 실시
    ㉠ 1차 시험 : 지필평가(주관식 및 객관식 시험)
    ㉡ 2차 시험 : 실무평가(작업형 및 면접 등)

합격자 결정 및 자격증 교부

① 합격자 결정 기준
  내부평가 및 외부평가 결과를 각각 100점을 만점으로 하여
  평균 80점 이상 득점한 자
② 자격증 교부
  기업 등 산업현장에서 필요로 하는 능력보유 여부를 판단할
  수 있도록 교육 · 훈련 기관명 · 기간 · 시간 및 NCS 능력단위
  등을 기재하여 발급

> NCS 및 과정평가형 자격에 대한 내용은 NCS국가직무능력표준 홈페이
> 지(www.ncs.go.kr)에서 보다 자세하게 살펴볼 수 있습니다.

CBT 필기시험제도 안내

변경된 제도 개요
기능사 CBT(컴퓨터 기반 시험) 필기시험제도는 한국산업인력공단 상설시험장과 외부기관의 시설 및 장비를 임차하여 시행하기 때문에 시험장 사정에 따라 시험일자가 달라질 수 있으며, 수험생들이 선호하는 시험장은 조기 마감될 수 있으므로 주의하여야 합니다.

원서접수 기간 및 접수처
- 한국산업인력공단이 주관 및 시행하는 기능사 정기 CBT 필기시험 및 상시 CBT 필기시험과 관련한 정보는 큐넷 홈페이지(http://www.q-net.or.kr)를 방문하여 확인합니다.
- 기능사 필기시험의 원서접수는 인터넷으로만 가능하며 정기 및 상시시험 모두 큐넷 홈페이지(http://www.q-net.or.kr)에서 접수할 수 있습니다.
- 기능사 상시시험 종목 : 한식조리기능사, 양식조리기능사, 일식조리기능사, 중식조리기능사, 제과기능사, 제빵기능사, 미용사(일반), 미용사(피부), 미용사(네일), 미용사(메이크업), 굴착기운전기능사, 지게차운전기능사, 건축도장기능사, 방수기능사 [14종목]
  ※ 건축도장기능사, 방수기능사 2종목은 정기검정과 병행 시행

CBT 부별 시험시간 안내

구분	입실시간	시험시간	비고
1부	09:30	09:50~10:50	
2부	10:00	10:20~11:20	
3부	11:00	11:20~12:20	
4부	11:30	11:50~12:50	
5부	13:00	13:20~14:20	시험실 입실 시간은 시험 시작 20분 전
6부	13:30	13:50~14:50	
7부	14:30	14:50~15:50	
8부	15:00	15:20~16:20	
9부	16:00	16:20~17:20	
10부	16:30	16:50~17:50	

※ 시행지역별 접수인원에 따라 일일 시행횟수는 변동될 수 있으며, 지역에 따라 원거리 시험장으로 이동할 수 있습니다.

합격자 발표
종이 시험과 달리 CBT 필기시험은 시험이 종료된 후 시험점수와 함께 합격 여부를 확인할 수 있으며, 이 결과는 시험일정 상의 합격자 발표일에 최종 확인할 수 있습니다.

CBT 필기시험 체험하기

01 CBT 필기시험 응시를 위해 지정된 좌석에 앉으면 해당 컴퓨터 단말기가 시험감독관 서버에 연결되었음을 알리는 연결 성공 메시지가 나타납니다.

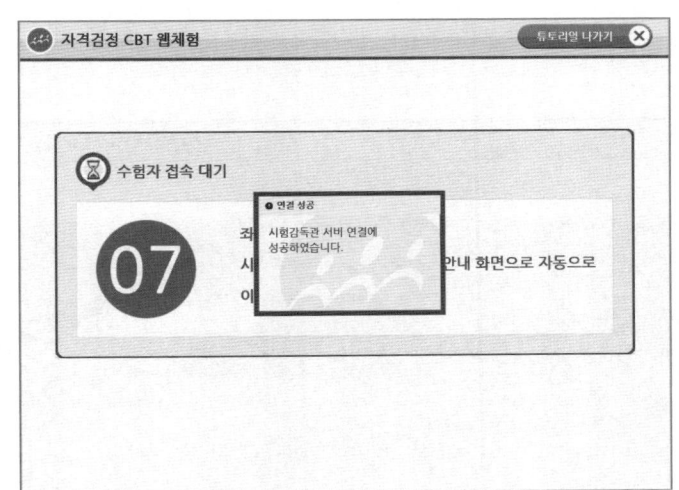

02 수험자 접속 대기 화면에서 좌석번호를 확인합니다. 좌석 번호 확인이 끝나면 시험감독관의 지시에 따라 시험 안내 화면으로 자동으로 이동합니다.

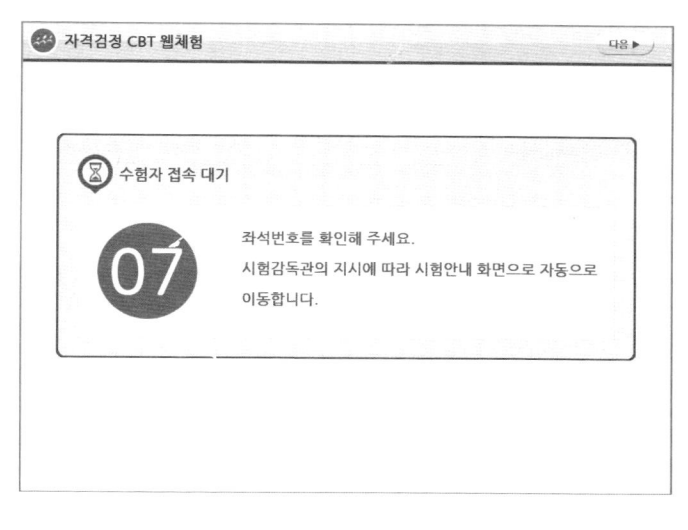

03 수험자 정보를 확인합니다. 감독관의 신분 확인 절차가 진행됩니다. 신분 확인이 모두 끝나면 시험을 시작할 수 있습니다.

04 CBT 필기시험에 대한 안내사항이 나타납니다. 화면은 예 제이며, 실제 기능사 필기시험은 총 60문제로 구성되며, 60분간 진행됩니다.

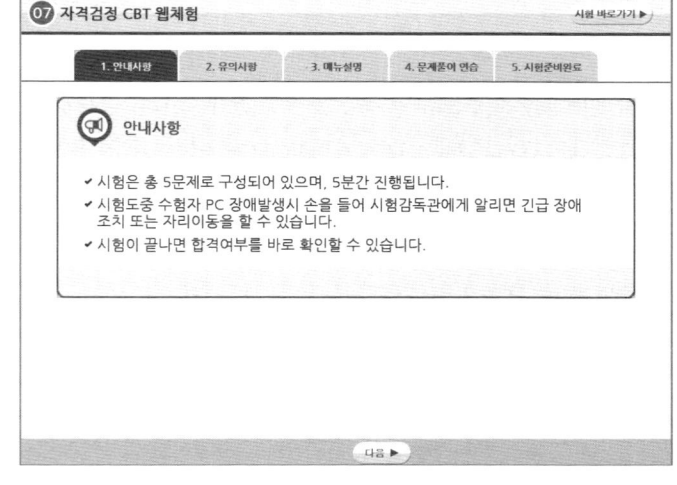

05 다음 항목에서 시험과 관련된 유의사항을 확인합니다. 특 히, 시험과 관련한 부정행위 적발 시 퇴실과 함께 해당 시 험은 무효처리되어 불합격 될 뿐만 아니라, 이후 3년간 국가기술자격검정에 응시할 수 있는 자격이 정지되므로 부정행위로 인정되는 내용을 꼼꼼히 확인하도록 합니다.

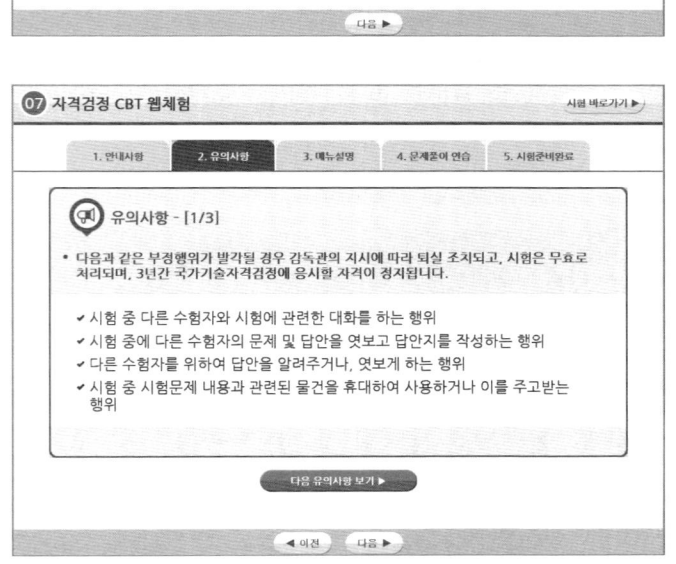

06 메뉴설명 항목에서는 문제풀이와 관련된 메뉴에 대한 설명을 확인할 수 있습니다. CBT 화면에서는 글자 크기를 크게 하거나 작게 할 수 있을 뿐 아니라, 화면 배치를 1단 또는 2단 화면 보기 혹은 한 문제씩 보기로 선택할 수 있습니다.

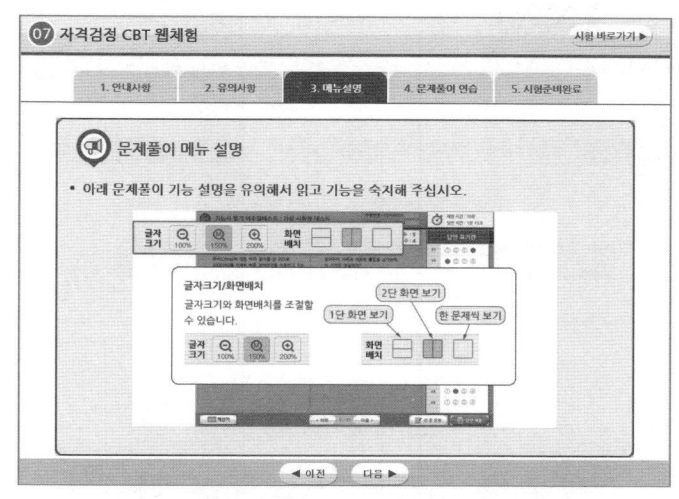

07 문제풀이 연습 항목에서는 실제 문제를 풀어보는 과정을 연습할 수 있습니다. 실제 시험에서 실수하지 않도록 하기 위해 [자격검정 CBT 문제풀이 연습] 버튼을 클릭합니다.

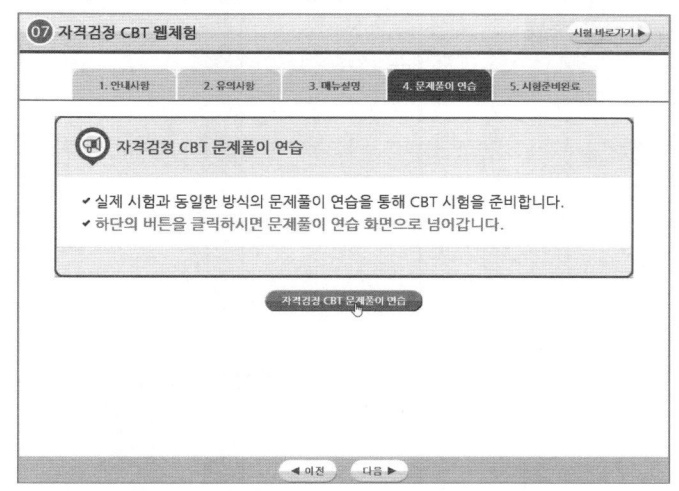

08 보기의 연습 문제는 국가기술자격시험의 정부 위탁기관인 한국산업인력공단의 본부 청사 소재지를 묻는 것입니다. 현재 한국산업인력공단 본부는 울산광역시에 소재하고 있습니다. 문제 아래의 보기에서 번호 항목을 클릭하거나 답안 표기란의 번호 항목에서 해당 답안을 클릭하여 답안을 체크합니다.

09 문제 아래의 보기를 클릭하거나 오른쪽 답안 표기란의 답안 항목을 클릭하면 화면과 같이 선택한 답안이 OMR 카드에 색칠한 것과 같이 색이 채워집니다.

> 답안을 수정할 때는 마찬가지 방법으로 수정하고자 하는 문제의 보기 항목이나 답안 표기란의 보기 항목에서 수정하고자 하는 답안을 클릭합니다.

10 문제를 풀고 나면 다음 문제를 풀기 위해 화면 하단의 [다음] 버튼을 클릭하여 문제를 계속 풀어나가면 됩니다. 참고로 하단 버튼 중 [계산기]를 클릭하면 간단한 공학용 계산기를 사용하여 계산 문제를 푸는 데 도움을 받을 수 있습니다.

> 계산이 끝나고 계산기를 화면에서 사라지게 하려면 계산기 창의 오른쪽 상단에 있는 닫기⊠ 버튼을 클릭합니다.

11 문제 풀이 연습이 끝나면 하단의 [답안 제출] 버튼을 클릭하여 답안을 제출합니다.

> 어려운 문제의 경우 하단의 [다음] 버튼을 클릭하여 다음 문제를 풀 수도 있습니다. 단, 이러한 경우 답안을 제출하기 전에 하단의 [안 푼 문제] 버튼을 클릭하여 혹시 풀지 않은 문제가 있는지 최종적으로 확인하도록 합니다.

12 답안 제출을 클릭하면 나타나는 화면입니다. 수험생들이 실수로 답안을 모두 체크하지 않고 제출할 수 있는 실수를 방지하기 위해 2회에 걸쳐 주의 화면이 나타납니다. 답안을 제출하려면 [예] 버튼을 누릅니다.

13 문제풀이 연습을 모두 마치면 나타나는 화면에서 [시험 준비 완료] 버튼을 클릭합니다. 이후 시험 시간이 되면 시험감독관의 지시에 따라 시험이 자동으로 시작됩니다.

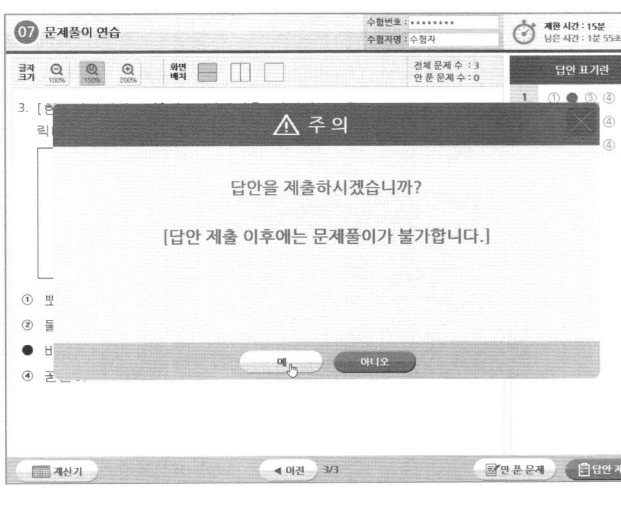

14 본 시험이 시작되면 첫 번째 문제가 화면에 나타납니다. 앞서 문제풀이 연습 때와 마찬가지 방법으로 문제의 보기에서 정답을 클릭하거나 답안 표기란에 해당 문제의 정답 항목을 클릭하여 답을 선택합니다.

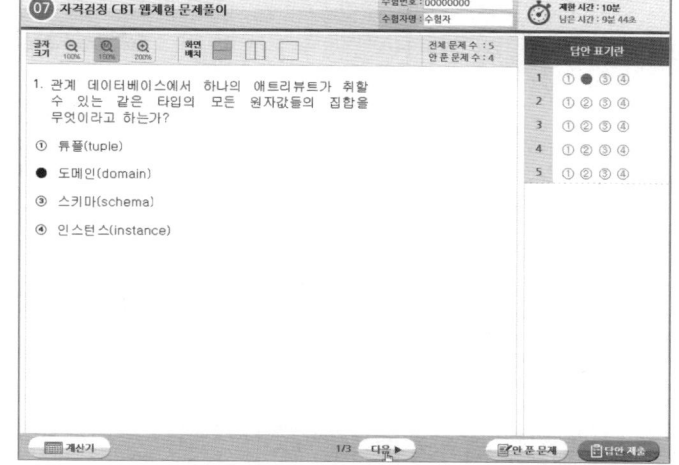

15 화면 하단의 [다음] 버튼을 클릭하면 다음 문제를 풀 수 있습니다. 앞서와 마찬가지 방법으로 답안에 체크하고 모든 문제를 풀었다면 [답안 제출] 버튼을 클릭합니다.

> 화면의 상단 오른쪽에 제한 시간과 남은 시간이 표시됩니다. 본 예제는 체험을 위한 것으로 실제 시험시간은 60분이며, 이에 따라 남은 시간도 표시됩니다.

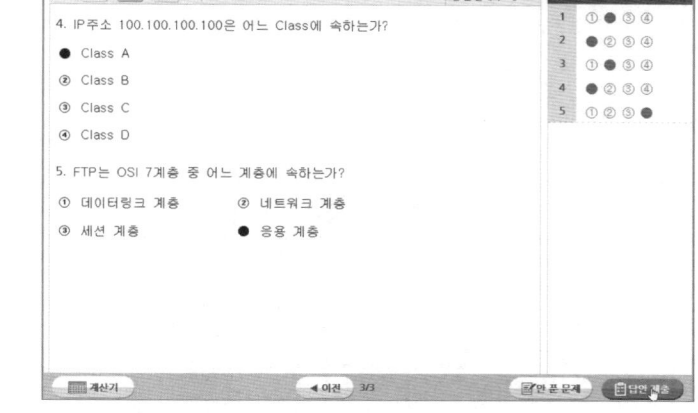

16 수험생의 실수를 방지하기 위해 2회에 걸쳐 주의 문구가 출력됩니다. 모든 문제를 이상없이 풀고 답안에 체크했다면 [예] 버튼을 클릭하여 답안을 제출하고 시험을 마무리합니다.

> 문제 화면으로 다시 돌아가고자 한다면 [아니오] 버튼을 클릭하여 이미 푼 문제들을 다시 확인하고 필요한 경우 답안을 수정할 수 있습니다.

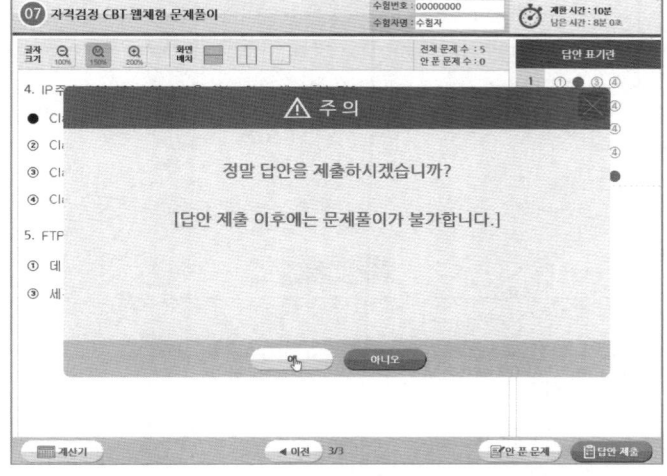

17 답안 제출 화면이 나타납니다. 잠시 기다립니다.

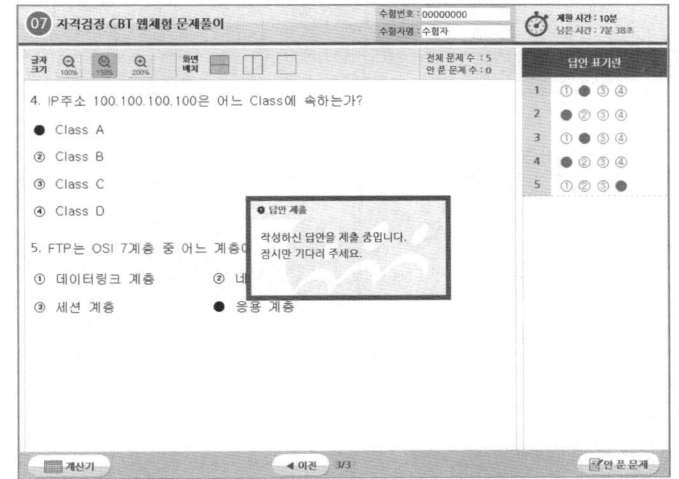

18 CBT 필기시험을 모두 끝내고 답안을 제출하면 곧바로 합격, 불합격 여부를 화면과 같이 확인할 수 있습니다. 독자분들은 꼭 화면과 같은 합격 축하 문구를 볼 수 있기를 기원합니다.

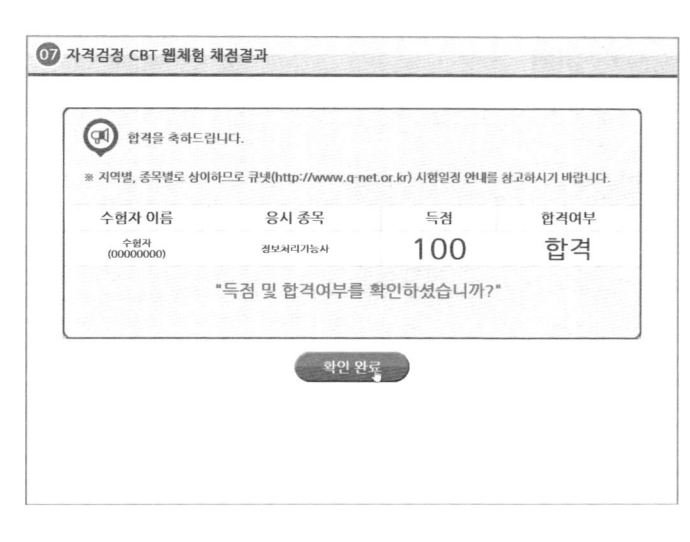

19 앞서의 합격 여부 화면에서 [확인 완료] 버튼을 클릭하면 CBT 필기시험이 종료됩니다. 고생하셨습니다.

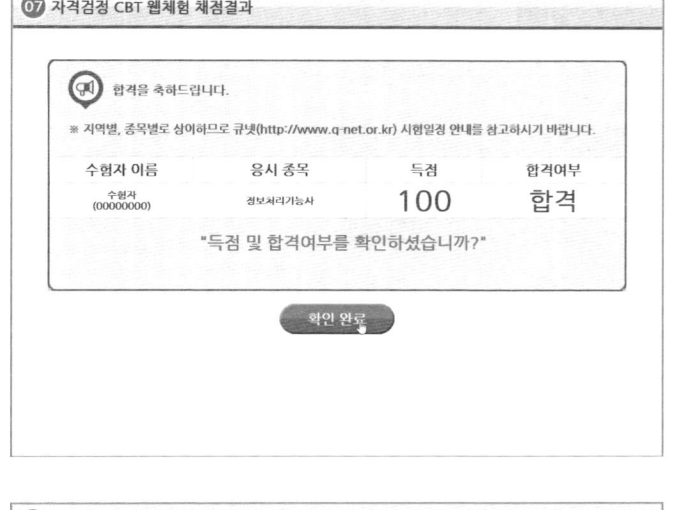

본 도서에 수록된 CBT 필기시험 체험하기 내용은 한국산업인력공단의 CBT 체험하기 과정을 인용하여 구성 및 정리한 것입니다. 직접 한국산업인력공단에서 제공하는 CBT 필기시험을 체험하고자 하는 독자께서는 한국산업인력공단이 운영하는 큐넷 홈페이지(www.q-net.or.kr)를 방문하시기 바랍니다.

제1장 엔진(기관)구조

제1절 기관 주요부
- 01 기관 일반 … 16
- 02 기관의 주요구성 및 작용 … 17

제2절 냉각장치
- 01 냉각 일반 … 20
- 02 냉각장치의 주요 구성 및 작용 … 20

제3절 윤활장치
- 01 윤활 일반 … 22
- 02 윤활장치의 주요 구성 및 작용 … 22

제4절 디젤연소실과 연료장치
- 01 디젤기관 일반 … 24
- 02 구성 및 작용 … 25

제5절 흡·배기장치 및 시동보조장치
- 01 흡·배기장치 일반 … 26
- 02 구성 및 작용 … 26

엔진(기관)구조 출제예상문제 … 29

제2장 전기장치

제1절 전기기초 및 축전지
- 01 전기기초 … 36
- 02 축전지 … 37

제2절 시동장치
- 01 기동 전동기 일반 … 39
- 02 구성 및 작용 … 39

제3절 충전장치
- 01 충전장치 일반 … 40
- 02 구성 및 작용 … 40

제4절 등화장치 및 냉·난방장치
- 01 등화장치 … 42
- 02 냉·난방장치 … 43

전기장치 출제예상문제 … 44

제3장 전·후진 주행장치

제1절 동력전달장치
- 01 휠형 동력전달장치 … 50
- 02 크롤러형 동력전달장치 … 53

제2절 조향장치
- 01 조향장치 일반 … 55
- 02 구성 및 작용 … 56

제3절 제동장치
- 01 제동장치 일반 … 57
- 02 구성 및 작용 … 57

전·후진 주행장치 출제예상문제 … 60

제4장 유압장치

제1절 유압의 기초
- 01 유압 일반 … 66
- 02 유압기호 및 용어 … 67

제2절 유압 기기 및 회로
- 01 유압 회로 … 68
- 02 유압 기기 … 69

유압장치 출제예상문제 … 72

제5장 법규 및 안전관리

제1절 건설기계 관련법규
- 01 건설기계 관리법 … 80
- 02 도로교통법 … 84

제2절 안전관리
- 01 산업안전 … 88
- 02 전기공사 … 89
- 03 도시가스 작업 … 90
- 04 공구 및 작업안전 … 92

법규 및 안전관리 출제예상문제 … 95

제6장 기중기 작업

제1절 기중기(Crane)
- 01 기중기 일반 … 104
- 02 기중기의 구성과 작업 … 105

기중기 작업 출제예상문제 … 110

제7장 최근 기출 및 CBT 복원문제

2016년 제1회 기출문제	120
2016년 제2회 기출문제	126
2016년 제3회 기출문제	132
CBT 복원문제 제1회	138
CBT 복원문제 제2회	144
CBT 복원문제 제3회	151
CBT 복원문제 제4회	158
CBT 복원문제 제5회	165
CBT 복원문제 제6회	172

엔진(기관)구조

제1절_ 기관주요부
제2절_ 냉각장치
제3절_ 윤활장치
제4절_ 디젤연소실과 연료장치
제5절_ 흡·배기장치 및 시동보조장치
엔진(기관)구조 출제예상문제

제1절 기관주요부
: the Principal Part of Engine

엔진(기관)구조

01 기관 일반

(1) 기관의 정의

열에너지(힘)을 기계적인 에너지로 변화시키는 기계장치로써 열 기관이라고도 한다.

1) 내연기관

실린더 내부에서 연소물질을 연소시켜 동력을 발생시키는 기관으로 가솔린, 디젤, 가스, 제트 기관 등이 있다.

2) 외연기관

실린더 외부에서 연소물질을 연소시켜 동력을 발생시키는 기관으로 증기 기관 등이 있다.

(2) 기관의 분류

1) 기관 배열의 분류

직렬형, 수평형, 수평 대향형, V형, 성형, 도립형, X형, W형 등이 있다.

2) 사용 연료의 분류

가솔린, 디젤, 석유, 가스 기관이 있으며, 국내 건설기계는 디젤 기관이다.

3) 점화 방법의 분류

① 전기 점화 기관 : 혼합가스에 전기적인 불꽃으로 점화시키는 기관
② 압축 착화 기관 : 연료를 분사하면 압축열에 의하여 착화되는 기관

4) 열역학적 사이클의 분류

① 정적 사이클(오토 사이클) : 일정한 용적 하에서 연소되는 가솔린 기관
② 정압 사이클(디젤 사이클) : 일정한 압력 하에서 연소되는 저속 디젤 기관
③ 사바테 사이클(합성 사이클) : 일정한 압력과 용적 하에서 연소되는 고속 디젤 기관

5) 기계학적 사이클의 분류

① 4행정 사이클 기관 : 흡입, 압축, 폭발, 배기 등 4개 작용을 피스톤이 4행정하고 크랭크 축이 2회전하여 동력을 발생하는 기관
② 2행정 사이클 기관 : 흡입, 압축, 폭발, 배기 등 4개 작용을 피스톤 2행정에 마치고 크랭크 축이 1회전하여 동력을 얻는 기관

(3) 작동 원리

1) 4행정 사이클 기관의 작동 원리

① 흡입 행정 : 피스톤이 내려가면서 대기와의 압력차에 의해 신선한 혼합기가 유입되는 행정으로 흡기 밸브는 열려 있고 배기 밸브는 닫혀 있다.
② 압축 행정 : 피스톤이 올라가면서 혼합기를 압축시키는 행정(흡·배기 밸브 모두 닫혀 있다)으로 압축압력은 7~11kg/cm²(가솔린 기관)과 30~45kg/cm²(디젤 기관) 정도이다.
③ 동력 행정(폭발 행정) : 연소 압력으로 피스톤을 밀어내려 동력을 발생하는 행정(흡·배기 밸브 모두 닫혀 있다)으로 폭발압력은 35~45kg/cm²(가솔린 기관)과 55~65kg/cm²(디젤 기관) 정도이다.
④ 배기 행정 : 피스톤이 올라가면서 연소된 가스를 밖으로 내보내는 행정(흡기 밸브는 닫혀있고, 배기 밸브는 열려 있다)으로 열효율은 25~32%(가솔린 기관)과 32~38%(디젤 기관) 정도이다.

(a) 흡입행정 (b) 압축행정 (c) 동력행정 (d) 배기행정

[4행정 사이클 기관의 작동]

2) 2행정 사이클 기관의 작동 원리

① 흡입, 압축 및 폭발 행정 : 피스톤이 상승하면서 흡입 포트가 열려 크랭크 케이스 내에 신선한 혼합기를 흡입하고 피스톤 헤드부는 배기 구멍을 막은 다음 유입된 혼합기를 압축하여 점화 플러그에서 발생되는 불꽃에 의해서 연소시킨다.
② 배기 및 소기 : 연소 가스가 피스톤을 밀어내려 배기공이 열리면 가스가 배출되며, 피스톤에 의해서 소기공이 열리면 흡입 행정에서 흡입된 혼합 가스가 피스톤 헤드부로 유입된다.
㉮ 디플렉터 : 2행정 사이클 엔진에서 혼합기의 손실을 적게 하고 와류를 증가시키기 위해 피스톤 헤드에 설치된 돌기부를 말한다.
㉯ 소기 행정 : 연소실에 유입되는 혼합기에 의해 연소 가스를 배출시키는 것을 말한다.

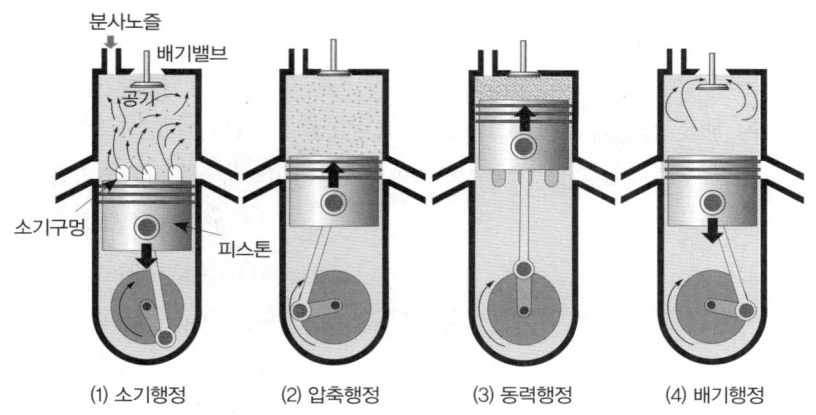

[2행정 사이클 기관의 작용]

② 정방 행정 엔진 : 1.0인 엔진(D=L). 행정이 내경과 같은 엔진이다.
③ 단행정 엔진 : 1.0 이하인 엔진(D>L). 회전력이 작으나 회전 속도는 빠르다.

5) 단행정(오버 스퀘어) 기관의 장·단점
① 피스톤의 평균 속도를 높이지 않고 회전 속도를 높일 수 있다.
② 흡기 효율을 높일 수 있다.
③ 엔진 높이를 낮출 수 있다.
④ 측압이 증대된다.

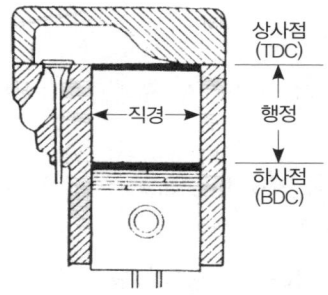

[상사점과 하사점]

02 기관의 주요 구성 및 작용

(1) 실린더 블록과 실린더

1) 실린더 블록

특수 주철합금제로 내부에는 물 통로와 실린더로 되어 있으며 상부에는 헤드, 하부에는 오일 팬이 부착되었고 외부에는 각종 부속 장치와 코어 플러그가 있어 동파 방지를 하고 있다.

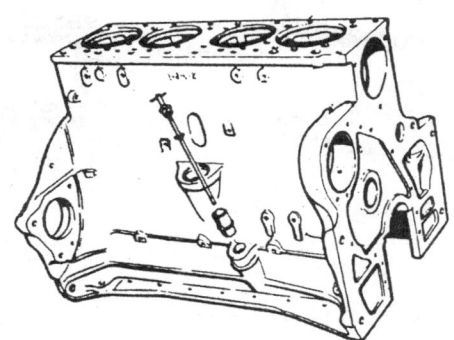

[실린더와 실린더 블록]

2) 실린더

피스톤 행정의 약 2배 되는 길이의 진원통이다. 습식과 건식 라이너가 있으며 마모를 줄이기 위하여 실린더 벽에 크롬 도금을 0.1mm한 것도 있다.

3) 실린더 라이너
① 습식 라이너 : 두께 5~8mm로 냉각수가 직접 접촉, 디젤 기관에 사용된다.
② 건식 라이너 : 두께 2~3mm로 삽입시 2~3ton의 힘이 필요하며, 가솔린 기관에 사용된다.

4) 실린더 행정과 실린더 지름과의 비

D = 실린더 지름 L = 행정거리라면,

$$\text{실린더 행정 내경비} = \frac{\text{피스톤 행정(L)}}{\text{실린더 내경(D)}}$$

① 장행정 엔진 : 1.0 이상인 엔진(D<L). 회전 속도가 늦은 반면 회전력이 크다. 측압이 적다.

6) 실린더 헤드와 연소실
① 연소실의 구비 조건
  ㉮ 압축 행정시 혼합가스의 와류가 잘될 것
  ㉯ 화염 전파시간을 가능한 짧게 할 것
  ㉰ 연소실 내의 표면적은 최소가 되도록 할 것
  ㉱ 가열되기 쉬운 돌출부를 두지 말 것
② 실린더 헤드 개스킷
  ㉮ 보통 개스킷
  ㉯ 스틸 베스토 개스킷(steel besto gasket)
  ㉰ 스틸 개스킷(steel gasket)

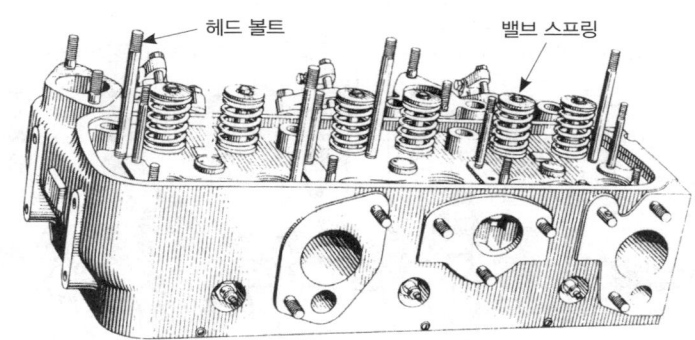

[실린더 헤드]

(2) 피스톤 어셈블리

1) 피스톤

실린더 내를 왕복 운동하여 동력 행정시 크랭크 축을 회전운동시키며, 흡입, 압축, 배기 행정에서는 크랭크 축으로부터 동력을 전달받아 작동된다.

① 피스톤의 종류
  ㉮ 캠연마 피스톤   ㉯ 솔리드 피스톤
  ㉰ 스플리트 피스톤 ㉱ 인바스트럿 피스톤
  ㉲ 오프셋 피스톤   ㉳ 슬리퍼 피스톤

② 피스톤 간극이 클 때의 영향
  ㉮ 블로 바이(blow by)에 의한 압축 압력이 저하된다.
  ㉯ 오일이 연소실에 유입된다.
  ㉰ 오일 소비증대 현상이 온다.

㉣ 피스톤 슬랩 현상이 발생된다.

㉤ 오일이 희석된다.

③ 피스톤 간극이 작을 때의 영향

㉮ 마찰열에 의해 소결이 된다.

㉯ 마찰로 인해 마멸 증대가 생긴다.

④ 피스톤 슬랩 : 피스톤 간극이 클 때 실린더 벽에 충격적으로 접촉되어 금속음을 발생하는 것을 말한다.

2) 피스톤 링

피스톤에 3~5개 압축링과 오일링이 있으며, 실린더 벽보다 재질이 너무 강하면 실린더 벽의 마모가 쉽다.

① 피스톤 링의 작용과 조립

피스톤 링을 피스톤에 끼울 때 핀보스와 측압부분을 피하여 절개부를 120~180°로 하여 조립하여야 압축가스가 새지 않으며 피스톤 링은 밀봉·냉각·오일 제어의 3대 작용을 한다.

② 링 절개부의 종류

㉮ 직각형(butt joint or straight joint, 종절형)

㉯ 사절형(miter joint or angle joint, 앵글형)

㉰ 계단형(step joint or lap joint, 단절형)

③ 피스톤 핀의 설치 방식

㉮ 고정식 : 피스톤 보스부에 볼트로 고정한다.

㉯ 반부동식 : 커넥팅 로드 소단부에 클램프 볼트로 고정한다.

㉰ 전부동식 : 보스부에 스냅링을 설치, 핀이 빠지지 않도록 한다.

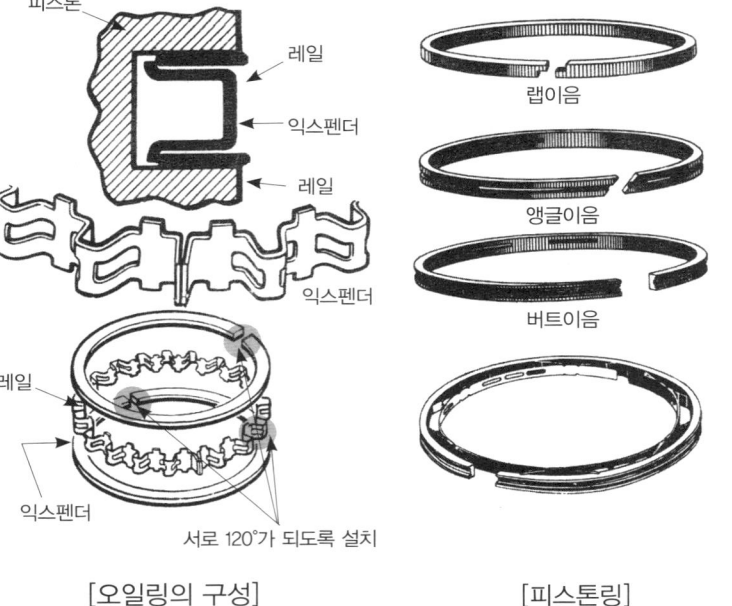

[오일링의 구성]　　　　　[피스톤링]

3) 커넥팅 로드

피스톤과 연결되는 소단부와 크랭크 축에 연결하는 대단부로 구성되며, 피스톤에서 받은 압력을 크랭크 축에 전달한다.

① 갖추어야 할 조건

㉮ 충분한 강성을 가지고 있을 것

㉯ 내마멸성이 우수할 것

㉰ 가벼울 것

② 커넥팅 로드의 길이

㉮ 커넥팅 로드의 길이는 피스톤 행정의 약 1.5~2.3배 정도이다.

㉯ 길이가 짧으면 측압은 증대되고 엔진 높이는 낮아진다.

㉰ 길이가 길면 측압이 감소되고 강성은 작아진다.

(3) 크랭크 축과 베어링

1) 크랭크 축

① 실린더 블록에 지지되어 캠 축을 구동시켜 주며, 실린더에서 생긴 폭발력을 피스톤이 받아 이를 다시 커넥팅 로드에 전달하여 회전운동을 한다.

② 폭발 순서와 크랭크 축의 위상각

㉮ 4기통 기관의 폭발순서 : 1-3-4-2, 1-2-4-3과 90° 및 180°의 위상각

㉯ 6기통 기관의 폭발순서 : 1-5-3-6-2-4(우수식), 1-4-2-6-3-5(좌수식)와 120°의 위상각

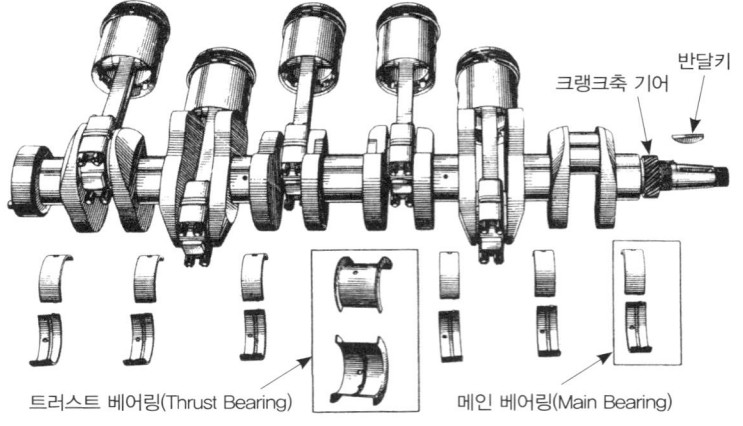

[크랭크축과 베어링]

2) 기관 베어링

기관 베어링은 회전 부분에 사용되는 것으로 기관에서는 보통 평면(플레인) 베어링이 사용된다.

① 오일 간극

㉮ 오일 간극 : 0.038~0.1mm

㉯ 오일 간극이 크면 : 유압 저하, 윤활유 소비 증가

㉰ 오일 간극이 작으면 : 마모 촉진, 소결(열팽창에 의해 늘어붙음, 고착) 현상

② 베어링 지지방법

㉮ 베어링 돌기(bearing lug) : 홈을 두어 고정함

㉯ 베어링 다월(bearing dowel) : 베어링 케이스에 혹 붙이로 고정함

㉰ 베어링 크러시(bearing crush) : 0.25~0.075mm 정도 높임

㉣ 베어링 스프레드(bearing spread) : 0.125~0.5mm 정도 크게 함

3) 플라이 휠(fly wheel)

클러치 압력판 및 디스크와 커버 등이 부착되는 마찰면과 기동 모터 피니언 기어와 물리는 링 기어로 구성된다. 크기와 무게가 실린더 수와 회전수에 반비례하며 엔진 회전력의 맥동을 방지하여 회전 속도를 고르게 한다.

(4) 캠 축과 밸브 장치

1) 캠 축과 밸브 리프터

엔진의 밸브 수와 동일한 캠이 배열되어 있으며, 연료 펌프 구동용 편심 캠과 배전기 구동용 헬리컬 기어가 설치되어 있고, 캠은 밸브 리프터를 밀어주는 역할을 하며 밸브 리프터는 유압식과 기계식이 있으며 대부분 유압식이 사용되고 있다.

① 캠 축 구동방식
  ㉮ 기어 구동식 : 크랭크 축과 캠 축을 기어로 물려 구동한다.
  ㉯ 체인 구동식 : 크랭크 축과 캠 축을 사일런트 체인으로 구동한다.
  ㉰ 벨트 구동식 : 특수 합성 고무로 된 벨트로 구동한다.

② 유압식 밸브 리프터의 특징
  ㉮ 밸브 간극 조정이나 점검을 하지 않아도 된다.
  ㉯ 밸브 개폐시기가 정확하게 되어 기관의 성능이 향상된다.
  ㉰ 작동이 조용하다.
  ㉱ 충격을 흡수하기 때문에 밸브 기구의 내구성이 향상된다.

[참고] 캠의 양정이란 기초원과 노스의 거리이다.

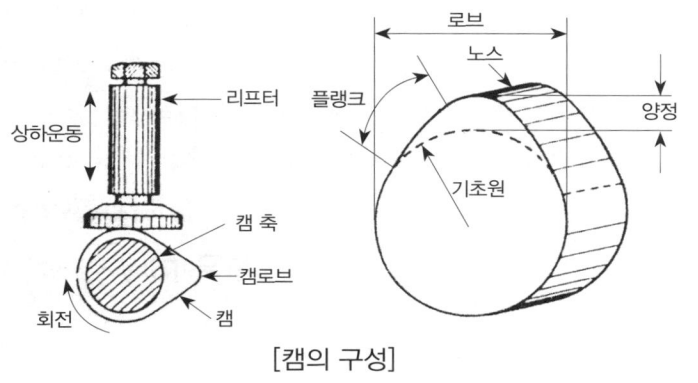

[캠의 구성]

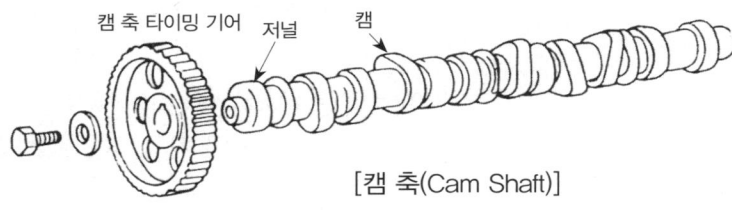

[캠 축(Cam Shaft)]

2) 밸브와 밸브 스프링

실린더 헤드에는 혼합가스를 흡입하는 흡입 밸브와 연소된 가스를 배출하는 배기 밸브가 한 개의 연소실당 2~4개 설치되어 흡·배기 작용을 하며 밸브 스프링은 밸브와 시트(valve seat)의 밀착을 도와 닫아주는 일을 한다.

① 밸브 시트의 각도와 간섭각
  ㉮ 30°, 45°, 60°가 사용됨
  ㉯ 간섭각은 1/4~1°를 줌
  ㉰ 밸브의 시트의 폭은 1.5~2.0mm
  ㉱ 밸브 헤드 마진은 0.8mm 이상임

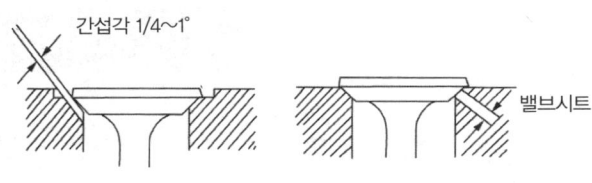

[밸브 및 밸브 시트]

② 밸브 스프링의 구비 조건
  ㉮ 블로 바이(blow by)가 생기지 않을 정도의 탄성 유지
  ㉯ 밸브가 캠의 형상대로 움직일 수 있을 것
  ㉰ 내구성이 클 것
  ㉱ 서징(surging) 현상이 없을 것

③ 서징 현상과 방지책
  ㉮ 부등 피치의 스프링 사용
  ㉯ 2중 스프링을 사용
  ㉰ 원뿔형 스프링 사용

3) 밸브 간극

밸브 스템의 끝과 로커암 사이 간극을 말하며 정상온도 운전시 열팽창 될 것을 고려하여 흡기 밸브는 0.20~0.25mm, 배기 밸브는 0.25~0.40mm 정도의 간극을 준다.

① 밸브 간극이 클 때의 영향
  ㉮ 밸브의 열림이 적어 흡·배기 효율이 저하된다.
  ㉯ 소음이 발생된다.
  ㉰ 출력이 저하되며, 스템 엔드부의 찌그러짐이 발생된다.
  ㉱ 정상 작동 온도에서 밸브가 완전하게 열리지 못한다.

② 밸브 간극이 작을 때의 영향
  ㉮ 밸브가 완전히 닫히지 않아 기밀 유지가 불량하다.
  ㉯ 역화 및 후화 등 이상 연소가 발생된다.
  ㉰ 블로바이에 의해 엔진 출력이 감소한다.

4) 밸브 기구의 형식

① L헤드형 밸브 기구 : 캠 축, 밸브 리프터(태핏) 및 밸브로 구성되어 있다.
② I헤드형 밸브 기구 : 캠 축, 밸브 리프터, 밸브, 푸시로드, 로커암으로 구성되어 있으며, 현재 가장 많이 사용되는 밸브 기구이다
③ F헤드형 밸브 기구 : L헤드형과 I헤드형 밸브 기구를 조합한 형식이다.
④ OHC(Over Head Camshaft) 밸브 기구 : 캠 축이 실린더 헤드 위에 설치된 형식으로 캠 축이 1개인 것을 SOHC라 하고, 캠 축이 헤드 위에 2개가 설치된 것을 DOHC라 한다.

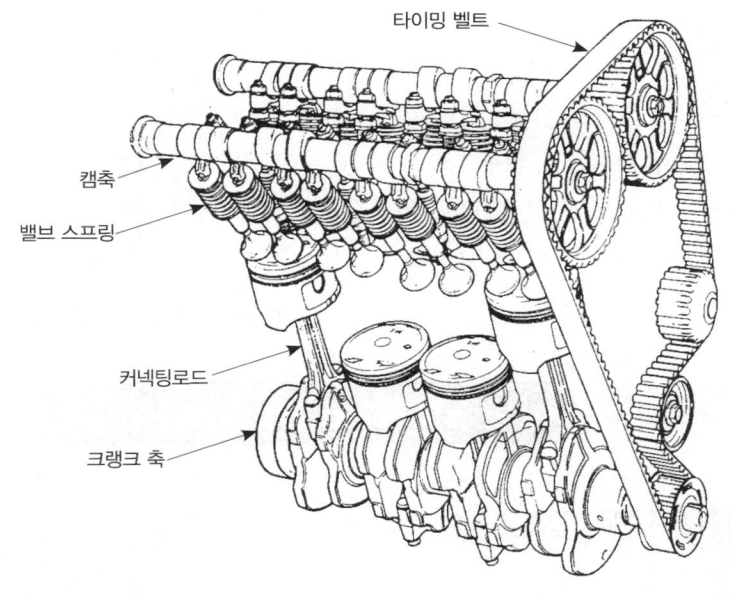

[벨트 구동식 OHC 밸브 기구의 구성]

제 2절 냉각장치
: Cooling System

엔진(기관)구조

01 냉각 일반

(1) 냉각과 온도 유지

기관의 동력행정 때 연소물질의 연소로 인한 온도는 순간적으로 1500~2000℃까지 이르고 있다. 이로 인한 기관의 과열을 방지하기 위한 냉각장치는 열의 일부를 냉각하여 기관 과열(over heat)을 방지하고, 적당한 온도로 유지하기 위한 장치이다.

1) 과열로 인한 결과
① 윤활유의 연소로 인한 유막의 파괴
② 열로 인한 부품들의 변형
③ 윤활유의 부족 현상
④ 조기점화나 노킹으로 인한 출력 저하

2) 과냉으로 인한 결과
① 혼합기의 기화 불충분으로 출력 저하
② 연료 소비율 증대
③ 오일이 희석되어 베어링부의 마멸이 커짐

(2) 냉각장치의 분류

1) 공랭식 냉각장치
실린더 벽의 바깥 둘레에 냉각 팬을 설치하여 공기의 접촉 면적을 크게 함으로써 냉각시킨다.
① 자연 통풍식
② 강제 통풍식

2) 수랭식 냉각장치
냉각수를 사용하여 엔진을 냉각시키는 식으로서 냉각수는 정수나 연수를 사용한다.

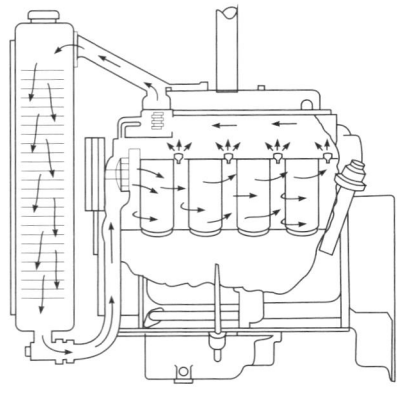

[수냉식 냉각계통의 순환]

① 자연 순환식
② 강제 순환식

02 냉각장치의 주요 구성 및 작용

(1) 방열기기와 수온조절

1) 라디에이터
실린더 헤드를 통하여 더워진 물이 라디에이터로 들어오면 냉각수 통로인 수관을 통하여 열이 발산되어 냉각이 이루어진다.

① 기관의 정상 온도
  ㉮ 실린더 헤드 물 재킷부의 냉각수 온도로서 75~85℃이다.
  ㉯ 라디에이터 상부와 하부의 유출입 온도 차이는 5~10℃이다.
② 라디에이터의 구비 조건
  ㉮ 냉각수 흐름에 대한 저항이 적을 것
  ㉯ 공기 저항이 적을 것
  ㉰ 가볍고 작을 것
  ㉱ 강도가 클 것
  ㉲ 단위 면적당 발열량이 많을 것
③ 라디에이터 코어
  ㉮ 막힘률이 20% 이상이면 교환
  ㉯ 청소시 세척제는 탄산소다

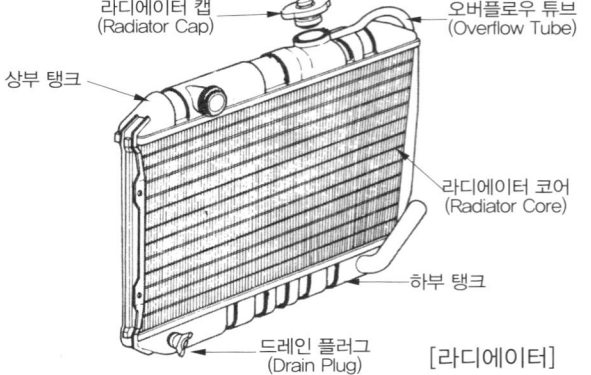

[라디에이터]

2) 라디에이터 캡의 작용
냉각수 주입구의 마개이며 이 캡에는 압력 밸브와 진공 밸브가 설치되어 있다.

① 0.2~0.9kg/cm² 정도 압력을 상승시킨다.
② 비등점을 110~120℃ 정도로 조정한다.
③ 캡을 열어보았을 때 기름이 떠 있거나 기름기가 생겼으면 헤드 개스킷의 파손 및 헤드 볼트가 풀리거나 이완된 상태이다.

3) 수온조절기(thermostat, 정온기)
실린더 헤드와 라디에이터 상부 사이에 설치되며 항상 냉각수의 온도를 일정하게 유지할 수 있도록 조정하는 일종의 온도 조정장치로서 65℃ 정도에서 열리기 시작하여 85℃가 되면 완전히 열린다.

① 펠릿형 : 냉각수의 온도에 의해서 왁스가 팽창하여 밸브가 열리며, 가장 많이 사용한다.
② 벨로스형 : 에틸이나 알코올이 냉각수의 온도에 의해서 팽창하여 밸브가 열린다.

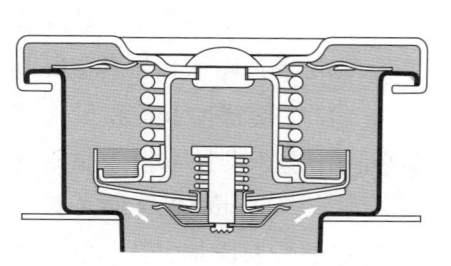
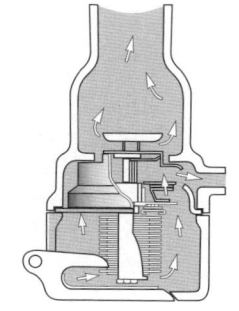

[라디에이터 캡 압력밸브 작용]　[벨로스형 정온기 작용]

(2) 냉각기기와 냉각수

1) 물 펌프

물 펌프는 라디에이터 하부 탱크에 냉각된 물을 물 재킷에 보내려고 퍼올려서 강제적으로 순환시키는 장치이다.

2) 냉각 팬과 벨트

냉각 팬은 플라스틱이나 강판으로 4~6매의 날개를 가지며, 라디에이터의 뒤편에 설치되어 많은 공기를 라디에이터 코어를 통해서 빨아들이며, 벨트는 보통 이음매가 없는 벨트로서 발전기 풀리, 크랭크 축 풀리, 물 펌프 풀리 사이에 끼워져 크랭크 축의 운동을 전달하며 일명 V벨트라고도 부른다.

3) 팬 벨트와 전동 팬의 특징

① 팬 벨트 : V벨트로 접촉각 40°
② 팬 벨트 유격 : 10kg 정도로 눌러서 10~20mm
③ 유체 커플링 팬 : 실리콘 오일 봉입
④ 전동 팬 : 전동기 용량 35~130W, 수온 센서로 작동됨

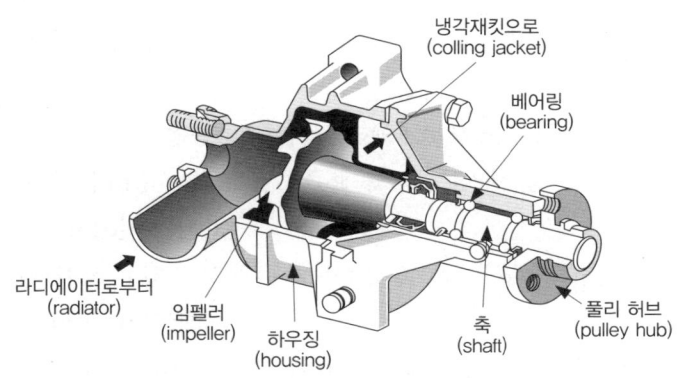

[물펌프의 구조]

[팬과 벨트]

4) 냉각수와 부동액

내연기관의 냉각수는 메탄올을 주성분으로 한 것과 에틸렌 글리콜을 주성분으로 한 부동액이 있는데 후자를 많이 사용한다.

① 부동액의 구비 조건
　㉮ 물과 잘 혼합할 것
　㉯ 침전물이 없을 것
　㉰ 휘발성이 없고 순환성이 좋을 것
　㉱ 부식성이 없고 팽창계수가 적을 것
　㉲ 비등점이 물보다 높고 빙점은 물보다 낮을 것

② 에틸렌 글리콜의 성질
　㉮ 도료(페인트)를 침식시키지 않는다.
　㉯ 비점이 197.5℃ 정도로 휘발성이 없다.
　㉰ 냄새가 없고(무취), 불연성이다.
　㉱ 응고점이 낮다(-50℃).
　㉲ 금속을 부식하여 팽창계수가 큰 결점이 있다.
　㉳ 기관 내부에 누출되면 침전물이 생겨 피스톤이 고착된다.

제 3절 윤활장치
: Lubricating Device

엔진(기관)구조

01 윤활 일반

(1) 윤활의 필요성

기관의 마찰면에 윤활유를 공급하며 기관의 작동을 원활히 하고 마멸을 최소로 하게 하는 장치를 윤활장치라고 한다.

1) 마찰 작용
① 경계 마찰 : 고체가 서로 마찰할 때 이 접촉면에 서로 다른 분자가 흡착하여 흡착 분자층을 형성하여, 이 때의 마찰을 경계 마찰이라 한다.
② 건조 마찰 : 고체 마찰이라고 할 수 있으며 깨끗한 고체 표면끼리의 마찰이다.
③ 유체 마찰 : 고체 표면간에 충분한 유체막을 형성하여 그 유체막으로 하중을 지지하는 윤활에 의한 마찰이다.

2) 윤활유의 6대 작용
① 감마 작용 ② 냉각 작용
③ 세척 작용 ④ 밀봉 작용
⑤ 부식 방지 작용 ⑥ 응력 분산 작용

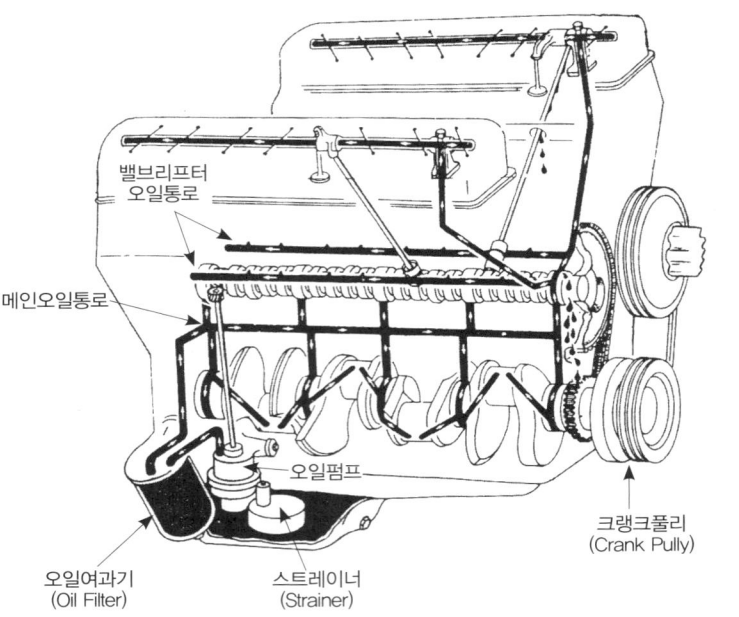

[윤활장치의 구성(V형 기관)]

3) 윤활유의 구비 성질
① 인화점 및 발화점이 높을 것
② 점도와 온도의 관계가 좋을 것
③ 열전도가 양호할 것
④ 산화에 대한 저항이 클 것(내산성)
⑤ 카본 생성이 적을 것
⑥ 강인한 유막을 형성할 것
⑦ 비중이 적당할 것

(2) 윤활유

윤활제는 액체 상태의 윤활유와 반고체 상태의 그리스 및 고체 윤활제로 대별된다.

1) 기관 오일
① 점도에 의한 분류
SAE(Society Automotive Engineers, 미국자동차기술협회)

계절	겨울	봄·가을	여름
SAE번호	10~20	30	40~50

② API 분류(사용조건의 분류) 및 SAE 신분류

구분	운전 조건	API 분류	SAE 분류
가솔린 기관	좋은 조건	ML	SA
	중간 조건	MM	SB
	가혹한 조건	MS	SC, SD
디젤 기관	좋은 조건	DG	CA
	중간 조건	DM	CB, CC
	가혹한 조건	DS	CD

2) 점도 및 점도 지수
① 점도 : 오일의 끈적끈적한 정도를 나타내는 것으로 유체의 이동 저항
㉮ 점도가 높으면 : 끈적끈적하여 유동성 저하
㉯ 점도가 낮으면 : 오일이 묽어 유동성 향상
② 점도 지수 : 온도에 따른 점도 변화를 나타내는 수치
㉮ 점도 지수가 크면 : 온도 변화에 따라 점도 변화 작음
㉯ 점도 지수가 작으면 : 온도 변화에 따라 점도 변화 큼
③ 유성 : 오일이 금속 마찰면에 유막을 형성하는 성질
④ 오일의 혼합 : 점도가 다른 두 종류를 혼합 사용하거나 제작사가 다른 오일은 혼합하지 말아야 한다.

02 윤활장치의 주요 구성 및 작용

(1) 윤활 및 여과 방식

내연기관의 윤활 방식은 혼합식과 분리식 있으나 건설기계는 대부분 분리식이 사용된다.

1) 2행정 사이클의 윤활 방식
① 혼기식(혼합) : 기관 오일을 가솔린과 9~25:1의 비율로 미리 혼합하여, 크랭크 케이스 안에 흡입할 때와 실린더의 소기를 할 때 마찰 부분을 윤활한다.

② 분리 윤활식 : 주요 윤활 부분에 오일 펌프로 오일을 압송하는 형식이며 4사이클 기관의 압송식과 같다.

2) 4행정 사이클 기관의 윤활 방식

① 비산식 : 오일 펌프가 없고 커넥팅 로드의 베어링 캡에 오일 디퍼(비말자)가 오일을 퍼올려서 뿌려준다.
② 압송식 : 오일 펌프로 각 윤활 부분에 공급시키며 최근에 많이 사용되고 있다.
③ 비산 압송식 : 비산식과 압송식을 함께 사용하는 것으로 오일 펌프도 있고, 오일 디퍼도 있다.

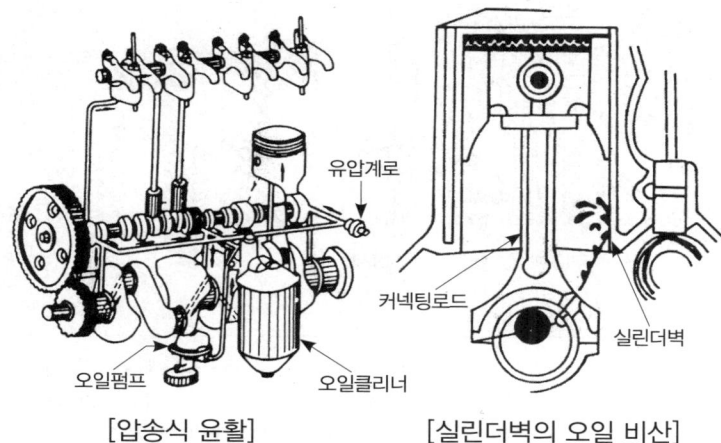

[압송식 윤활]   [실린더벽의 오일 비산]

3) 여과 방식

① 분류식 : 오일 펌프에서 나온 오일의 일부를 여과하고 나머지는 윤활부로 그냥 보낸다.
② 전류식 : 오일 펌프에서 나온 오일 전부가 여과기를 거쳐 여과된 다음 윤활부로 가게 된다.
③ 샨트식 : 펌프에 보내지는 오일의 일부만을 여과하지만 여과된 오일이 오일 팬으로 돌아오지 않고 윤활부에 공급된다.

(2) 윤활기기의 작용

1) 오일 팬과 스트레이너

① 오일 팬 : 오일을 저장하며 섬프가 있어 경사지에서도 오일이 고여 있다.
② 스트레이너 : 펌프로 들어가는 쪽의 여과망을 말한다.

2) 오일 펌프

캠 축이나 크랭크에 의해 기어 또는 체인으로 구동되는 윤활유 펌프로 오일 팬 내에 있는 오일을 빨아 올려 기관의 각 작동 부분에 압송하는 펌프이며, 일반적으로 오일 팬 안에 설치된다.

① 기어 펌프 : 내접 기어형과 외접 기어형
② 로터리 펌프 : 이너 로터와 아웃 로터에 의해 작동되는 구조
③ 베인 펌프 : 편심 로터가 날개와 작동됨
④ 플런저 펌프 : 플런저가 캠 축에 의해 작동됨

3) 유압 조절 밸브(유압 조정기)

과도한 압력 상승과 유압 저하를 방지하여 일정하게 압력을 유지시킨다.

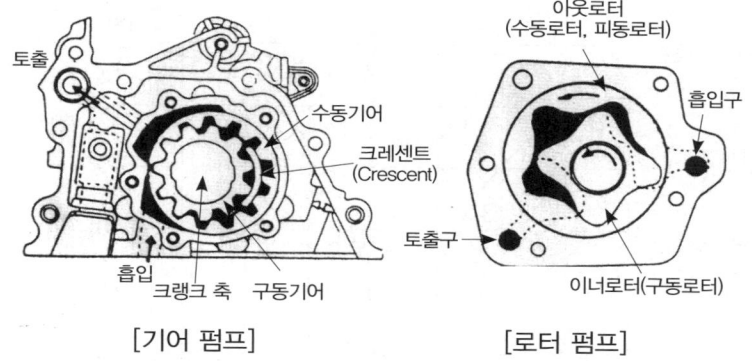

[기어 펌프]   [로터 펌프]

4) 오일 여과기(Oil Filter)

기관의 마찰 부분에서 발생한 금속 분말, 열화 및 노화로 생긴 산화물, 흡입된 먼지, 불완전 연소로 인한 카본 등의 불순물을 정유하는 것으로 엘리먼트 교환식과 전체를 교환하는 일체식이 있다.

① 오염 상태 판정
 ㉮ 검정색에 가까운 경우 : 심하게 오염(불순물 오염)
 ㉯ 붉은색에 가까운 경우 : 가솔린의 유입
 ㉰ 우유색에 가까운 경우 : 냉각수가 섞여 있음
② 오일의 교환(정상 사용시) : 200~250시간

5) 오일 게이지와 오일 점검

① 오일의 양 점검 : 지면이 평탄한 곳에서 건설기계를 주차시키고 엔진을 정지시킨 다음 5~10분이 경과한 후 점검하며, 유량계를 빼내어 FULL 표시면 정상이다.
② 유압계
 ㉮ 유압계 : 2~3kg/cm² (가솔린 기관), 3~4kg/cm² (디젤 기관)
 ㉯ 유압 경고등 : 시동시 점등된 후 꺼지면 유압이 정상

엔진(기관)구조

제 4절 디젤연소실과 연료장치

: Diesel Combusion Chamber & Fuel Equipments

01 디젤기관 일반

(1) 디젤 기관의 연소실

디젤 기관은 압축열(600℃)에 의한 자연착화기관이므로 공기와 연료가 잘 혼합될 수 있는 구조여야 한다.

1) 직접 분사식

연소실이 피스톤 헤드나 실린더 헤드에 있어 이곳에 연료를 150~300kg/cm²의 분사 압력으로 분사하며, 시동을 돕기 위한 예열 장치가 흡기다기관에 설치되어 있다.

장 점	단 점
① 열효율이 높고 시동이 쉽다. ② 냉각에 의한 연손실이 적으며 열변형이 적다.	① 분사 압력이 높아 분사 펌프와 노즐 등의 수명이 짧다. ② 분사 노즐의 상태와 연료의 질에 민감하다. ③ 노크가 일어나기 쉽다.

2) 예연소실식

주연소실의 30~40% 정도에 해당하는 체적의 예연소실이 있고, 이곳에 분사노즐과 예열플러그가 있어 연료를 100~120kg/cm² 정도로 분사하면 예연소실로부터 연소가 시작되어 압력이 주연소실로 밀려나와 피스톤을 밀어준다.

장 점	단 점
① 분사 압력이 낮아 연료장치의 고장이 적다. ② 연료의 성질 변화에 둔하고 선택 범위가 넓다. ③ 노크가 적게 된다.	① 연소실 표면이 커서 냉각 손실이 많다. ② 시동보조장치인 예열플러그가 필요하다. ③ 연료 소비율이 약간 많고 구조가 복잡하다.

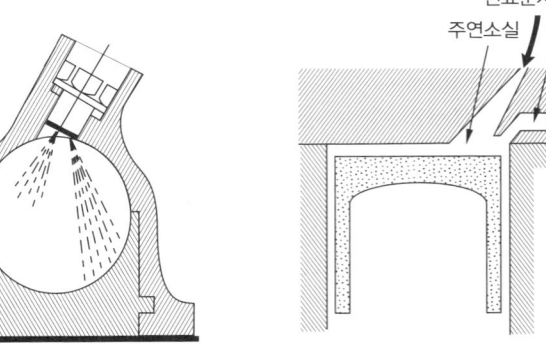

[직접분사실식]　　　　　[예연소실식]

3) 와류실식

실린더 헤드나 실린더 주변에 둥근 공모양의 보조 연소실이 주연소실의 70~80% 용적을 가지고 설치되어, 압축 공기가 이 와류실에서 강한 선회 운동을 할 때 100~140kg/cm² 정도의 분사 압력으로 연료가 분사되어 연소가 일어난다.

장 점	단 점
① 기관의 회전 속도 범위가 넓고 회전 속도를 높일 수 있다. ② 예연소실에 비해서 연료 소비율이 적다. ③ 평균 유효 압력이 높으며 분사 압력이 비교적 낮다.	① 시동시 예열 플러그가 필요하고 구조가 복잡하다. ② 열효율이 낮고 저속에서 노크가 일어나기 쉽다.

4) 공기실식

피스톤 헤드나 실린더 헤드 연소실에 주연소실의 6~20% 체적으로 공기실이 있다. 공기실은 예비 연소실과 같이 노즐이 공기실에 있지 않고 주연소실에서 직접 연료를 분사하므로, 연료가 주연소실부터 시작되어 공기실로 전달되기 때문에 주연소실의 1차 폭발력에 이어 2차적인 압력을 피스톤에 가할 수 있다.

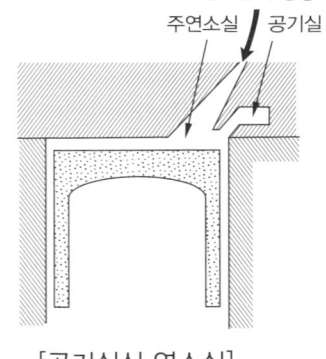

[와류실식의 단면]　　　　[공기실식 연소실]

(2) 연소와 노크

1) 연소실의 구비 조건

① 평균 유효 압력이 높고 연소 시간이 짧아야 한다.
② 연료 소비가 적고 연소 상태가 좋아야 한다.
③ 와류가 잘 되어 공기와 연료의 혼합이 잘 되어야 한다.
④ 시동이 쉽고 노크가 적어야 한다.

2) 연소 과정

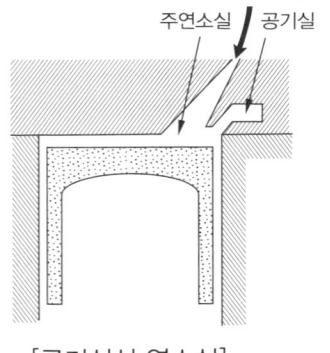

[디젤기관의 분사와 연소]

기중기운전기능사 총정리 　**24**　 제1장_ 엔진(기관)구조

① 착화 지연 기간(A~B) : 연료가 분사되어 착화될 때까지의 기간
② 폭발 연소 기간(화염 전파 기간)(B~C) : 착화 지연 기간 동안에 형성된 혼합기가 착화되는 기간
③ 연소 제어 기간(직접 연소 기간)(C~D) : 화염에 의해서 분사와 동시에 연소되는 기간
④ 후기 연소 기간(D~E) : 분사가 종료된 후 미연소 가스가 연소하는 기간

3) 이상 연소와 노크 방지
① 디젤 노크는 착화 지연 기간 중 분사된 다량의 연료가 화염 전파 기간 중 일시적으로 이상 연소가 되어 급격한 압력 상승이나 부조 현상이 되는 상태를 말한다.
② 디젤기관의 노크 방지책
  ㉮ 압축비를 높인다.
  ㉯ 흡기 온도를 높인다.
  ㉰ 실린더 벽의 온도를 높인다.
  ㉱ 착화성이 좋은 연료(세탄가가 높은 연료)를 사용한다.
  ㉲ 와류가 일어나게 한다.

02 구성 및 작용

(1) 연료의 일반 성질

1) 발열량
연료가 완전 연소하였을 때 발생되는 열량이며 디젤 기관 연료인 경유의 발열량은 10,700kcal/kg이다.

2) 인화점
일정한 연료를 서서히 가열했을 때 불이 붙는 온도이다.
① 가솔린 인화점 : -15℃ 이내이다.
② 경유의 인화점 : 40~90℃ 이내이다.

3) 착화점
온도가 높아져서 자연 발화되어 연소되는 온도이다.
① 경유의 착화점은 공기 속에서 358℃이다.

4) 세탄가
디젤 연료의 착화성을 나타내는 척도를 말하며 착화 지연이 짧은 세탄($C_{16}H_{34}$)과 착화지연이 나쁜 α-메틸나프탈렌($C_{11}H_{10}$)의 혼합 연료의 비를 %로 나타내는 것이다.

$$세탄가 = \frac{세탄}{세탄+α-메틸나프탈렌} \times 100\%$$

5) 디젤 연료의 구비 조건
① 착화성이 좋고, 적당한 점도일 것
② 인화점이 높을 것
③ 불순물과 유황분이 없을 것
④ 연소 후 카본 생성이 적을 것
⑤ 발열량이 클 것

(2) 연료기기의 작용

1) 연료 공급 펌프
연료 탱크에 있는 연료를 분사 펌프에 공급하는 펌프로 분사 펌프의 옆이나 실린더 블록에 부착되어 캠 축에 의해 작동된다. 플런저식은 플런저와 스프링으로 구성되어 있다.

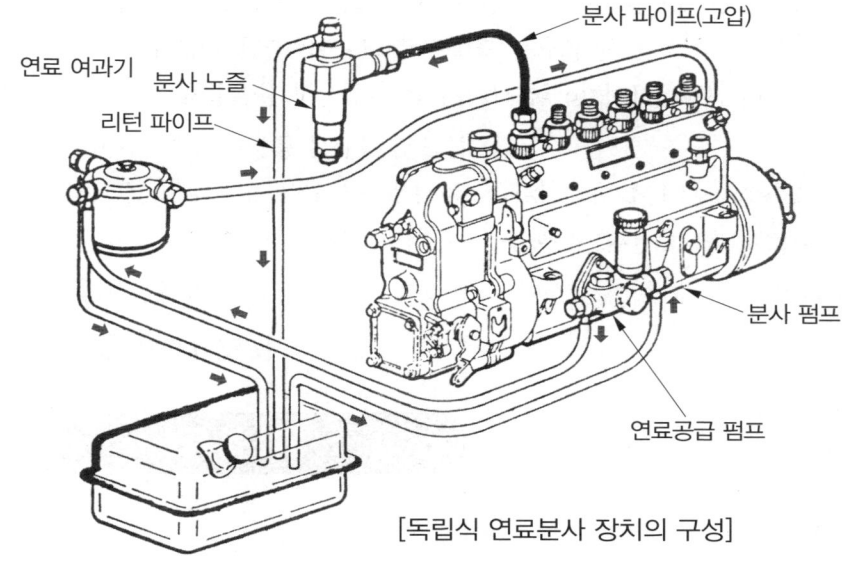

[독립식 연료분사 장치의 구성]

2) 연료 여과기
연료 속의 불순물, 수분, 먼지, 오물 등을 제거하여 정유하는 것으로 공급 펌프와 분사 펌프 사이에 설치되어 있다. 내부에는 압력이 1.5~2kg/cm² 이상되거나 연료가 과잉 상태일 때 이를 탱크로 되돌려 보내는 오버플로우 밸브가 있다.

3) 분사 펌프
분사 펌프는 공급 펌프와 여과기를 거쳐서 공급된 연료를 고압으로 노즐에 보내어 분사할 수 있도록 하는 펌프로 조속기, 타이머가 함께 부착되어 작동된다.
① 펌프 엘리먼트 : 플런저와 플런저 배럴로서 분사 노즐로 연료를 압송한다.
② 분사량 제어기구 : 제어 래크, 제어 슬리브 및 피니언으로서 래크를 좌우(21~25mm)로 회전시킨다.
③ 딜리버리 밸브 : 노즐에서 분사된 후의 연료 역류 방지와 잔압을 유지해 후적을 방지한다.

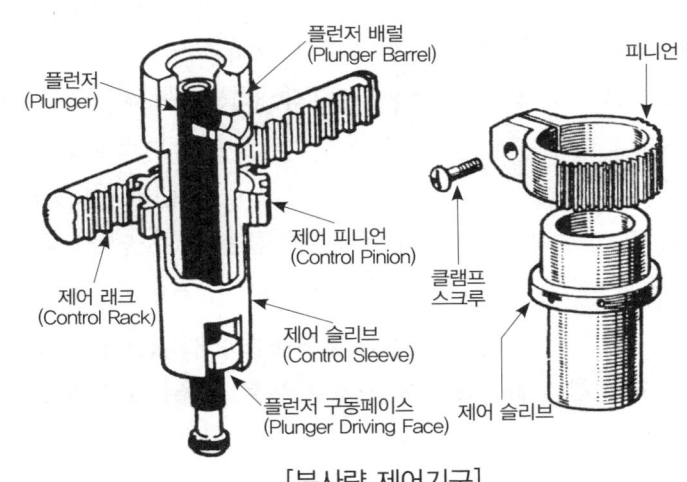

[분사량 제어기구]

④ 앵글라이히 장치 : 엔진의 모든 속도 범위에서 공기와 연료의 비율을 알맞게 유지한다.

⑤ 타이머 : 엔진 부하 및 회전 속도에 따라 분사 시기를 조정하는 것으로 분사 펌프 캠 축과 같이 작동된다.

⑥ 조속기(거버너) : 엔진의 부하 변동 또는 회전 속도에 따라 자동적으로 래크와 피니언, 제어 슬리브 등을 움직여 분사량 조정으로 속도를 조정한다.

[공기식 조속기]

4) 분사 노즐

분사 노즐은 실린더 헤드에 설치되어 있고 분사 펌프로부터 압송된 연료를 실린더 내에 분사하는 역할을 하며, 분사개시 압력을 조절하는 조정 나사가 있다.

① 개방형 : 분사 펌프와 노즐 사이가 항상 열려 있어 후적을 일으킨다.

② 밀폐형(폐지형) : 분사 펌프와 노즐 사이에 니들 밸브가 설치되어 필요할 때만 자동으로 연료를 분사한다.

③ 디젤엔진 연료분사의 3대 요건

안개화(무화)가 좋을 것, 관통력이 클 것, 분포(분산)가 골고루 이루어 질 것

④ 노즐의 구비조건

연료를 미세한 안개형태로 분사하여 쉽게 착화되게 할 것, 연소실 구석구석까지 고르게 분사할 것, 후적이 없을 것, 내구성이 클 것

⑤ 노즐의 종류별 특징

구분	구멍형	핀틀형	스로틀형
분사 압력	150~300kg/cm²	100~150kg/cm²	100~140kg/cm²

제5절 흡·배기장치 및 시동보조장치

엔진(기관)구조

: Intake and Exhaust Equipment & Starting Auxiliary Equipment

01 흡·배기장치 일반

(1) 흡·배기에 관한 영향

기관이 충분한 출력으로 작동하기 위해서는 실린더 내부에 혼합가스나 공기를 흡입하여 적절한 압축과 폭발 과정을 거쳐야 하며 연소된 후에도 그 연소 가스를 효과적으로 배출하여야 한다. 이러한 일들을 담당하는 장치들을 흡·배기 장치라 한다.

(2) 배출 가스와 대책

1) 블로 바이(Blow by) 가스

실린더와 피스톤 사이에 틈새를 지나 크랭크 케이스와 환기 기구를 통하여 대기로 방출되는 가스를 말한다.

2) 배기 가스

① 인체에 해가 없는 것 : 수증기(H_2O), 질소(N_2) 탄산가스(CO_2)이다.

② 유해 물질 : 탄화수소(HC), 질소산화물(NOx), 일산화탄소(CO) 등은 공해 방지를 위한 감소 대상 물질이다.

3) 디젤 기관의 가스 발생 대책

흑연, HC, CO 등은 연소 상태를 좋게 개선하면 감소시킬 수 있으나 NOx는 반대로 연소 온도를 낮추지 않으면 감소시킬 수 없다.

02 구성 및 작용

(1) 흡·배기 기기

1) 공기청정기

공기청정기는 기관에 흡입되는 공기 중에 포함된 먼지를 제거하여 흡입시키므로 기관의 수명을 연장시키고 또 흡기 계통에서 발생하는 흡기 소음을 없애는 역할을 한다.

① 건식 공기청정기 : 건식 공기청정기는 여과지나 여과포로 된 여과 엘리먼트(Filter Element)를 사용한다.

② 습식 공기청정기 : 공기를 오일(엔진오일)로 적셔진 금속 여과망의 엘리먼트를 통과시켜 여과한다.

2) 흡기다기관

공기나 혼합가스를 흡입하는 통로로서 주철 합금이나 알루미늄 합금으로 만들어져 있으며 될 수 있는 대로 저항을 적게 하여 질과 양이 균일한 혼합기를 각 실린더에 분배할 수 있도록 하였다.

3) 과급기(Supercharger)

과급기란 기관의 작동 중 흡입에 의한 충전 효율을 높여서 회전력, 연료 소비율, 기관의 출력 등을 향상시키기 위하여 흡입되는 가스에 압력을 가하여 주는 일종의 공기 펌프이다.

① 터보차저
  ㉮ 터보차저는 4행정 기관에서 실린더 내에 공기의 충전 효율을 증가시켜 주기 위해서 두고 있다.
  ㉯ 배기 가스 압력에 의해 작동된다.
  ㉰ 기관 전체 중량은 10~15%가 무거워진다.
  ㉱ 기관의 출력은 35~45% 증대된다.

② 블로어
  ㉮ 루트 블로어는 하우징 내부에 2개의 로터가 양단에 베어링으로 지지된다.
  ㉯ 베어링이나 로터 기어의 윤활용 오일이 새는 것을 방지하기 위해 기름막이 장치로 래버린스(Lavyrinth) 링이 부착되어 있다.

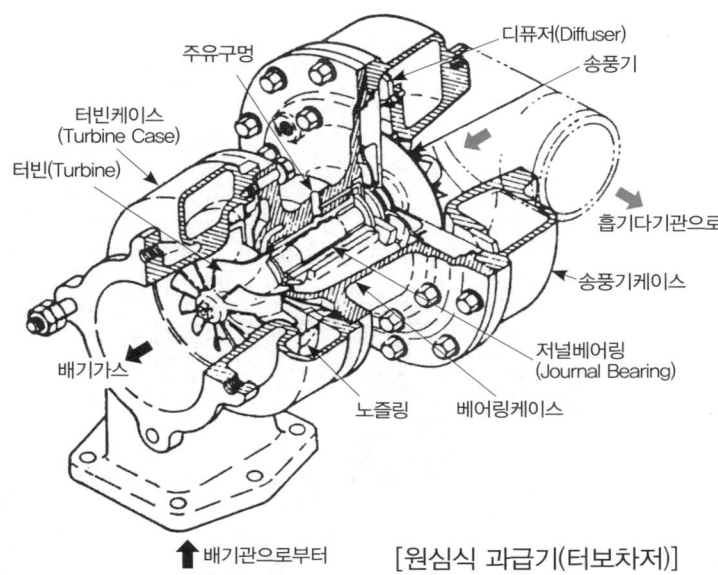

[원심식 과급기(터보차저)]

4) 배기다기관과 소음기

배기다기관은 각 실린더에서 연소된 가스를 배기 포트로부터 중앙으로 모아서 소음기로 방출시키는 관으로 보통 가단주철(Malleable Cast Iron)을 사용한다. 배기 가스가 외부에 방출되면 급격한 가스의 팽창 때문에 폭발음이 발생하고, 화재를 일으킬 염려가 있기 때문에 이를 방지하고 출력을 최대한 줄이면서 되도록 배압(Back Pressure)을 적게 한 것이 소음기이다.

① 정상 연소 : 무색 또는 담청색
② 윤활유 연소 : 백색
③ 진한 혼합기 : 검은 연기
④ 장비의 노후 연료의 질 불량 : 검은 연기
⑤ 희박한 혼합비 : 볏짚색
⑥ 노킹이 생길 때 : 황색에서 시작되어 검은 연기 발생

(2) 예열 기구

1) 흡기 가열식

흡입 공기를 흡입 통로인 다기관에서 가열시켜 흡입시키는 방식이다.

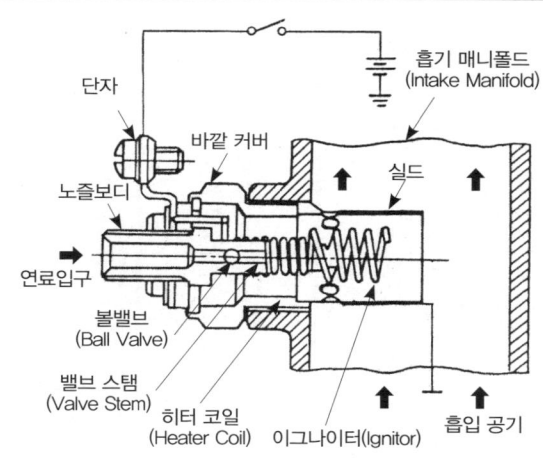

[연소식 흡기히터의 작동]

① 연소식 히터 : 흡기 히터는 작은 연료 탱크로 구성되어 있으며, 연료 여과기에서 보낸 연료를 흡기다기관 안에서 연소시키고 흡입 공기를 가열하여 기관의 온도가 낮을 때 시동이 잘 되게 한다.

② 전열식 흡기 히터 : 공기 히터와 히터 릴레이에 흡입 공기의 통로에 설치된 흡기 히터의 통전(通電)을 제어하는 히터 릴레이, 히터의 적열 상태를 운전석에 표시하는 표시등(Indicator)으로 구성되어 있다.

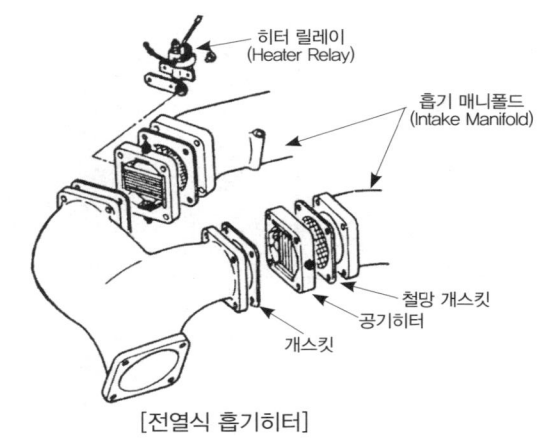

[전열식 흡기히터]

2) 예열 플러그식

① 예열 플러그식 예열 기구는 실린더 헤드에 있는 예연소실에 부착된 예열 플러그가 공기를 가열하여 시동을 쉽게 하는 방식이다.

② 예열 플러그(Glow plug) : 금속제 보호관에 코일이 들어 있는 예열 플러그를 실드형(Shield Type) 예열 플러그라 하며 직접 코일이 노출되어 있는 코일형(Coil type)이 있다.

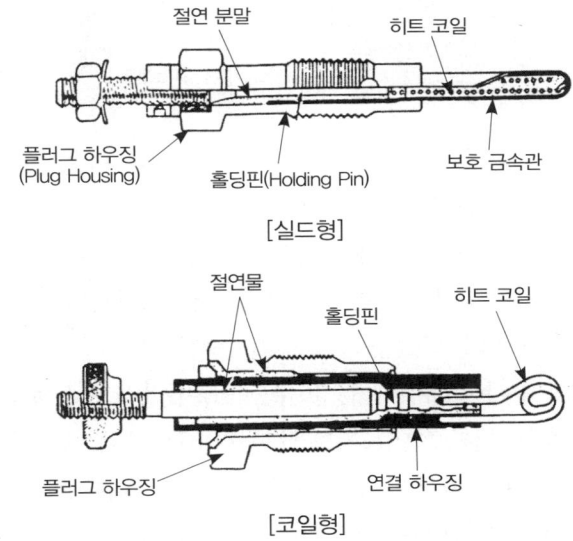

[실드형]

[코일형]

③ 예열 플러그 파일럿

㉮ 예열 플러그 파일럿은 히트 코일과 이것을 지지하는 단자 및 보호 커버로 구성되어 있으다.

㉯ 전류에 의해 예열 플러그와 함께 적열되도록 되어 운전석에서 확인할 수 있도록 하였다.

④ 예열 플러그 릴레이

㉮ 예열 플러그 릴레이란 기동용과 예열용 릴레이의 독립된 두 릴레이가 하나의 케이스에 들어 있어, 각각 기동 스위치의 조작에 의해 작동되는 것이다.

㉯ 예열 플러그의 양쪽 끝에 가해진 전압이 예열시와 기동 전동기를 작동할 때 변화하지 않고 양호한 적열 상태가 유지되도록 회로를 전환한다.

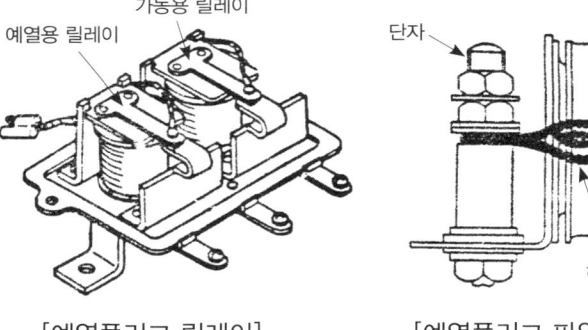

[예열플러그 릴레이]　　[예열플러그 파일럿]

[예열플러그의 부착]

(2) 감압 장치

디젤기관은 가솔린 기관보다 높은 고압축비를 가지므로 기관을 빠른 속도로 회전 운동시키기가 곤란하다. 이때 배기 밸브를 열고 기관을 크랭킹시키면 가볍게 크랭크 축을 회전 운동시키게 되고 계속해서 크랭킹시키면 플라이 휠에 원심력이 얻어진다.

이 때 급격히 배기 밸브를 닫아주면 플라이 휠의 원심력과 기동 모터의 회전력이 합산된 힘으로 크랭크 축을 돌려주기 때문에 압축이 완료됨으로써 폭발 운동을 갖게 되어 가볍게 시동을 걸 수 있다. 이러한 역할을 담당하는 시동 보조장치를 감압 장치 또는 디컴프 장치라고 한다.

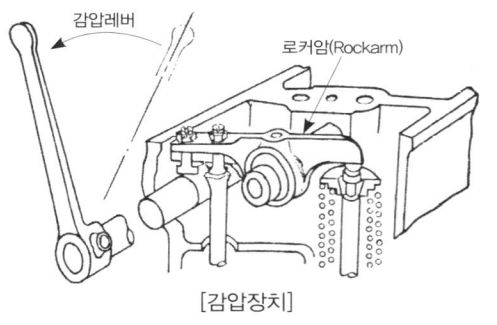

[감압장치]

제1장 엔진(기관)구조 출제예상문제

1. 기관 주요부

01 다음 중 열 에너지를 기계적 에너지로 변화시켜 주는 장치는?

① 펌프 ② 모터
③ 엔진 ④ 밸브

02 4행정 사이클 엔진의 4행정을 바르게 표시한 것은?

① 흡입, 압축, 팽창, 점화
② 흡입, 압축, 동력, 배기
③ 흡입, 압축, 팽창, 동력
④ 흡입, 점화, 동력, 배기

03 연료 분사 노즐로부터 실린더 내로 연료를 분사하여 연소시켜 동력을 얻는 행정은?

① 폭발 행정 ② 압축 행정
③ 배기 행정 ④ 흡입 행정

04 4행정 기관이 2사이클을 완성하려면 캠 축은 몇 회전하는가?

① 1회전 ② 2회전
③ 4회전 ④ 8회전

해설 1사이클 당 크랭크축은 2회전, 캠축은 1회전한다. 따라서 2×1=2회전

05 4행정 기관에서 크랭크 축 기어와 캠 축 기어와의 지름의 비 및 회전비는 각각 얼마인가?

① 2:1 및 1:2 ② 2:1 및 2:1
③ 1:2 및 2:1 ④ 1:2 및 1:2

06 기관의 실린더 수가 많은 경우의 장점이 아닌 것은?

① 기관의 진동이 적다.
② 저속 회전이 용이하고 큰 동력을 얻을 수 있다.
③ 연료 소비가 적고 큰 동력을 얻을 수 있다.
④ 가속이 원활하고 신속하다.

07 기관에서 피스톤의 행정이란?

① 상사점과 하사점과의 길이
② 피스톤의 길이
③ 상사점과 하사점과의 총면적
④ 실린더 벽의 상하 길이

08 실린더 벽이 마멸되었을 때 일어나는 현상은?

① 기관의 회전수가 증가한다.
② 오일 소모량이 증가한다.
③ 열효율이 증가한다.
④ 폭발 압력이 증가한다.

09 기관에서 실린더 마모가 가장 큰 부분은?

① 실린더 아래 부분 ② 실린더 윗 부분
③ 실린더 중간 부분 ④ 일정하지 않다.

10 피스톤의 구비 조건으로 틀린 것은?

① 고온·고압에 견딜 것 ② 열전도가 잘 될 것
③ 열팽창률이 적을 것 ④ 피스톤 중량이 클 것

11 피스톤과 실린더와의 간극이 클 때 일어나는 현상 중 틀린 것은 어느 것인가?

① 피스톤 슬랩 현상이 생긴다.
② 압축 압력이 저하된다.
③ 오일이 연소실로 유입된다.
④ 피스톤과 실린더의 소결이 일어난다.

12 기관의 피스톤이 고착되는 원인으로 맞지 않는 것은?

① 기관 오일이 너무 많았을 때
② 피스톤 간극이 작을 때
③ 기관 오일이 부족하였을 때
④ 기관이 과열되었을 때

13 피스톤 링의 3대 작용은?

① 밀봉 작용, 냉각 작용, 흡입 작용
② 흡입 작용, 압축 작용, 냉각 작용
③ 밀봉 작용, 냉각 작용, 오일 제어 작용
④ 밀봉 작용, 냉각 작용, 마찰 방지 작용

14 오일과 오일링의 작용 중 오일의 작용에 해당되지 않는 것은?

① 방청 작용 ② 냉각 작용
③ 응력 분산 작용 ④ 오일 제어 작용

[1. 기관 주요부] 01 ③ 02 ② 03 ① 04 ② 05 ③ 06 ③ 07 ①
08 ② 09 ② 10 ④ 11 ④ 12 ① 13 ③ 14 ④

15 내연기관의 동력 전달은?

① 피스톤 → 커넥팅 로드 → 클러치 → 크랭크 축

② 피스톤 → 클러치 → 크랭크 축

③ 피스톤 → 크랭크 축 → 커넥팅 로드 → 클러치

④ 피스톤 → 커넥팅 로드 → 크랭크 축 → 클러치

16 크랭크 축에 제일 많이 사용되는 베어링은?

① 테이퍼 베어링　　　② 롤러 베어링

③ 플레인 베어링　　　④ 볼 베어링

17 크랭크 축에서 베어링의 바깥 둘레와 하우징 둘레와의 차이를 무엇이라 하는가?

① 베어링 크러시　　　② 베어링 두께

③ 베어링 스프레드　　④ 베어링 날개

18 다음에 열거한 부품 중 점(착)화 시기를 필요로 하지 않는 것은?

① 크랭크 축 기어　　　② 캠 축 기어

③ 연료분사 펌프 구동기어　④ 오일 펌프 구동기어

19 기관에서 밸브 스프링의 장력이 약할 때 어떤 현상이 발생하는가?

① 배기가스량이 적어진다.

② 밀착 불량으로 압축가스가 샌다.

③ 밀착은 정상이나 캠이 조기 마모된다.

④ 흡입 공기량이 많아져서 출력이 증가된다.

20 밸브 스프링의 서징현상은 어느 때 생기는가?

① 저속　　　　　② 중속

③ 고속　　　　　④ 공전

21 기관의 밸브 간극이 너무 클 때 발생되는 현상으로 맞는 것은?

① 정상온도에서 밸브가 확실하게 닫히지 않는다.

② 밸브 스프링의 장력이 약해진다.

③ 푸시로드가 변형된다.

④ 정상온도에서 밸브가 완전히 개방되지 않는다.

22 블로 바이(blow by) 현상의 설명에 적합한 것은?

① 밸브가 닫힐 때 튀면서 닫히는 현상

② 실린더와 피스톤 틈에서 압축가스와 폭발가스가 크랭크 케이스로 빠져나오는 일

③ 압축 행정시 피스톤과 실린더 사이에서 공기가 흡입되는 현상

④ 배기 행정시 잔류가스를 완전히 배출하기 위하여 흡ㆍ배기 밸브를 동시에 열어주는 현상

2. 냉각장치

01 실린더 블록과 헤드에 물 재킷(water jacket)을 설치하여 냉각시키는 방식은 무엇인가?

① 자연 순환식　　　② 강제 통풍식

③ 자연 통풍식　　　④ 강제 순환식

02 작업 중 엔진온도가 급상승하였을 때 먼저 점검하여야 할 것은?

① 윤활유 수준 점검

② 고부하 작업 여부 점검

③ 장기간 작업 여부 점검

④ 냉각수의 양 점검

03 팬 벨트에 대한 점검과정이다. 틀린 것은?

① 팬 벨트는 눌러(약 10kgf) 13~20mm 정도로 한다.

② 팬 벨트는 풀리의 밑부분에 접촉되어야 한다.

③ 팬 벨트의 조정은 발전기를 움직이면서 조정한다.

④ 팬 벨트가 너무 헐거우면 기관 과열의 원인이 된다.

04 일반적인 건설기계에 대한 다음 설명 중 틀린 것은?

① 기관이 과열됐을 때는 기관을 정지시킨 후 냉각수를 조금씩 보충한다.

② 운전 중 팬 벨트가 끊어지면 충전 경고등이 꺼진다.

③ 윤활 계통에 이상이 생기면 운전 중에 오일압력 경고등이 켜진다.

④ 연료 탱크는 주기적으로 청소를 하여 물과 찌꺼기를 제거시킨다.

05 기관을 시동하여 공전시에 점검할 사항이 아닌 것은?

① 기관의 팬 벨트 장력을 점검

② 오일의 누출 여부를 점검

③ 냉각수의 누출 여부를 점검

④ 배기가스의 색깔을 점검

06 기관에서 냉각계통으로 배기가스가 누설되는 원인에 해당되는 것은?

① 실린더 헤드 개스킷 불량

② 매니폴더의 개스킷 불량

③ 워터펌프의 불량

④ 냉각 팬의 벨트 유격 과대

07 라디에이터의 구성품이 아닌 것은?

① 냉각수 주입구　　　② 냉각핀

③ 코어　　　　　　　④ 물 재킷

정답
15 ④　16 ③　17 ①　18 ④　19 ②　20 ③　21 ④　22 ②
[2. 냉각장치] 01 ④　02 ④　03 ②　04 ②　05 ①　06 ①　07 ④

08 압력식 라디에이터 캡에 대한 설명으로 적합한 것은?

① 냉각장치 내부압력이 규정보다 낮을 때 공기밸브는 열린다.
② 냉각장치 내부압력이 규정보다 높을 때 진공밸브는 열린다.
③ 냉각장치 내부압력이 부압이 되면 진공밸브는 열린다.
④ 냉각장치 내부압력이 부압이 되면 공기밸브는 열린다.

09 라디에이터 캡의 스프링이 파손되었을 때 가장 먼저 나타나는 현상은?

① 냉각수 비등점이 낮아진다.
② 냉각수 순환이 불량해진다
③ 냉각수 순환이 빨라진다.
④ 냉각수 비등점이 높아진다.

10 냉각수 순환용 물 펌프가 고장났을 때, 기관에 나타날 수 있는 현상으로 가장 중요한 것은?

① 시동 불능　　② 축전지의 비중 저하
③ 발전기 작동 불능　　④ 기관 과열

11 냉각장치에서 소음의 원인이 아닌 것은?

① 팬 벨트의 불량
② 팬의 헐거움
③ 정온기의 불량
④ 물 펌프 베어링의 불량

12 기관의 냉각수 수온을 측정하는 곳은?

① 라디에이터의 윗물통
② 실린더 헤드 물 재킷부
③ 물 펌프 임펠러 내부
④ 온도조절기 내부

13 다음 기구 중 엔진의 온도를 일정하게 정상으로 유지하는 것은?

① 방수기　　② 방열팬
③ 정온기　　④ 물 펌프

14 기관의 정상적인 냉각수 온도에 해당되는 것으로 가장 적절한 것은?

① 20~35℃　　② 35~60℃
③ 75~95℃　　④ 110~120℃

15 부동액이 구비하여야 할 조건으로 다음 중 가장 알맞은 것은?

① 증발이 심할 것
② 침전물을 축적할 것
③ 비등점이 물보다 상당히 낮을 것
④ 물과 용이하게 용해될 것

16 부동액의 종류 중 가장 많이 사용되는 것은?

① 에틸렌
② 글리세린
③ 에틸렌글리콜
④ 알코올

3. 윤활장치

01 윤활유의 구비 조건으로 적당치 않은 것은?

① 윤활성에 관계없이 점도가 적당할 것
② 윤활성이 좋을 것
③ 응고점이 높을 것
④ 인화점이 높을 것

02 윤활유의 기능으로 맞는 것은?

① 마찰감소, 스러스트작용, 밀봉작용, 냉각작용
② 마멸방지, 수분흡수, 밀봉작용, 마찰증대
③ 마찰감소, 마멸방지, 밀봉작용, 냉각작용
④ 마찰증대, 냉각작용, 스러스트작용, 응력분산

03 기관 오일의 오염 원인이 아닌 것은?

① 오일 여과기의 불량
② 피스톤 링 장력이 약할 때
③ 유(oil)질이 불량할 때
④ 릴리프 밸브가 고착되었을 때

04 기관 오일에 연료가 혼합되어 있으면 어떻게 되는가?

① 기관회전이 원활하다.
② 마모현상이 촉진된다.
③ 발화점이 높아진다.
④ 점도가 높아진다.

05 엔진오일이 우유색을 띠고 있을 때의 원인은?

① 경유가 유입되었다.
② 연소가스가 섞여있다.
③ 냉각수가 섞여있다.
④ 가솔린이 유입되었다.

06 윤활유가 연소실에 올라와 연소할 때 배기가스의 색은?

① 흑색　　② 백색
③ 청색　　④ 황색

08 ③　09 ①　10 ④　11 ③　12 ②　13 ③　14 ③　15 ④　16 ③
[3. 윤활장치] 01 ③　02 ③　03 ④　04 ②　05 ③　06 ②

07 윤활유 공급 펌프에서 공급된 윤활유 전부가 엔진오일 필터를 거쳐 윤활부로 가는 방식은?

① 분류식
② 자력식
③ 전류식
④ 샨트식

08 오일 여과기의 역할은?

① 오일의 순환작용
② 연료와 오일 정유작용
③ 오일 세정작용
④ 오일의 압송

09 유압계가 부착된 건설기계에서 유압계 지침이 정상으로 압력 상승이 되지 않았다. 그 원인으로 틀린 것은?

① 오일 파이프의 파손
② 오일 펌프의 고장
③ 유압계의 고장
④ 연료 파이프의 파손

10 기관의 윤활유 압력이 규정보다 높게 표시될 수 있는 원인으로 맞는 것은?

① 엔진 오일 실(seal) 파손
② 오일 게이지 휨
③ 압력조절밸브 불량
④ 윤활유 부족

11 엔진오일 지시기의 지침이 떨어지면 어떻게 하여야 하는가?

① 엔진을 즉시 정지시킨다.
② 저속으로 작업한다.
③ 고속으로 작업한다.
④ 아무 관계 없다.

12 바이패스밸브(by-pass valve)는 언제 작동되는가?

① 오일이 과열될 때
② 필터가 막혔을 때
③ 오일이 과냉되었을 때
④ 오일이 적정량보다 많을 때

13 오일 펌프의 압력조절 밸브를 조정하여 스프링 장력을 높게 하면 어떻게 되는가?

① 유압이 높아진다.
② 윤활유의 점도가 증가된다.
③ 유압이 낮아진다.
④ 유량의 송출량이 증가된다.

4. 디젤 연소실 · 연료장치

01 고속 디젤 기관은 다음 중 어느 것인가?

① 오토 사이클
② 디젤 사이클
③ 사바테 사이클
④ 카르노 사이클

02 디젤 기관의 장점이 아닌 것은?

① 가속성이 좋고 운전이 정숙하다.
② 열효율이 높다.
③ 화재의 위험이 적다.
④ 연료소비율이 낮다.

03 고속 디젤 기관이 가솔린 기관보다 좋은 점은?

① 열효율이 높고 연료소비율이 적다.
② 운전 중 소음이 비교적 적다.
③ 엔진의 출력당 무게가 가볍다.
④ 엔진의 압축비가 낮다.

04 디젤 기관의 진동 원인과 가장 거리가 먼 것은?

① 각 실린더의 분사압력과 분사량이 다르다.
② 분사시기, 분사간격이 다르다.
③ 윤활 펌프의 유압이 높다.
④ 각 피스톤의 중량차가 크다.

05 다음은 어느 구성품을 형태에 따라 구분한 것인가?

직접분사식, 예연소실식, 와류실식, 공기실식

① 연료분사장치
② 연소실
③ 기관 구성
④ 동력전달장치

06 연료 소비율이 가장 적고 압력이 가장 높은 형식의 연소실은?

① 직접분사실식
② 예비연소실식
③ 와류실식
④ 공기실식

07 예연소실식 연소실에 대한 설명으로 틀린 것은?

① 예열 플러그를 설치한다.
② 사용연료의 변화에 민감하다.
③ 예연소실은 주연소실보다 적다.
④ 분사압력이 직접분사실식보다 낮다.

08 디젤 노크의 방지방법으로 적당한 것은?

① 착화지연시간을 길게 한다.
② 압축비를 높게 한다.
③ 흡기압력을 낮게 한다.
④ 연소실 벽의 온도를 낮게 한다.

정답 07 ③ 08 ③ 09 ④ 10 ③ 11 ① 12 ② 13 ① [4. 디젤 연소실 · 연료장치] 01 ③ 02 ① 03 ① 04 ③ 05 ② 06 ① 07 ② 08 ②

기중기운전기능사 총정리 **32** 제1장_ 엔진(기관)구조 출제예상문제

09 디젤 기관 연료의 중요한 성질은?
① 휘발성과 옥탄가
② 옥탄가와 점성
③ 점성과 착화성
④ 착화성과 압축성

10 디젤 기관의 연료의 착화성은 다음 중 어느 것으로 나타내는가?
① 옥탄가
② 세탄가
③ 부탄가
④ 프로판가

11 건설기계 운전 중 엔진 부조를 하다가 시동이 꺼졌다. 그 원인이 아닌 것은?
① 연료 필터 막힘
② 연료에 물 혼입
③ 분사 노즐이 막힘
④ 연료장치의 오버플로우 호스가 파손

12 다음 중 프라이밍 펌프의 기능을 설명한 것으로 가장 적당한 것은?
① 공급 펌프로부터 연료를 다시 가압하는 일을 한다.
② 엔진이 작동하고 있을 때 공급 펌프를 보조한다.
③ 엔진이 고속 운전을 하고 있을 때 분사 펌프를 돕는다.
④ 엔진이 정지되어 있을 때 공급 펌프를 수동으로 작동시킨다.

13 디젤 기관에서 연료장치 공기빼기 순서가 바른 것은?
① 공급 펌프 → 연료 여과기 → 분사 펌프
② 공급 펌프 → 분사 펌프 → 연료 여과기
③ 연료 여과기 → 공급 펌프 → 분사 펌프
④ 연료 여과기 → 분사 펌프 → 공급 펌프

14 디젤 기관 연료 중에 공기가 흡입될 경우 나타나는 현상은?
① 분사압력이 높아진다.
② 노크가 일어난다.
③ 시동이 잘된다.
④ 기관 회전이 불량해진다.

15 분사 펌프의 플런저와 배럴 사이의 윤활은?
① 유압유
② 경유
③ 그리스
④ 기관 오일

16 4행정 사이클 기관에서 기관이 3000rpm하면 분사 펌프는 몇 회 전하는가?
① 1000rpm
② 1500rpm
③ 3000rpm
④ 6000rpm

해설 4행정 사이클 기관에서 분사 펌프의 회전 수는 크랭크 축(기관) 회전수의 1/2이다.

17 디젤 기관의 연료분사 3대 요건에 속하지 않는 것은?
① 무화
② 관통력
③ 분산
④ 온도

18 다음은 분사 노즐에 요구되는 조건을 든 것이다. 맞지 않는 것은?
① 연료를 미세한 안개모양으로 하여 쉽게 착화되게 할 것
② 분무가 연소실의 구석구석까지 뿌려지게 할 것
③ 분사량을 회전속도에 알맞게 조정할 수 있을 것
④ 후적이 일어나지 않게 할 것

19 디젤 기관이 역회전시 기관에 가장 위험한 사항은 어느 것인가?
① 열효율 저하
② 연료·분사 펌프의 역작용
③ 윤활유 펌프의 역작용
④ 흡·배기 밸브의 마모

20 디젤 기관을 예방정비시 고압파이프 연결부에서 연료가 샐 때 조임 공구로 가장 적합한 것은?
① 복스렌치
② 오픈렌치
③ 파이프렌치
④ 옵셋렌치

21 기관의 속도에 따라 자동적으로 분사시기를 조정하여 운전을 안정되게 하는 것은?
① 타이머
② 노즐
③ 과급기
④ 디콤퍼

5. 흡·배기, 예열·시동보조장치

01 연소에 필요한 공기를 실린더로 흡입할 때, 먼지 등의 불순물을 여과하여 피스톤 등의 마모를 방지하는 역할을 하는 장치는?
① 과급기(super charger)
② 에어 클리너(air cleaner)
③ 냉각장치(cooling system)
④ 플라이 휠(fly wheel)

02 에어 클리너가 막혔을 때 발생되는 현상으로 가장 적절한 것은?
① 배기색은 무색이며, 출력은 정상이다.
② 배기색은 흰색이며, 출력은 증가한다.
③ 배기색은 검은색이며, 출력은 저하된다.
④ 배기색은 흰색이며, 출력은 저하된다.

정답 09 ③ 10 ② 11 ④ 12 ④ 13 ① 14 ④ 15 ② 16 ② 17 ④ 18 ③ 19 ③ 20 ② 21 ① [5. 흡·배기, 예열·시동보조장치] 01 ② 02 ③

03 건식 공기 여과기 세척방법으로 알맞은 것은?

① 압축공기로 안에서 밖으로 불어낸다.
② 압축공기로 밖에서 안으로 불어낸다.
③ 압축공기로 위에서 아래로 불어낸다.
④ 압축공기로 아래에서 위로 불어낸다.

04 디젤 엔진에 사용되는 과급기의 주된 역할은?

① 출력의 증대   ② 윤활성의 증대
③ 냉각효율의 증대   ④ 배기의 정화

05 터보차저에 대한 설명으로 틀린 것은?

① 배기관에 설치된다.
② 과급기라고도 한다.
③ 배기가스 배출을 위한 일종의 블로워(Blower)이다.
④ 기관 출력을 증가시킨다.

06 터보차저에 사용되는 오일로 맞는 것은?

① 유압 오일   ② 특수 오일
③ 기어 오일   ④ 기관 오일

07 과급기를 사용하면 엔진의 중량은 10~15% 증가한다. 그렇다면 출력은 얼마나 높아지는가?

① 5~10%   ② 15~25%
③ 35~45%   ④ 50~65%

08 예연소실식 디젤 기관에서 연소실 내의 공기를 직접 예열하는 방식은?

① 맵 센서식   ② 예열 플러그식
③ 공기량 계측기식   ④ 흡기 가열식

09 6기통 디젤 기관에서 병렬로 연결된 예열(grow) 플러그가 있다. 3번 기통의 예열(grow) 플러그가 단락되면 어떤 현상이 발생되는가?

① 전체가 작동이 안된다.
② 3번 옆에 있는 2번과 4번도 작동이 안 된다.
③ 3번 실린더만 작동된다.
④ 3번 실린더만 작동이 안 된다.

10 다음은 실드형 예열 플러그에 대한 설명이다. 맞는 것은?

① 예열 시간이 40~60초이다.
② 히트 코일이 노출되어 있다.
③ 소요 전압이 비교적 낮다.
④ 병렬로 연결되어 있다.

11 직접 분사식 기관에서 예연소실이 없기 때문에 흡기 다기관에 설치하는 것은 다음 중 무엇인가?

① 레귤레이터   ② 히트 레인지
③ 예열 플러그   ④ 스파크 플러그

12 소음기나 배기관 내부에 카본이 차면 배압은 어떻게 되는가?

① 낮아진다.   ② 관계없다.
③ 높아진다.   ④ 변화하지 않는다.

13 디젤 기관에서 감압 장치의 기능은?

① 크랭크 축을 느리게 회전시킬 수 있다.
② 타이밍 기어를 원활하게 회전시킬 수 있다.
③ 캠 축을 원활히 회전되게 할 수 있는 장치이다.
④ 각 실린더의 배기 밸브를 열어주면 가볍게 회전시킨다.

14 국내에서 디젤 기관과 관련하여 규제하는 배출 가스는?

① 탄산수소   ② 매연
③ 일산화탄소   ④ 탄화수소

15 다음 중 연소시 발생하는 질소산화물(NOx)의 발생 원인과 가장 밀접한 관계가 있는 것은?

① 높은 연소 온도   ② 가속 불량
③ 흡입 공기 부족   ④ 소염 경계층

16 디젤 기관의 운전 중 검은 색의 매연이 심하게 배출될 때 점검하여야 할 사항이 아닌 것은?

① 공기청정기의 막힘 점검
② 분사 시기 점검
③ 분사 펌프의 점검
④ 연료 라인에 공기 혼입 여부 점검

17 디젤 기관을 시동할 때 배기색이 검게 나오는 이유 중 틀린 것은?

① 노즐의 니들 밸브의 고착
② 공기청정기 막힘
③ 연료 필터가 약간 막힘
④ 연료 분사량이 많음

18 기관에서 실화(miss fire)가 일어났을 때 현상으로 맞는 것은?

① 엔진의 출력이 증가한다.
② 연료 소비가 적다.
③ 엔진이 과냉한다.
④ 엔진 회전이 불량하다.

정답
03 ① 04 ① 05 ③ 06 ④ 07 ② 08 ② 09 ④ 10 ④ 11 ② 12 ③
13 ④ 14 ② 15 ① 16 ④ 17 ① 18 ④

제2장
전기장치

제1절_ 전기기초 및 축전지
제2절_ 시동장치
제3절_ 충전장치
제4절_ 등화장치 및 냉·난방장치
전기장치 출제예상문제

제1절
전기기초 및 축전지
: the Basic of Electric & Storage Battery

전기장치

01 전기기초

(1) 전기의 정체

전기란 우리 눈에 보이지는 않으나 여러 가지 적절한 실험과 작용으로 알 수 있다. 모든 물질은 분자로 이루어지며 분자는 원자의 집합체로 이루어진다. 전자론에 의하면 원자는 다시 양전기를 띤 원자핵과 음전기를 띤 전자로 이루어져 있다.

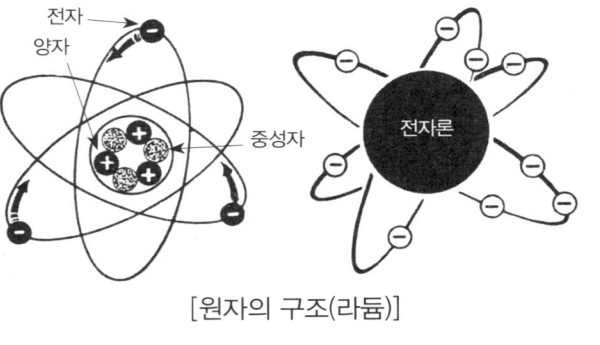

[원자의 구조(라듐)]

1) 물질의 구성

모든 물질은 분자(molecule)로 구성되어 있으며, 분자는 한 개 또는 그 이상의 원자로 구성되어 있다. 전자론에 의하면 원자는 양전기를 가지는 양자(proton)와 음전기를 가지는 전자, 그리고 전기적으로 중성인 중성자(neutron)의 3가지 입자로 구성된다.

2) 전류의 3가지 작용

① 발열작용 : 도체 중의 저항에 전류가 흐르면 열이 발생한다. 예) 전구

② 자기작용 : 전선이나 코일에 전류가 흐르면 그 주위에 자기현상이 일어난다. 예) 전동기, 발전기, 솔레노이드 등

③ 화학작용 : 전해액에 전류가 흐르면 화학작용이 발생한다. 예) 건전지, 축전지, 전기도금

(2) 전기의 구성

1) 전류

① 전류의 개요

양전하를 가진 물질과 음전하를 가진 물질이 금속선에 연결되면 양쪽 전하 사이의 흡인력에 의해 음전하(자유전자)는 금속선을 지나 양전하가 있는 쪽으로 이동하고 이로써 양자가 결합하여 중화된다. 즉, 음전하 쪽에서 양전하 쪽으로 전자가 흐르며, 이 현상으로 금속선에는 전류가 흐른다.

② 전류의 측정과 단위

㉮ 전류의 단위 : 암페어(Ampere, 약호 A)

㉯ 단위의 종류(기호) : 1암페어(A)＝1000밀리암페어(mA), 1밀리암페어(mA) ＝ 1000마이크로암페어(μA)

2) 전압

물의 수압과 같은 것으로 두 곳에 파이프로 연결하고 물을 흐르게 하면 수압에 따라 물의 흐름이 달라지는 것 같이 도체에 전류가 흐르는 압력을 전압(voltage, 약호 V)이라고 하며, 1V란 1Ω의 저항을 갖는 도체에 1A의 전류가 흐르는 것을 말한다.

$$1kV = 1000V, \quad 1V = 1000mV$$

3) 저항

물질에 전류가 흐르지 못하게 하는 정도를 전기 저항(resistance, 약호 R)이라 한다. 전기 저항의 크기를 나타내는 단위는 옴(ohm, 약호 Ω)을 사용하며, 1옴은 1A의 전류가 흐를 때 1V의 전압을 필요로 하는 도체의 저항을 말한다.

단위의 종류 : 1메가옴 = 1,000,000옴 = 10^6옴(기호 MΩ)
1킬로옴 = 1000옴 = 10^3옴(기호 kΩ)
1옴(기호 Ω)
1마이크로옴 = $\dfrac{1}{1,000,000}$옴 = 10^{-6}옴(기호 μΩ)

4) 옴의 법칙

도체에 흐르는 전류는 가해지는 전압에 비례하고, 저항에 반비례한다.

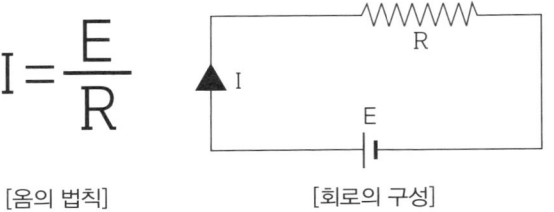

[옴의 법칙]　　　　　　　[회로의 구성]

여기서, E = 전압 (V)
I = 전류 (A)
R = 저항 (Ω) 이라고 하면,

$$I = \frac{E}{R}(A) \qquad E = IR(V) \qquad R = \frac{E}{I}(\Omega)$$

5) 저항의 접속

① 직렬 접속 : 여러 개의 저항을 직렬로 접속하면 합성 저항은 각각의 저항을 합친 것과 같이 된다. 따라서 R_1, R_2, R_3 … + R_n의 저항을 직렬 접속했을 때 합성 저항 R은 R = R_1 + R_2 + R_3 + … + R_n이 된다.

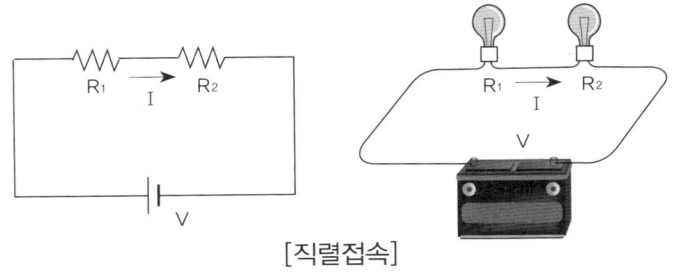

[직렬접속]

② 병렬 접속 : 저항 R_1, R_2, R_3를 병렬로 접속하고 양끝에 전원 E를 가했을 때, 각 저항에 흐르는 전류를 I_1, I_2, I_3라 하면, $I_1=\frac{E}{R_1}$, $I_2=\frac{E}{R_2}$, $I_3=\frac{E}{R_3}$이다.

따라서, 합성전류 I는

$$I = I_1 + I_2 + I_3 = \frac{E}{R_1} + \frac{E}{R_2} + \frac{E}{R_3}$$
$$= \left(\frac{1}{R_1} + \frac{1}{R_2} + \frac{1}{R_3}\right)E$$로 나타나며 합성저항 R은

$$R(\Omega) = \left(\frac{1}{\frac{1}{R_1} + \frac{1}{R_2} + \frac{1}{R_3}}\right)$$ 이다.

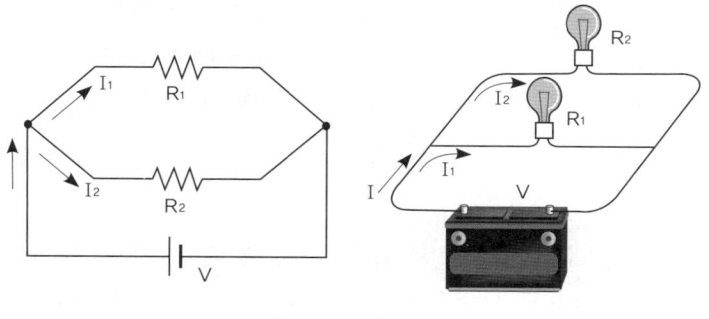

[병렬접속]

6) 전력과 줄의 법칙

이것은 전동기, 그 외 전기장치와 같이 전기 도체의 물체를 거쳐 전자를 이동시키는데 있어 일을 한 비율의 표시로서, 기호는 P이며, 기본단위는 Watt이고 **전압×전류**로 구해진다.

따라서, 전력P(W)는 다음 식이 성립된다.

$$P = E \times \frac{Q}{t}(W), \quad P = I^2R(W) = \frac{E^2}{R}(W)$$

7) 플레밍의 왼손 법칙

전자력의 방향 및 크기를 나타낼 때 즉, 전자력의 방향은 자속의 방향과 전류의 방향을 직각으로 놓으면 검지는 자력선의 방향, 가운데 손가락을 전류방향으로 일치시킬 때 엄지손가락은 전자력 방향을 나타내는 것이 왼손 법칙이다(기동전동기).

8) 플레밍의 오른손 법칙

자석을 코일 속에 넣었다 뺐다 하다 코일 속의 자속이 변화하면, 코일에 기전력이 유도되는 현상을 전자 유도 작용이라 하며 이때 기전력을 유도 기전력, 전류를 유도 전류라 한다. 이 유도 기전력의 방향을 알아보는데 편리하게 사용하는 것이 플레밍의 오른손 법칙이다(발전기).

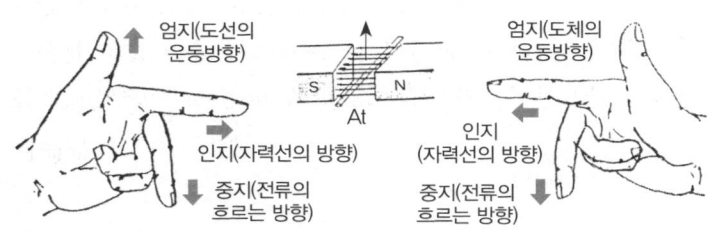

[플레밍의 왼손 법칙과 오른손 법칙]

02 축전지

(1) 축전지 일반

1) 축전지 개요

축전지는 전기적인 에너지를 화학적인 에너지로 바꾸어 저장하고, 다시 필요에 따라 전기적인 에너지로 바꾸어 공급할 수 있는 기능을 갖고 있다.

2) 납산 축전지

① 제작이 쉽고 가격이 저렴하여 현재 주로 사용한다.
② 무겁고 극판의 작용물질이 떨어지기 쉬우며 수명이 짧다.
③ 양극판은 과산화납, 음극판은 해면상납을 사용하며, 전해액은 묽은황산을 사용한다.

(2) 축전지의 구조와 기능

1) 케이스(전조)

케이스 내부는 6실로 되어 있으며, 셀당 전압은 2.1V로 직렬로 연결되어 만든다.

2) 극판

극판에는 양극판과 음극판 두 가지가 있으며 납과 안티몬 합금으로 격자를 만들어 여기에 작용 물질을 발라서 채운다. 극판과 극판 사이에 격리판을 끼워서 방전을 방지하며, 극판 수는 음극판이 양극판 수보다 1매 더 많다.

3) 격리판

① 양극판과 음극판 사이에서 단락을 방지한다.
② 다공성이고, 비전도성이라야 한다.
③ 전해액이 부식되지 않고 확산이 잘 되어야 한다.
④ 합성 수지, 강화 섬유, 고무 등이 사용된다.

4) 극판군

극판군은 여러 장의 양극판, 음극판, 격리판을 한 묶음으로 조립을 하여 만들며, 이렇게 해서 만든 극판군을 단전지라 하고 완전 충전시 약 2.1V의 전압이 발생한다.

5) 벤트 플러그

벤트 플러그는 합성 수지로 만들며, 각 단전지(cell)의 상부에 설치되어서 전해액이나 증류수를 보충하고 비중계나 온도계를 넣을 때 사용되며 내부에서 발생하는 산소 가스를 외부에 방출하는 배기공(통기공)이 있다.

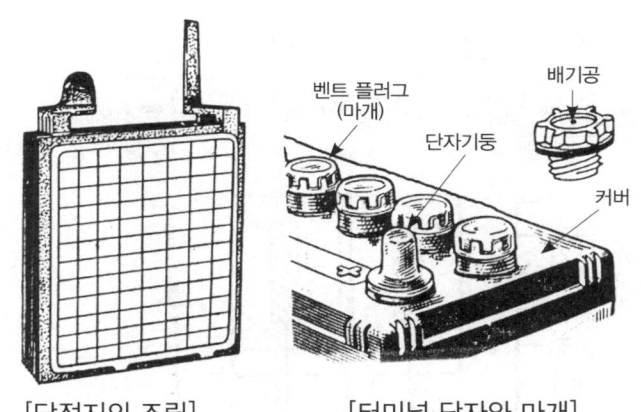

[단전지의 조립]　　　[터미널 단자와 마개]

6) 셀(cell) 커넥터 및 터미널

셀 커넥터는 납합금으로 되어 있으며, 축전지 내의 각각의 단전지(cell)를 직렬로 접속하기 위한 것이며 단자 기둥은 많은 전류가 흘러도 발열하지 않도록 굵게 규격화되었다.

① 양극단자(+)는 적갈색, 음극단자는 회색이다.
② 양극단자의 직경이 크고, 음극단자는 작다.
③ 양극단자는 (P)나 (+)로 표시한다.
④ 음극단자는 (N)나 (−)로 표시한다.

7) 전해액

전해액(H_2SO_4)은 극판 중의 양극판(PbO_2), 음극판(Pb)의 작용 물질과 화학 반응을 일으켜 전기적 에너지를 축적 및 방출하는 작용 물질로 무색, 무취의 좋은 양도체이다.

① 전해액 만드는 방법 : 부도체의 물질, 즉 플라스틱 그릇, 사기 그릇 등을 이용해서 증류수를 담은 다음 농후한 황산(1.830~1.840)을 유리봉 또는 나무대롱을 이용해서 한 방울씩 떨어뜨려 비중이 1.280~1.300이 되도록 희석시키며 이 때 온도는 45℃를 넘지 않은 상태이어야 한다.

② 전해액 비중
⑦ 전해액 비중은 축전지가 충전상태일 때, 20℃에서 1.240, 1.260, 1.280의 세 종류를 쓰며, 열대지방에서는 1.240, 온대지방에서는 1.260, 한냉지방에서는 1.280을 쓴다. 국내에서는 일반적으로 1.280(20℃)을 표준으로 하고 있다.

⑭ 전해액의 비중은 온도에 따라 변화한다. 온도가 높으면 비중은 낮아지고 온도가 낮으면 비중은 높아진다.

⑭ 표준온도 20℃로 환산하여 비중은 온도 1℃의 변화에 대해 온도계수 0.0007이 변화된다.

$$S_{20} = S_t + 0.0007(t - 20)$$

• S_{20} : 표준온도 20℃로 환산한 비중
• S_t : t℃에서의 실측한 비중
• 0.0007 : 온도 1℃ 변화에 대한 비중의 변화량
• t : 측정시의 전해액 온도(℃)

8) 용량

완전 충전된 축전지를 일정한 전류로 연속 방전시켜 방전 종지전압이 될 때까지 꺼낼 수 있는 전기량(암페어시 용량)

$$Ah = A \times h$$

• Ah : 암페어시 용량
• A : 일정 방전 전류
• h : 방전 종지 전압에 이를 때까지의 연속 방전 시간

축전지 용량은 극판의 수, 극판의 크기, 전해액의 양에 따라 정해지며, 용량이 크면 이용 전류가 증가하며 용량 표시는 25℃를 표준으로 한다.

9) 충·방전시의 화학작용

(양극판)   (전해액)   (음극판)   방전   (양극판)   (전해액)   (음극판)

$$PbO_2 + 2H_2SO_4 + Pb \xrightarrow[\text{충전}]{\text{방전}} bSO_4 + 2H_2O + PbSO_4$$

과산화납   묽은 황산   납   황산납   물   황산납

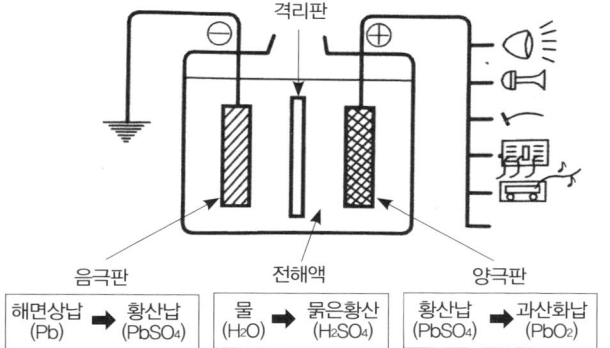

[방전 중의 화학변화]

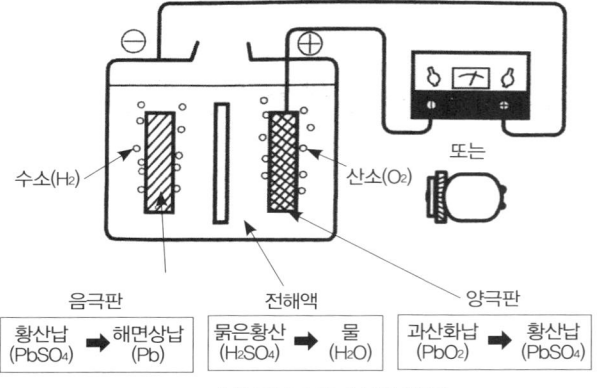

[충전 중의 화학변화]

10) 자기방전

충전된 축전지를 방치해 두면 사용하지 않아도 조금씩 방전하여 용량이 감소된다.

① 자기 방전의 원인
⑦ 구조상 부득이 한 것
⑭ 불순물에 의한 것
⑭ 단락에 의한 것

② 자기 방전량
⑦ 24시간 동안의 자기 방전량은 실용량의 0.3~1.5% 정도이다.
⑭ 전해액의 온도·습도·비중이 높을수록 자기 방전량은 크다.

[참고] 충전된 축전지는 사용치 않더라도 15일마다 충전하여야 한다.

③ 축전지의 연결법
⑦ 직렬연결법 : 전압이 상승, 전류 동일
⑭ 병렬연결법 : 전류 상승, 전압이 동일
⑭ 직·병렬 연결법 : 전류와 전압이 동시에 상승

11) 축전지 취급 및 충전시 주의사항

① 전해액의 온도는 45℃가 넘지 않도록 할 것
② 화기에 가까이 하지 말 것
③ 통풍이 잘 되는 곳에서 충전할 것
④ 과충전, 급속 충전을 피할 것
⑤ 장기간 보관시 2주일(15일)에 한번씩 보충 충전할 것
⑥ 축전지 커버는 베이킹소다나 암모니아수로 세척할 것
⑦ 셀당 방전 종지 전압은 1.75V이다.
⑧ 축전지 충전시 양극에서 산소, 음극에서 수소가스가 발생되며 수소가스는 가연성으로 폭발의 위험이 있다.

제 2절 시동장치 : Starting Device

01 기동 전동기 일반

(1) 전동기의 필요성

내연기관을 사용하는 건설기계나 자동차들은 자기 힘만으로는 기동되기 어렵다. 따라서 외력의 힘에 의해 크랭크축을 회전시켜 1회의 폭발을 일으켜야 작동이 되는데, 이 1회의 폭발을 기동 전동기가 담당한다. 현재 사용되는 건설기계에는 축전지를 전원으로 하는 직류 직권 전동기가 사용되고 있다.

(2) 전동기 원리와 종류

1) 플레밍의 왼손법칙과 전동기 작용

N극과 S극의 자장 내에 도체를 놓고, 이 도체에 전류를 공급하면 도체가 움직이는 방향이 전자력의 방향이 된다. 즉 검지를 자력선의 방향, 장지를 도체의 전류방향과 일치시키면 엄지가 가리키는 방향이 전자력의 방향이 되며 이 원리를 이용한 것이 전동기이다.

그 작용은 축전지의 전류가 브러시, 정류자, 전기자코일을 통해 계자 코일을 통과하므로 계자 철심에는 강력한 자력선이 생기게 되므로 전자력의 방향이 정해지고 전기자는 회전하게 된다.

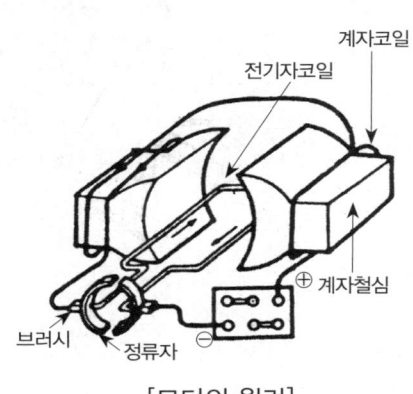

[모터의 원리]

2) 기동 전동기 종류별 특성
 ① 직권식 전동기 : 전기자 코일과 계자 코일이 전원에 대해 직렬로 접속되어 있다.
 ② 분권식 전동기 : 전기자 코일과 계자 코일이 전원에 대해 병렬로 접속되어 있다.
 ③ 복권식 전동기 : 2개의 코일은 직렬과 병렬로 연결된다

3) 시동 모터의 출력 특성

기관이 회전될 때 회전 저항을 이기고 비교적 원활한 회전력을 구하기 위해서는 다음 식이 이용된다.

※ 기동 모터의 회전력(m-kg) = 회전 저항 × $\dfrac{\text{피니언 기어 잇수}}{\text{링기어 잇수}}$

02 구성 및 작용

(1) 전동기의 구성

기동 전동기를 크게 구분하면 회전력을 발생시키는 부분과 회전력을 전달하는 부분 및 축전지의 전원 공급 회로를 연결 및 차단시키는 스위치부로 나눌 수 있다.

1) 아마추어(전기자)

축전지의 전원을 정류자(코뮤테이터)에 의하여 공급받은 아마추어 권선은 강한 자장을 이루어 필드에 강한 자력선과 반발 작용에 의하여 아마추어가 밀려서 회전하게 되고 아마추어 축 양쪽이 베어링에 의하여 지지된다.

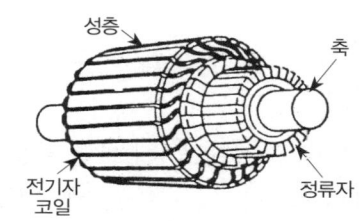

[아마추어의 구조]

 ① 전기자 코일 : 큰 전류가 흐르기 때문에 단면적이 큰 평각 구리선을 사용하며 한쪽은 N극, 다른 한쪽은 S극 쪽에 오도록 철심의 홈에 절연되어 정류자에 각각 납땜되어 있다.
 ② 전기자 철심 : 자력선 통과와 자장의 손실을 막기 위한 철판을 절연하여 겹친 것이다.
 ③ 정류자(코뮤테이터) : 전류를 일정 방향으로 흐르게 하고 운모의 언더 컷은 0.5~0.8mm이며 기름, 먼지 등이 묻어 있으면 회전력이 적어진다.

2) 계자 코일(field coil)과 계자 철심

계자 코일은 전동기의 고정 부분으로 계자 철심에 감겨져 자력을 일으키는 코일이다. 결선 방법은 일반적으로 기관의 시동에 적합한 직권식을 쓴다.

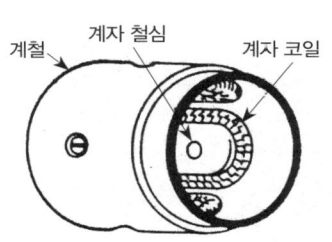

[계자 코일과 계자 철심]

3) 브러시와 홀더 및 스프링

흑연 또는 구리로 만들어져 있으며 축전지의 전기를 정류자에 전달하는 구성품이다. 이 브러시는 홀더에 삽입되어 스프링으로 압착하고 있으며 길이는 1/3 정도 마모되면 교환한다.

4) 스위치

전동기로 통하는 전류를 개폐하는 스위치 모터로 통하는 전류는 건설기계의 전기회로 중 가장 큰 것으로, 이것을 개폐하는 스위치는 재질이나 강도면에서 강하고 내구력이 있는 것이 좋다.

마그넷식(전자식)은 전동기로 통하는 전류를 전자 스위치로 개폐한다.

[수동스위치] [전자식 스위치의 구조]

(2) 동력 전달 기구

1) 개요

동력 전달 기구란 기동 모터가 회전되면서 발생한 토크를 기관의 플라이 휠로 전달해 주는 기구로서, 클러치와 시프트 레버 및 피

니언 기어 등을 말한다. 전자 피니언 섭동식에서는 기관의 경우 시동되어도 기동 스위치를 차단하지 않는 한 피니언 기어는 물린 상태로 있기 때문에 전기자와 베어링이 파손될 염려가 있다. 이 것을 방지할 목적으로 클러치가 설치되어 기관의 회전력이 기동 전동기에 전달되지 않도록 한다.

2) 분류

① 벤딕스식 : 관성 섭동식으로 피니언의 관성과 기동 전동기가 무부하 상태에서 고속 회전하는 성질을 이용하여 전동기에서 발생한 회전력을 플라이휠에 전달하는 방식이다.
② 전기자 섭동식 : 피니언 기어가 전기자 축에 고정되어 전기자 와 하나되어 섭동하면서 회전된다.
③ 피니언 섭동식(오버런닝 클러치형) : 전기자 축의 스플라인 위 에서 피니언 기어가 앞뒤로 움직이면서 플라이 휠의 링 기어 에 물린다.

제 3절

충전장치
: Charging Equipment

전기장치

01 충전장치 일반

(1) 충전의 필요성

건설기계에는 기관의 기동장치를 비롯하여 많은 전기장치가 있으며, 이러한 전기장치에 전력을 공급하는 전원으로 발전기와 축전지가 사용된다. 발전량이 부하량보다 적은 경우에는 축전지가 전원이 되어 일시 방전해 주며 발전량이 부하량보다 많은 경우에는 발전기만으로 모든 전기장치에 전력을 공급하고, 축전지도 발전기가 충전시킨다. 함께 사용하는 전압 조정기(Voltage regulator)도 축전지를 충전하는 기능을 가졌기 때문에 충전장치로 부른다.

[충전장치의 구성]

(2) 발전 원리

플레밍의 오른손 법칙이 그 작동원리이다.
① 자려자 발전기(DC 발전기 해당) : 직류 발전기는 계자 철심의 잔류 자기를 기초로 발전을 시작하기 때문에 자려자식이라 한다.
② 타려자 발전기(AC 발전기 해당) : 교류 발전기는 발전 초기에 외부 전류를 잠시 끌어들여 자기를 형성하여 발전하므로 타려 자식이라 한다.

02 구성 및 작용

(1) 직류(DC) 발전기(제네레이터)

1) 기본 작동과 발전

직류 발전기는 계자 코일과 철심으로 된 전자석의 N극과 S극 사이에 둥근형의 아마추어 코일을 넣고, 코일A와 B를 정류자 (Commutator)의 정류자편 E와 F에 접속한 다음 크랭크축 폴리 와 팬 벨트로 회전시키면 코일 A와 B가 함께 회전하는 도체는 자력선을 끊어 전자 유도 작용에 의한 전압을 발생시키는 일종의 자려자식이며 계자 코일과 전기자 코일의 연결방식에 따라 직렬 식(직권식), 병렬식(분권식), 직 · 병렬식(복권식)으로 나뉜다.

2) DC 발전기의 구조

① 전기자(아마추어) : 전류를 발생하며 둥근 코일선이 사용된다.

② 계자 철심과 코일 : 계자 코일에 전류가 흐르면 철심은 N극과 S극으로 된다.
③ 정류자 : 브러시와 함께 전류를 밖으로 유출시킨다.

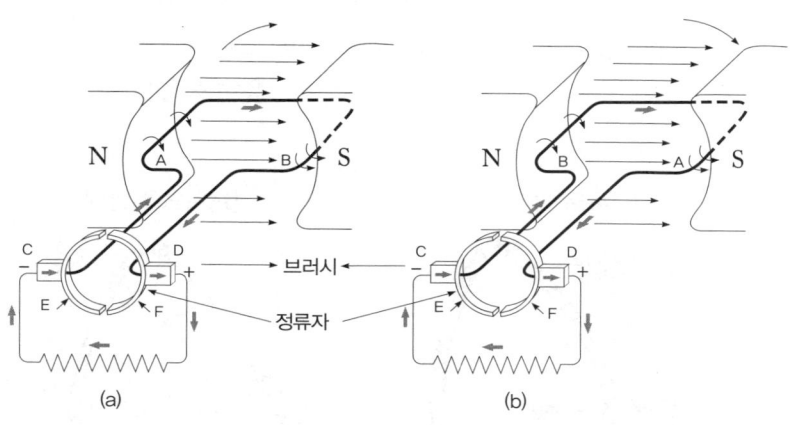

[직류발전기의 발전]

3) 발전기 레귤레이터(조정기)
① 컷 아웃 릴레이 : 축전지의 전압이 발생 전압보다 높을 경우 발전기로 역류하는 것을 막는 장치이다.
② 전압 조정기 : 발전기의 발생 전압을 일정하게 유지하기 위한 장치로, 발생 전압이 규정보다 증가하면 계자 코일에 직렬로 저항을 주어 여자 전류를 감소시켜 발생 전압을 감소시키고, 발생 전압이 낮으면 저항을 빼내 규정 전압으로 회복시킨다.
③ 전류 제한기(전류 조정기) : 발전기 출력 전류가 규정 이상의 전류가 되면 소손되므로 소손을 방지하기 위한 장치이다.

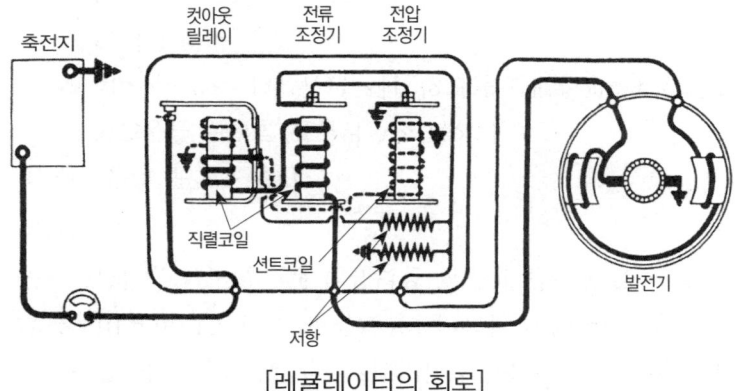

[레귤레이터의 회로]

(2) 교류(AC) 발전기(알터네이터)

1) 기본 작동과 발전

교류(AC) 발전기는 기본적으로 도선의 코일 선으로 구성되어 자기 내에서 회전되든가 아니면 자기를 띠는 자석이 회전을 하면 그 내부에서 유도 전류를 발생하게 되어 있다. 이 유도 전류를 이용하기 위해 미끄럼 접촉을 사용하여 코일 선을 외부 회로와 연결시켰으며, 발전기는 3상으로 영구자석 대신 철심에 코일을 감아 자장의 크기를 조정할 수 있게 한 전자석을 사용했다.

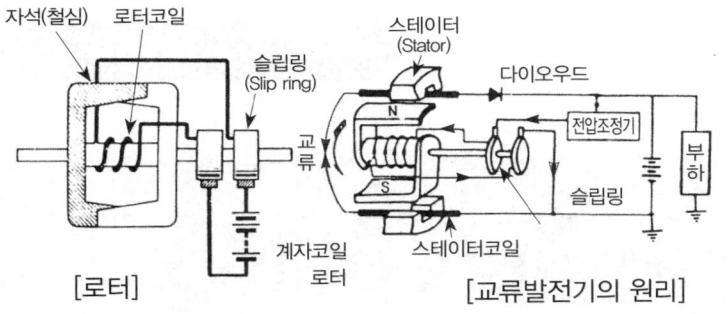

[로터] [교류발전기의 원리]

즉, 회전축에 부착한 두 개의 슬립 링(slip ring)에 코일의 단자를 연결하고 슬립 링에 접촉된 브러시(brush)를 통하여 전류를 통하게 한 후 회전시켜 발전한다.

2) AC 발전기의 구조
① 스테이터 코일 : 직류 발전기의 전기자에 해당되며 철심에 3개의 독립된 코일이 감겨져 있어 로터의 회전에 의해 3상 교류가 유지된다.
② 로터 : 직류 발전기의 계자 코일에 해당하는 것으로 팬 벨트에 의해서 엔진 동력으로 회전하며 브러시를 통해 들어온 전류에 의해 철심이 N극과 S극의 자석을 띤다.
③ 슬립 링과 브러시 : 축전기 전류를 로터에 출입시키며, (+)측과 (-)측으로써 슬립 링이 금속이면 금속 흑연 브러시, 구리이면 전기 흑연 브러시를 사용한다.
④ 실리콘 다이오드
스테이터 코일에 발생된 교류 전기를 정류하는 것으로 + 다이오드 3개와 - 다이오드 3개가 합쳐져 6개로 되어 있으며, 축전지로부터 발전기로 전류가 역류하는 것을 방지하고 교류를 다이오드에 의해 직류로 변환시키는 역할을 한다.
⑤ 교류 발전기 레귤레이터
교류 발전기의 조정기는 컷 아웃 릴레이와 전류 조정기가 필요 없고 전압 조정기만 필요하며, 현재는 트랜지스터형이나 IC 조정기를 사용한다.

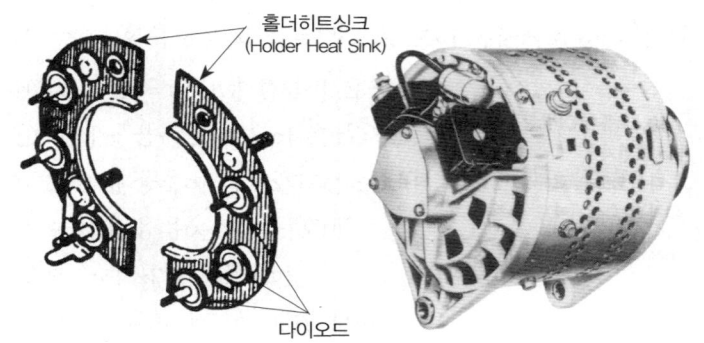

[다이오드와 히트싱크] [알터네이터(AC발전기)]

[DC 발전기와 AC 발전기의 차이점]

구분	직류(DC) 발전기	교류(AC) 발전기
중량	무겁다.	가볍고 출력이 크다.
브러시의 수명	짧다.	길다.
정류	정류자와 브러시	실리콘 다이오드
공회전시	충전 불가능	충전 가능
구조	계자 코일 고정, 아마추어 회전	스테이터 고정, 로터 회전
사용범위	고속 회전용으로 부적합하다.	고속 회전에 견딜 수 있다.
조정기	컷 아웃 릴레이, 전압, 전류 조정	전압 조정기뿐이다.
소음	라디오에 잡음이 들어간다.	잡음이 적다.
정비	정류자의 정비가 필요하다.	슬립 링의 정비가 필요 없다.

제 4절
등화 장치 및 냉·난방 장치
: flashlight Device & Air Conditioner

전기장치

01 등화장치

(1) 등화장치 일반

건설기계의 등화장치를 크게 구분하면 대상물을 잘 보기 위한 목적의 조명 기능과 다른 장비나 차량과 기타 도로 이용자들에게 장비의 이동 상태를 알려주는 것을 목적으로 하는 신호 기능 등 2가지로 구분된다.

즉, 전조등이나 안개등은 조명용이며 방향지시등, 제동등, 후미등들은 신호를 목적으로 한 것이지만 신호 기능을 가진 램프들은 구조상 일체로 된 것이 많고 이것을 조합등이라고 한다.

1) 전조등

전조등은 야간 운행 및 야간 작업시 전방을 비추는 등화이며 램프 유닛(Lamp Unit)과 이 유닛을 차체에 부착하여 조정하는 기구로 되어 있다. 또한, 램프 유닛은 전구와 반사경 및 렌즈로 구성된다.

① 전조등의 구성과 조건
  ㉮ 전조등은 병렬로 연결된 복선식이다.
  ㉯ 좌·우 각각 1개씩(4등색은 2개를 1개로 본다) 설치되어 있어야 한다.
  ㉰ 등광색은 양쪽이 동일하여야 하며 흰색이여야 한다.

② 세미 실드빔형 전조등
  ㉮ 렌즈와 반사경은 일체형이지만 전구는 별도로 설치한 것이다.
  ㉯ 공기 유통이 있어 반사경이 흐려질 수 있다.
  ㉰ 전구만 따로 교환할 수 있다.
  ㉱ 할로겐 전구가 많이 활용되고 있다.

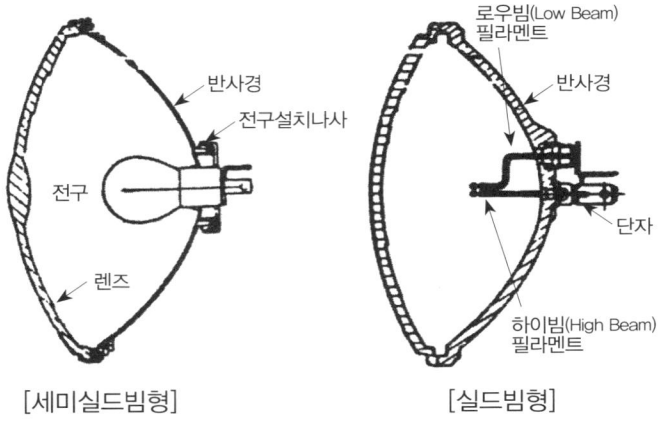

[세미실드빔형]　　　[실드빔형]

③ 실드빔형 전조등
  ㉮ 렌즈, 반사경 및 필라멘트가 일체로 된 형식이다.
  ㉯ 내부에 불활성 가스가 들어 있다.
  ㉰ 반사경이 흐려지는 일이 없다.
  ㉱ 광도의 변화가 적다.

  ㉲ 필라멘트가 끊어지면 렌즈나 반사경에 이상이 없어도 전조등 전체를 교환하여야 한다.

2) 방향지시등(Turn Signal Light)

① 방향지시등의 구성과 조건
  ㉮ 방향지시등은 건설기계 중심에 대해 좌·우 대칭일 것
  ㉯ 건설기계 너비의 50% 이상 간격을 두고 설치되어 있을 것
  ㉰ 점멸 주기는 매분 60회 이상 120회 이하일 것
  ㉱ 등광색은 노란색 또는 호박색일 것

② 플래셔 유닛의 종류
  ㉮ 전자열선식
  ㉯ 축전기식
  ㉰ 수은식
  ㉱ 바이메탈식

③ 지시등의 점멸이 느릴 때의 원인
  ㉮ 전구의 접지 불량이다.
  ㉯ 축전지 용량이 저하되었다.
  ㉰ 전구의 용량이 규정값보다 작다.
  ㉱ 플래셔 유닛의 결함이 있다.
  ㉲ 퓨즈 또는 배선의 접촉이 불량하다.

④ 좌·우의 점멸 횟수가 다르거나 한 쪽이 작동되지 않는 원인
  ㉮ 규정 용량의 전구를 사용하지 않았다.
  ㉯ 접지가 불량하다.
  ㉰ 전구 1개가 단선되었다.
  ㉱ 플래셔 스위치에서 지시등 사이에 단선이 있다.

3) 제동등(Brake Light) 및 후진등(Reverse Light)

후진등은 건설기계가 후진할 때 점등되는 것으로 후방 75m를 비출 수 있어야 한다.

① 제동등의 구성과 조건
  ㉮ 등광색은 붉은색일 것
  ㉯ 제동 조작 동안 지속적으로 점등 상태가 유지될 수 있을 것
  ㉰ 다른 등화와 겸용시 광도가 3배 이상 증가할 것
  ㉱ 등화의 설치 높이는 지상 35cm 이상, 200cm 이하일 것

② 후진등의 구성과 조건
  ㉮ 후진등은 2개 이하 설치되어 있을 것
  ㉯ 등광색은 흰색 또는 노란색일 것
  ㉰ 등화의 설치 높이는 지상 25cm 이상, 120cm 이하일 것(트럭 적재식 건설기계에 한함)
  ㉱ 후퇴등은 변속장치를 후퇴 위치로 조작시 점등될 것

(2) 배선 및 조명 용어

1) 전선

전선에는 나선(맨살선)과 피복선이 있으며, 나선은 보통 어스선에 사용된다. 면, 명주, 비닐 등의 절연물로 피복되어 있으며 특히 점화 플러그에 불꽃을 튀게 하는 전선에는 절연 내력이 높은 고압 코드(high tesnion cord)라고 하는 전선을 사용한다. 심선(core wire)에는 단선과 꼰 선이 있으며, 각각 허용 전류의 범위 내에서 사용하는 것이 중요하다. 전류 용량이 큰 배터리와 스타터 사이에는 배터리 케이블이라고 하는 특별히 큰 전선을 사용한다.

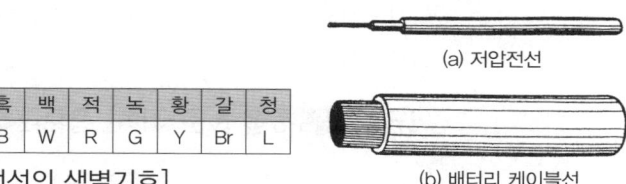

색명	흑	백	적	녹	황	갈	청
색기호	B	W	R	G	Y	Br	L

[전선의 색별기호]

(a) 저압전선
(b) 배터리 케이블선

① 배선의 개요
  ㉮ 배선은 단선식과 복선식이 있다.
  ㉯ 배선을 굵은 것으로 사용하는 이유는 많은 전류가 흐르게 하기 위함이다.
  ㉰ 배선에 표시된 0.85RW에서 0.85는 배선의 단면적(cm^2), R은 바탕색, W은 줄색이다.
② 건설기계에 전기 배선 작업시 주의할 점
  ㉮ 배선을 차단할 때에는 우선 어스(접지)선을 떼고 차단한다.
  ㉯ 배선을 연결할 때에는 어스(접지)선을 나중에 연결한다.

2) 조명의 용어

① 광속 : 빛의 다발을 광속이라 하고, 이것은 광원으로부터 빛의 다발이 사방으로 방사되고 있을 때 그 크기로 광속이 정해지며 단위는 루멘(lumen, lm)으로 표시한다.
② 광도 : 발광체가 내는 빛의 강한 정도를 광도라 하며, 단위는 칸델라(candera, cd)로 표시한다.
③ 조도 : 피조면(被照面)의 밝기의 정도를 나타내는 것을 조도라 하며, 단위는 럭스(Lx)로 표시하며 광도와 거리와의 관계는 다음과 같다.

$$E = \frac{cd}{r^2}$$

- E : 조도(Lx)
- r : 거리(m)
- cd : 광도

02 냉·난방장치

(1) 난방장치의 작용

1) 열원별 난방장치 종류

난방장치를 열원별로 나누면 온수식, 배기열식, 연소식의 3종류가 있으며, 일반적으로 온수식이 사용된다.

2) 온수식 공기도입법의 분류
① 외기순환식(후레시)
② 내기순환식(리서큘레이팅)
③ 외기도입 내기순환변환식

(2) 냉방장치의 작용

1) 작동 원리 및 순서

냉매 사이클은 4가지의 작용을 순환 반복함으로써 주기를 이루게 되는 카르노 사이클을 이용하며 "증발(액체가 기체로 변함) ➡ 압축(외기에 의해 기체가 액체로 변함) ➡ 응축(기체가 액체로 변함) ➡ 팽창(냉매의 압축을 낮춤)"순이다.

2) 신냉매(HFC-134a)와 구냉매(R-12)의 비교

건설기계 냉방장치에 사용되고 있는 R-12는 냉매로서는 가장 이상적인 물질이지만 단지 CFC(염화불화탄소)의 분자중 Cl(염소)가 오존층을 파괴함으로써 지표면에 다량의 자외선을 유입하여 생태계를 파괴하고, 또 지구의 온난화를 유발하는 물질로 판명됨에 따라 이의 사용을 규제하기에 이르렀다.

따라서 이의 대체물질로 현재 실용화되고 있는 것이 HFC-134-a(Hydro Fluro Carbon 134a)이며 이것을 R-134로 나타내기도 한다.

[참고] 국가기술자격필기문제에서는 R-134a로 표시하였다.

제2장 전기장치 출제예상문제

1. 전기기초 및 축전기

01 다음 중 전류의 3가지 작용에 속하지 않는 것은?

① 자기 작용
② 발열 작용
③ 전기 작용
④ 화학 작용

02 전선의 전기 저항은 단면적이 클수록 어떻게 변화하는가?

① 작게 된다.
② 크게 된다.
③ 단면적엔 관계없고 길이에 따라 변화한다.
④ 단면적을 변화시키면 항상 증가한다.

03 다음의 기호의 해설이 틀린 것은?

① 전류의 세기 – A
② 저항 – Ω
③ 전압 – V
④ 전력량 – μF

04 전압이 12V, 저항이 2Ω일 때 전류는?

① 2A
② 3A
③ 6A
④ 12A

해설 전류 = $\dfrac{전압}{저항}$ = $\dfrac{12}{2}$ = 6A

05 12V의 자동차에 30W의 헤드라이트 한 개를 켜면 이 때 흐르는 전류는?

① 5A
② 2.5A
③ 10A
④ 4A

해설 전류 = $\dfrac{전력}{전압}$ = $\dfrac{30}{12}$ = 2.5A

06 전기의 전압을 구하는 공식 중 알맞은 것은?

① $E = I \cdot P$
② $E = 1/R$
③ $E = I/P$
④ $E = I \cdot R$

07 퓨즈의 접촉이 불량하면 어떤 현상이 일어나는가?

① 과대 전류가 흐르나 끊어지지 않는다.
② 전류의 흐름이 떨어지고 끊어진다.
③ 전류의 흐름이 떨어지나 끊어지지 않는다.
④ 과대 전류가 흐르고 끊어진다.

08 퓨즈는 회로 속에 어떻게 설치되는가?

① 병렬
② 직렬
③ 직 · 병렬
④ 혼선

09 다음은 축전지에 대한 설명이다. 틀리는 것은?

① 축전지의 전해액으로는 묽은 황산이 사용된다.
② 축전지의 극판은 양극판이 음극판보다 1매가 더 많다.
③ 축전지의 1셀당 전압은 2~2.2V 정도이다.
④ 축전지의 용량은 암페어시(Ah)로 표시한다.

10 축전지를 오랫동안 방전 상태로 두면 못쓰게 되는 이유는?

① 극판이 영구 황산납이 되기 때문이다.
② 극판에 산호납이 형성되기 때문이다.
③ 극판에 수소가 형성되기 때문이다.
④ 산호납과 수소가 형성되기 때문이다.

11 축전지의 음극판(negative plate)의 주성분은?

① 염화납
② 황산납($PbSO_4$)
③ 과산화납(PbO_2)
④ 해면상납(Pb)

12 배터리의 과충전으로 전해액이 부족할 경우 보충해야 될 것은?

① 황산 용액
② 탄산나트륨 용액
③ 에틸알코올 용액
④ 증류수

13 전해액을 만들 때는 반드시 해야 할 일은?

① 황산을 물에 부어야 한다.
② 물을 황산에 부어야 한다.
③ 철제의 용기를 사용한다.
④ 황산을 가열하여야 한다.

14 지게차에 많이 사용하는 축전지는?

① 납산 축전지이다.
② 알칼리 축전지이다.
③ 분젠 전지이다.
④ 건전지이다.

정답

[1. 전기기초 및 축전지] **01** ③ **02** ① **03** ④ **04** ③ **05** ② **06** ④ **07** ②
08 ② **09** ② **10** ① **11** ④ **12** ④ **13** ① **14** ①

15 축전지 케이스와 커버 세척에 가장 알맞은 것은?

① 솔벤트와 물 ② 소금과 물
③ 소다와 물 ④ 가솔린과 물

16 축전지의 용량은 어떻게 결정되는가?

① 극판의 크기, 극판의 수 및 황산의 양에 의해 결정된다.
② 극판의 크기, 극판의 수, 전해액의 비중, 셀의 수에 따라 결정된다.
③ 극판의 수, 셀의 수 및 발전기의 충전 능력에 따라 결정된다.
④ 극판의 수와 발전기의 충전능력에 따라 결정된다.

17 축전지 셀의 극판수를 늘리면?

① 전압이 증가 또는 감소한다.
② 이용 전류 즉, 용량이 커진다.
③ 저항이 증가한다.
④ 방전 종지 전압이 낮아진다.

18 12V 축전지의 구성은?

① 6개의 셀이 병렬로 접속되었다.
② 6개의 셀이 직렬로 접속되었다.
③ 6개의 셀이 직·병렬로 접속되었다.
④ 6개의 셀 중 3개는 직렬, 나머지 3개는 병렬로 되었다.

19 같은 축전지를 직렬로 접속하면?

① 전압은 개수배가 되고 용량은 1개 때와 같다.
② 전압은 1개 때와 같고 용량은 개수배가 된다.
③ 전압과 용량은 변화 없다.
④ 전압과 용량 모두 개수배가 된다.

20 축전지 용량의 단위는?

① WS ② Ah
③ V ④ A

21 축전지 터미널에 녹이 슬었을 때의 조치 요령은?

① 물걸레로 닦아낸다.
② 뜨거운 물로 닦고 소량의 그리스를 바른다.
③ 터미널을 신품으로 교환한다.
④ 아무런 조치를 하지 않아도 무방하다.

22 장비에 사용되는 12V 축전지를 전압계를 사용하여 측정하려 할 때 몇 볼트 이하이면 완전 방전되었다고 보는가?

① 8.4V ② 9.6V
③ 10.5V ④ 12.0V

23 축전지의 셀당 방전 종지전압(V)에 해당하는 것은?

① 1.65V ② 1.75V
③ 1.85V ④ 1.95V

24 축전지를 충전할 때 전해액의 온도가 몇 도를 넘어서는 안되는가?

① 10℃ ② 20℃
③ 30℃ ④ 45℃

25 축전지 케이블을 떼어낼 때 바른 작업 방법은?

① 아무거나 먼저 떼어내도 무방하다.
② 두 케이블을 동시에 떼어 낸다.
③ 접지 터미널을 먼저 떼어 낸다.
④ (+)극 케이블을 먼저 떼어 낸다.

26 지게차의 축전지가 충전 부족이 되는 원인이 아닌 것은?

① 전압 조정기의 조정전압이 너무 낮을 때
② 전압 조정기의 조정전압이 너무 높을 때
③ 충전회로에 누전이 있을 때
④ 전기의 사용이 너무 많을 때

2. 시동장치

01 건설기계에서 기관 시동에 사용되는 기동 전동기는?

① 직류 직권식
② 직류 분권식
③ 교류 직권식
④ 교류 복권식

02 기동 전동기의 전기자 코일과 계자 코일은?

① 각각(혼형)의 단자에 연결되어 있다.
② 병렬로 연결되어 있다.
③ 직렬, 병렬로 연결되어 있다.
④ 직렬로 연결되어 있다.

03 기동 전동기 스위치에는 축전지로부터 많은 전류가 흐른다. 무엇을 고려해야 하는가?

① 발로 작동되도록 한다.
② 접촉 면적을 크게 해야 한다.
③ 운전석 바닥에 설치한다.
④ 릴레이를 사용한다.

15 ③ 16 ① 17 ② 18 ② 19 ① 20 ② 21 ② 22 ③ 23 ② 24 ④
25 ③ 26 ② [2. 시동장치] 01 ① 02 ④ 03 ②

04 기관 시동시 스타팅 버튼은?

① 30초 이상 계속 눌러서는 안 된다.
② 3분 이상 눌러서는 관계없다.
③ 2분 정도 눌러서는 관계없다.
④ 계속하여 눌러도 된다.

05 엔진이 기동되었을 때 시동 스위치를 계속 ON 위치로 두면 미치는 영향으로 맞는 것은?

① 시동 전동기의 수명이 단축된다.
② 캠이 마멸된다.
③ 클러치 디스크가 마멸된다.
④ 크랭크 축 저널이 마멸된다.

06 시동 전동기의 전기자나 계자를 오일로 세척하면 안되는 이유로 알맞은 것은?

① 계자 철심이 손상된다.　② 전기자 축이 손상된다.
③ 절연 부분이 손상된다.　④ 구리의 연결부가 손상된다.

07 엔진의 링 기어와 전동기 피니언의 기어비는?

① 5~10:1　　　　　② 10~15:1
③ 15~20:1　　　　④ 20~25:1

08 시동 모터의 피니언 기어는 시동할 때 어디와 치합되는가?

① 플라이 휠 링 기어　② 피니언 베벨 기어
③ 변속기 내부의 1단 기어　④ 캠 축 기어

09 솔레노이드 · 피니언 섭동 형식에서는 무엇에 의해 피니언이 섭동되고 또 전동기 스위치로 작동하게 되어 있는가?

① 플런저　　　　　② 푸시 버튼
③ 솔레노이드　　　④ 피니언

10 기동 전동기 브러시의 재질이다. 맞는 것은?

① 전기 흑연계　　② 금속 흑연계
③ 구리　　　　　④ 흑연

11 사용 중인 브러시는 새 브러시에 비해 얼마가 마모되면 교환해야 하나?

① 1/2　　　　　② 1/3
③ 1/4　　　　　④ 3/4

해설

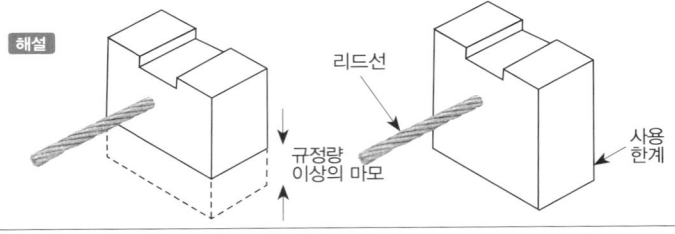

12 전기자 코일이 자주 단선되는 이유는?

① 과대한 속도 회전
② 과도한 토크의 발생
③ 불충분한 윤활
④ 과대한 전류의 흐름

13 기동 모터에 큰 전류는 흐르나 아마추어가 회전하지 않는 고장 원인은?

① 계자 코일 연결 상태 불량
② 아마추어나 계자 코일의 단선
③ 브러시 연결선 단선
④ 마그네틱 스위치 접지

---

3. 충전장치

01 다음의 기구 중 플레밍의 오른손 법칙을 이용한 기구는?

① 전동기　　　　　② 발전기
③ 축전기　　　　　④ 점화 코일

02 다음은 발전기에 대한 설명이다. 틀린 것은 어느 것인가?

① 직류 발전기 전기자에서 나오는 전류는 교류이다.
② 발전기와 관계있는 법칙은 플레밍의 오른손 법칙이다.
③ 직류 발전기는 직권식으로 회전수가 일정하다.
④ 교류발전기의 정류기는 다이오드로 교류를 직류로 바꾼다.

03 충전계기의 확인 점검은 어느 때 해야 하는가?

① 기관 가동 중에
② 주간 및 월간 점검시에
③ 감독관 입회시에
④ 필요시에

04 발전기 조정기의 3유닛에 속하지 않는 것은 어느 것인가?

① 컷 아웃 릴레이
② 전류 제한기
③ 솔레노이드 조정기
④ 전압 조정기

05 다음 중 교류 발전기의 정류기로 사용되는 것은?

① 셀렌 정류기　　　② 마그네틱 정류기
③ 실리콘 다이오드　④ 벌브 정류기

정답
04 ① 05 ① 06 ③ 07 ② 08 ① 09 ③ 10 ② 11 ② 12 ④ 13 ②
[3. 충전장치] 01 ② 02 ③ 03 ① 04 ③ 05 ③

06 직류 발전기에서 전류가 발생되는 곳은?

① 로터
② 스테이터
③ 아마추어
④ 정류자

07 직류 발전기에서 교류를 직류로 바꾸어 주는 것은?

① 정류자와 브러시
② 실리콘 다이오드
③ 아마추어 코일
④ 필드 코일

08 AC 발전기에서 다이오드의 역할은?

① 여자 전류를 조정하고 역류를 방지한다.
② 전류를 조정한다.
③ 교류를 정류하고 역류를 방지한다.
④ 전압을 조정한다.

09 DC 발전기 조정기의 컷 아웃 릴레이의 작용은?

① 전압을 조정한다.
② 전류를 제한한다.
③ 전류가 역류하는 것을 방지한다.
④ 교류를 정류한다.

10 직류 발전기의 전기자 코일과 계자 코일은?

① 제3브러시와 연결되어 있다.
② 직렬로 연결되어 있다.
③ 병렬로 연결되어 있다.
④ 직·병렬로 연결되어 있다.

11 교류 발전기에서 교류를 직류로 바꾸어 주는 것은?

① 계자
② 슬립 링
③ 다이오드
④ 브러시

12 일반적으로 교류 발전기 내의 다이오드는 몇 개인가?

① 3개
② 6개
③ 7개
④ 8개

13 교류(AC) 발전기에 대한 설명 중 틀린 것은 어느 것인가?

① 다이오드는 교류를 정류하고 역류를 방지한다.
② 저속 회전시에도 충전이 가능하고 출력이 크다.
③ 플레밍의 왼손 법칙과 관계가 있다.
④ 스테이터는 고정되어 있으며 전류가 나오는 곳이다.

14 교류 발전기 부품이다. 관련 없는 부품은?

① 다이오드
② 슬립 링
③ 스테이터 코일
④ 전류 조정기

15 다음 중 AC 발전기와 관계가 없는 것은?

① 다이오드
② 전압 조정기
③ 컷 아웃 릴레이
④ 전압 릴레이

4. 등화·계기·냉난방장치

01 다음 중 조명에 관련된 용어의 설명으로 틀린 것은?

① 광도의 단위는 캔들이다.
② 피조면의 밝기는 조도이다.
③ 빛의 세기는 광도이다.
④ 조도의 단위는 루멘이다.

02 건설기계용 전조등에 사용되는 조도에 관한 설명 중 맞는 것은?

① 조도는 전조등의 밝기를 나타내는 척도이다.
② 조도의 단위는 암페어이다.
③ 조도는 광도에 반비례하고, 광원과 피조면 사이의 거리에 비례한다.
④ 조도(Lx) = $\dfrac{\text{피조면 단면적}(m^2)}{\text{피조면에 입사되는 광속}(lm)}$로 나타낸다.

03 전조등의 광도가 광원에서 25,000cd의 밝기일 경우 전방 100m 지점에서의 조도는?

① 250Lx
② 50Lx
③ 12.5Lx
④ 2.5Lx

해설 $\dfrac{25,000cd}{100^2} = 2.5Lx$

04 다음 중 전기 장치의 배선 작업에서 작업 시작 전에 제일 먼저 조치하여야 할 사항은?

① 점화 스위치를 끈다.
② 고압 케이블을 제거한다.
③ 접지선을 제거한다.
④ 배터리 비중을 측정한다.

05 건설기계 전기 회로의 보호 장치로 맞는 것은?

① 안전 밸브
② 캠버
③ 퓨저블 링크
④ 시그널 램프

06 ③ 07 ① 08 ③ 09 ③ 10 ③ 11 ③ 12 ② 13 ③ 14 ④ 15 ③
[4. 등화·계기·냉난방장치] 01 ④ 02 ① 03 ④ 04 ① 05 ③

06 실드빔식 전조등에 대한 설명으로 맞지 않는 것은?

① 대기조건에 따라 반사경이 흐려지지 않는다.

② 내부에 불활성 가스가 들어있다.

③ 필라멘트를 갈아 끼울 수 있다.

④ 사용에 따른 광도의 변화가 적다.

07 전조등의 좌우 램프간 회로에 대한 설명으로 맞는 것은?

① 직렬로 되어 있다.

② 직렬 또는 병렬로 되어 있다.

③ 병렬로 되어 있다.

④ 병렬과 직렬로 되어 있다.

08 야간 작업시 헤드라이트가 한 쪽만 점등되었다. 고장 원인으로 가장 거리가 먼 것은(단, 헤드 램프 퓨즈가 좌·우측으로 구성됨)?

① 헤드라이트 스위치 불량

② 전구접지 불량

③ 회로의 퓨즈 단선

④ 전구 불량

09 작업 중 갑자기 전조등이 꺼졌을 경우 관계가 없는 것은?

① 퓨즈 단선

② 배선의 부착 불량

③ 축전지 용량 부족

④ 필라멘트 단선

10 전조등의 필라멘트가 끊어진 경우 렌즈나 반사경에 이상이 없어도 전조등 전부를 교환하여야 하는 형식은?

① 전구형

② 분리형

③ 세미 실드빔형

④ 실드빔형

11 헤드라이트에서 세미 실드빔형은?

① 렌즈와 반사경을 분리하여 제작한 것

② 렌즈, 반사경 및 전구를 분리하여 교환이 가능한 것

③ 렌즈, 반사경 및 전구가 일체인 것

④ 렌즈와 반사경은 일체이고, 전구는 교환이 가능한 것

12 현재 널리 사용되는 할로겐 램프에 대하여 운전사 두 사람(A, B)이 서로 주장하고 있다. 다음 중 어느 운전자의 말이 옳은가?

> 운전자 A : 실드빔형이다.
> 운전자 B : 세미실드빔형이다.

① A가 맞다.

② B가 맞다.

③ A, B 모두 맞다.

④ A, B 둘 다 틀리다.

13 방향지시등 스위치를 작동시 한 쪽은 정상이고, 다른 한쪽은 점멸 작용이 정상과 다르게(빠르게 또는 느리게) 작용한다. 고장 원인이 아닌 것은?

① 좌측 램프 교체시 규정용량의 전구를 사용하지 않았을 때

② 전구 1개가 단선되었을 때

③ 한쪽 전구 소켓에 녹이 발생하여 전압 강하가 있을 때

④ 플래셔 유닛이 고장났을 때

14 방향지시등의 한쪽 등 점멸이 빠르게 작동하고 있을 때 가장 먼저 점검하여야 할 곳은?

① 플래셔 유닛

② 콤비네이션 스위치

③ 전구(램프)

④ 배터리

정답 06 ③ 07 ③ 08 ① 09 ③ 10 ④ 11 ④ 12 ② 13 ④ 14 ③

제3장
전·후진 주행장치

제1절_ 동력전달장치
제2절_ 조향장치
제3절_ 제동장치
전·후진 주행장치 출제예상문제

제1절
동력전달장치
: Power Transmission Device

전·후진 주행장치

---

01 휠형 동력전달장치

(1) 클러치(Clutch)

클러치는 기관에서 발생된 동력을 변속기로 전달 또는 차단하는 것으로 변속기와 기관 사이에 설치된다.

1) 클러치 일반
① 클러치의 필요성 및 특징
  ㉮ 기관 시동시 기관을 무부하상태로 하기 위하여
  ㉯ 변속시 기관의 회전력을 차단하기 위하여
  ㉰ 정차 및 기관의 동력을 서서히 전달하기 위하여
② 클러치의 구비조건
  ㉮ 동력차단이 신속히 될 것
  ㉯ 동력전달 및 절단이 원활할 것
  ㉰ 작동이 확실할 것
  ㉱ 구조가 간단하며 점검 및 취급이 용이할 것
  ㉲ 동력이 절단된 후 수동부분에 회전타성이 적을 것
  ㉳ 방열이 잘 되고 과열되지 않을 것
  ㉴ 회전부분의 평형이 좋을 것
③ 클러치 용량 : 클러치가 전달할 수 있는 회전력의 크기는 엔진 회전력의 1.5~2.3배이다.

2) 클러치 구조 및 작용
① 마찰 클러치
  ㉮ 클러치판 : 토션 스프링, 쿠션 스프링, 페이싱으로 구성된 원판으로 플라이 휠과 압력판 사이에 설치되어 있으며, 클러치 축을 통하여 변속기에 동력을 전달하는 역할을 한다.
  ㉯ 압력판 : 클러치 스프링의 장력을 이용하여 클러치판을 플라이 휠에 밀착시키는 일을 한다.
  ㉰ 릴리스 레버 : 릴리스 베어링의 힘을 받아 압력판을 움직이는 역할을 한다.
  ㉱ 클러치 스프링 : 클러치 커버와 압력판 사이에 설치되어 압력판에 압력을 발생시킨다.
  ㉲ 릴리스 베어링 : 릴리스 포크에 의해 클러치 축의 길이 방향으로 움직이며, 회전 중인 릴리스 레버를 눌러 동력을 차단시키는 일을 하며 솔벤트나 액체의 세척제로 닦아서는 안 된다.

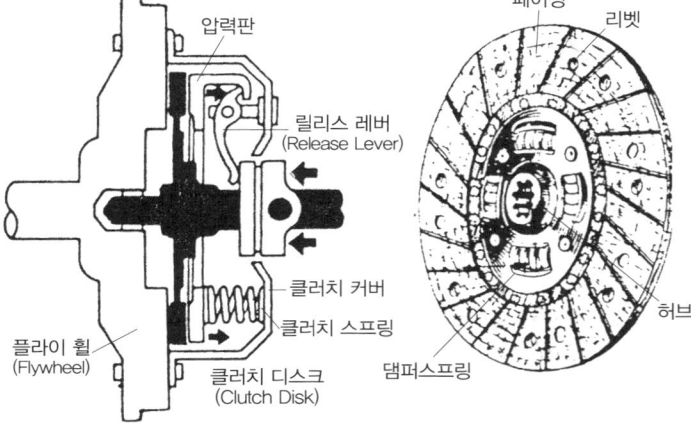

[마찰 클러치의 구성]　　　[클러치 디스크]

② 유체 클러치와 토크 컨버터
  ㉮ 펌프 임펠러, 터빈, 가이드링으로 구성된다.
  ㉯ 가이드링이 유체 충돌방지를 한다.
  ㉰ 동력전달 효율이 1:1(유체 클러치식)이다.
  ㉱ 토크 컨버터(Torque Convertor)는 스테이터가 토크를 전달한다.
  ㉲ 스테이터(토크 컨버터만 해당) : 오일의 흐름 방향을 바꾸어 준다.

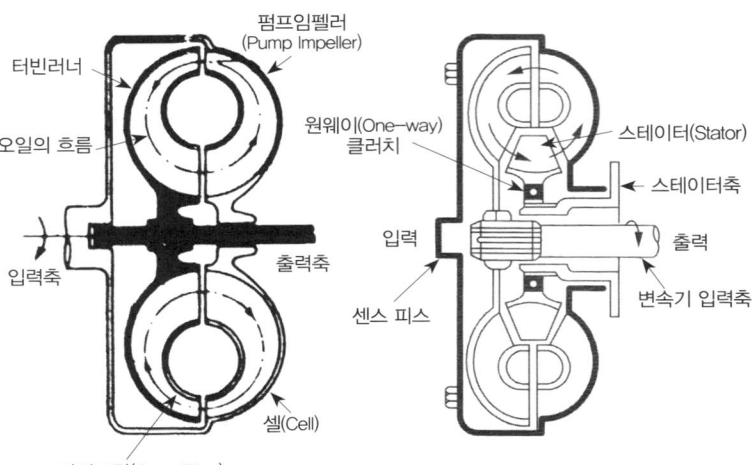

[유체 클러치의 구조]　　　[토크 컨버터 구조]

3) 클러치의 조작기구
① 기계식 : 클러치 페달의 밟는 힘을 로드나 케이블을 통하여 릴리스 포크에 전달하는 형식
② 유압식 : 클러치 페달의 밟는 힘에 의해서 발생된 유압으로 릴리스 포크를 움직이는 형식

4) 클러치의 고장원인과 점검
① 클러치 연결시 진동의 원인
  ㉮ 릴리스레버 높이가 불평형할 때, 릴리스레버 높이는 25~40mm 정도가 정상이다.
  ㉯ 클러치판의 허브가 마모되었을 때
  ㉰ 플라이휠 장착압력판 및 클러치커버의 체결이 풀어졌을 때

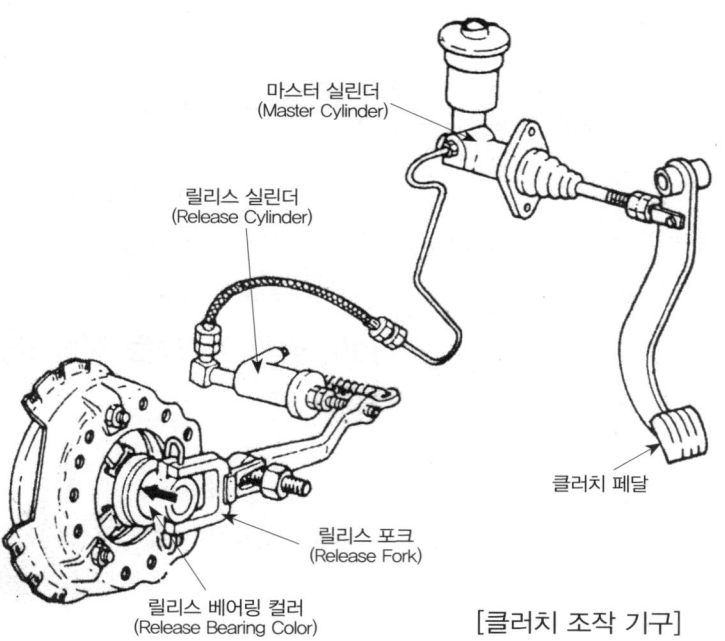

[클러치 조작 기구]

② 클러치가 미끄러지는 원인
  ㉮ 클러치 페달의 자유 간격이 불량(25~30mm)
  ㉯ 클러치 스프링의 장력 약화 또는 절손
  ㉰ 페이싱에 기름 부착
  ㉱ 페이싱의 과도한 마모시
③ 출발시 진동이 생기는 원인
  ㉮ 릴리스 레버의 높이가 일정치 않다.
  ㉯ 클러치판의 허브가 마모되었을 때
  ㉰ 클러치판 커버 볼트의 이완
④ 클러치 페달에 유격을 주는 이유
  ㉮ 클러치가 잘 끊기도록 해서 변속시 치차의 물림을 쉽게 한다.
  ㉯ 미끄러짐을 방지한다.
  ㉰ 클러치 페이싱의 마멸을 작게 한다.
⑤ 클러치 유격이 작을 때의 영향
  ㉮ 클러치 미끄럼이 발생하여 동력 전달이 불량하다.
  ㉯ 클러치판이 소손된다.
  ㉰ 릴리스 베어링이 빨리 마모된다.
  ㉱ 클러치 소음이 발생한다.
⑥ 클러치의 끊어짐이 불량한 원인
  ㉮ 클러치 페달의 유격이 너무 클 때
  ㉯ 클러치판이 흔들리거나 비틀어졌을 때
  ㉰ 베어링 급유 부족으로 파일럿 부시부가 고착되었을 때

(2) 변속기

변속기는 클러치와 추진축 사이에 설치되어 있으면서 클러치를 통해서 전달된 기관의 회전력을 건설기계의 작업이나 주행상태에 따라 증대시키거나 감소시켜 구동바퀴에 전달하는 기능을 가졌고 장비를 후진시키는 역전장치도 갖추고 있다.

1) 변속기 일반
① 변속기의 필요성
  ㉮ 기관 회전속도와 바퀴 회전속도와의 비를 주행 저항에 응하여 바꾼다.
  ㉯ 바퀴의 회전방향을 역전시켜 차의 후진을 가능하게 한다.
  ㉰ 기관과의 연결을 끊을 수도 있다.

② 변속기의 구비 조건
  ㉮ 단계가 없이 연속적인 변속조작이 가능할 것
  ㉯ 변속조작이 용이하고 신속, 정확하게 변속될 것
  ㉰ 전달효율이 좋을 것
  ㉱ 소형, 경량으로서 고장이 없고 다루기가 용이할 것
③ 동력 인출장치(PTO)
  ㉮ 엔진의 동력을 주행 외에 용도에 이용하기 위한 장치이다.
  ㉯ 변속기 케이스 옆면에 설치되어 부축상의 동력 인출 구동 기어에서 동력을 인출한다.
④ 오버 드라이브의 특징
  ㉮ 차의 속도를 30% 정도 빠르게 할 수 있다.
  ㉯ 엔진 수명을 연장한다.
  ㉰ 평탄 도로에서 약 20%의 연료가 절약된다.
  ㉱ 엔진 운전이 조용하게 된다.

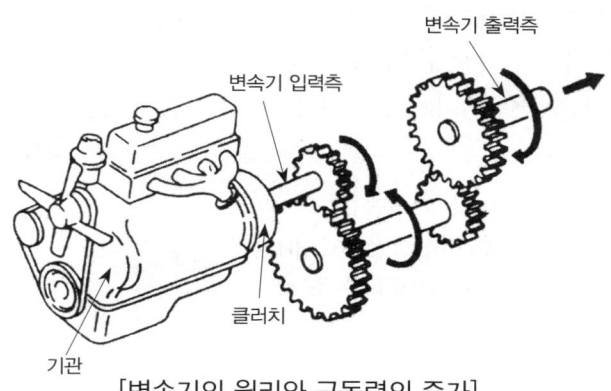

[변속기의 원리와 구동력의 증가]

2) 변속기의 구조 및 작용
① 섭동기어식 변속기 : 변속 레버가 기어 자체를 움직여서 상대 기어에 물려 변속하는 방식이다. 구조는 간단하지만 원활한 물림을 위해서는 양쪽기어의 회전속도를 제어해야 하는 번거로움이 있다.
② 상시물림식 변속기 : 서로 물리는 기어끼리의 마찰을 방지하기 위해 기어는 항상 물려있는 상태에서 각 출력 기어 사이의 도그 클러치(don clutch)가 맞물리면서 출력 축에 동력을 전달하는 방식으로 작동한다.
③ 동기물림식 변속기 : 상시물림식과 같은 식에서 동기물림 기구를 두어 기어가 물릴 때 작용한다.
④ 유성기어식 변속기 : 유성기어 변속장치(Panetary Gear Unit)는 토크 변환기의 뒷부분에 결합되어 있으며, 다판 클러치, 브레이크 밴드, 프리휠링 클러치, 유성기어 등으로 구성되어 토크변환 능력을 보조하고 후진 조작기능을 함께 한다.

3) 변속기의 고장 원인과 점검
① 변속기어가 잘 물리지 않을 때
  ㉮ 클러치가 끊어지지 않을 때
  ㉯ 동기물림링과의 접촉이 불량할 때
  ㉰ 변속레버선단과 스플라인홈 마모
  ㉱ 스플라인키나 스프링 마모
② 기어가 빠질 때
  ㉮ 싱크로나이저 클러치기어의 스플라인이 마멸되었을 때
  ㉯ 메인 드라이브 기어의 클러치기어가 마멸되었을 때

㉰ 클러치축과 파일럿 베어링의 마멸
㉱ 메인 드라이브 기어의 마멸
㉲ 시프트링의 마멸
㉳ 로크볼의 작용 불량
㉴ 로크스프링의 장력이 약할 때

③ 변속기어의 소음
㉮ 클러치가 잘 끊기지 않을 때
㉯ 싱크로나이저의 마찰면에 마멸이 있을 때
㉰ 클러치기어 허브와 주축과의 틈새가 클 때
㉱ 조작기구의 불량으로 치합이 나쁠 때
㉲ 기어 오일 부족
㉳ 각 기어 및 베어링 마모시

(3) 드라이브 라인

기관의 동력을 원활하게 뒤차축에 전달하기 위해 추진축의 중간 부분에 슬립이음(Slip Joint), 추진축의 앞쪽 또는 양쪽 끝에 자재이음(Universal Joint)이 있고 이것을 합쳐서 드라이브 라인이라고 부른다.

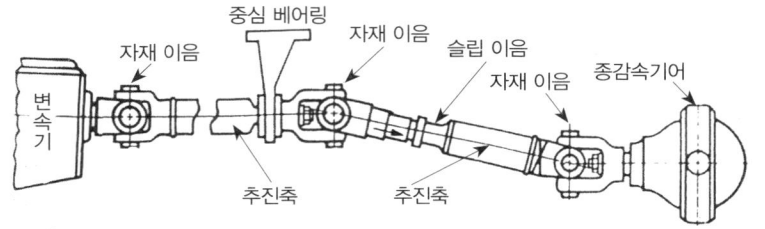

[드라이브 라인의 구성(2분할식)]

1) 추진축

변속기의 회전력을 종감속장치에 전달하여 바퀴를 회전시키며, 강한 비틀림을 받으면서 고속 회전하기 때문에 속이 빈 강관을 사용한다.

2) 자재 이음

자재 이음은 각도를 가진 2개의 축 사이에 설치되어 원활한 동력을 전달할 수 있도록 사용되며, 추진축의 각도 변화를 가능케 한다.
① 십자형 자재 이음 : 각도 변화를 $12 \sim 18°$ 이하로 하고 있다.
② 플렉시블 이음 : 설치 각도는 $3 \sim 5°$이다.
③ 등속도(CV) 자재 이음 : 설치 각도는 $29 \sim 30°$이다.

3) 슬립 이음

변속기 출력축의 스플라인에 설치되어 주행 중 추진축의 길이 변화를 가능케 하며(50~70mm) CG(섀시 그리스)가 주유된다.

(4) 최종 감속 및 차동 기어

1) 최종 구동 기어(종감속 기어)

추진축의 회전력을 직각의 각도로 바꾸어 뒷차축에 감속해 전달하는 역할을 한다.

$$종감속비 = \frac{링\ 기어\ 잇수(또는\ 회전수)}{구동\ 기어\ 잇수(또는\ 회전수)}$$

2) 최종 구동 기어의 종류

① 하이포이드기어 : 링 기어의 중심보다 구동 피니언의 중심이 10~20% 정도 낮게 설치된 스파이럴 베벨기어의 오프셋 기어이다.
② 웜기어 : 감속비가 크지만 전동효율이 낮다.
③ 스파이럴 베벨 : 베벨 기어의 형태가 매우 경사진 것이다.
④ 스퍼 기어 2단 감속식 : 최종 감속을 차동기축과 바퀴축의 2곳에서 하는 것이다.

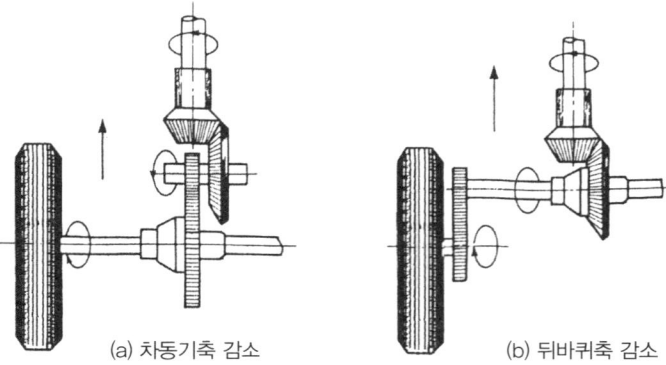

(a) 차동기축 감소   (b) 뒤바퀴축 감소

[2단 감속의 최종구동기어]

3) 총 감속비와 구동력

감속비는 특정의 이가 항상 물리는 것을 방지하고 기어의 물림을 좋게 하기 위하여 나누어 떨어지지 않는 수치로 하며, 최종감속비를 크게 하면 가속성능과 등판성능은 향상되나 고속성능이 저하된다. 따라서, 변속비 × 최종감속비 = 총감속비다.

또 구동바퀴에 생기는 구동토크는 기관의 축토크에 총감속비를 곱한 값이며,

구동토크 = 기관의 축토크 × 총감속비 × 전달효율 이다.
따라서, 구동력(구동바퀴가 자동차를 추진하는 힘)은 다음 식으로 구한다.

$$구동력(kg) = \frac{구동\ 토크(kg-m)}{구동바퀴의\ 유효\ 반지름(m)}$$

4) 차동 기어장치

주행시 커브길에서 양쪽 바퀴가 미끄러지지 않고 원활히 회전되도록 바깥 바퀴를 안쪽 바퀴보다 더 많이 회전시킨다. 따라서 요철부분의 길을 통과할 때 양 바퀴의 회전수를 다르게 하여 원활한 회전을 가능하게 하는 장치이다. 이는 랙과 피니언의 원리를 이용한 것이다.

$$N = \frac{n_1 + n_2}{2}$$

여기서, n_1 : 저항이 많은 바퀴의 움직인 양
n_2 : 저항이 작은 바퀴의 움직인 양
N : 피니언 기어의 움직인 양

(5) 차축과 타이어

액슬축(차축)은 기관에서 발생된 동력을 전달할 수 있는 구동륜 차축과 구동력을 바퀴로 전달하지 못하는 유동륜차축으로 나누어지며 어느 형식이든 바퀴를 통해 차량이나 장비의 무게를 지지하는 부분으로, 구조상으로는 현가방식에 따라 일체차축식과 분할차축식으로 나눌 수 있다.

(1) 앞차축

너클의 킹핀의 조립상태에 따라 엘리엇형, 역엘리엇형, 로모아형, 마몬형이 있다.

(2) 뒤차축

차축과 하우징의 상태에 따라 수직·수평·하중이 달라지며, 반부동식·3/4 부동식·전부동식(대형 트럭)이 있다.

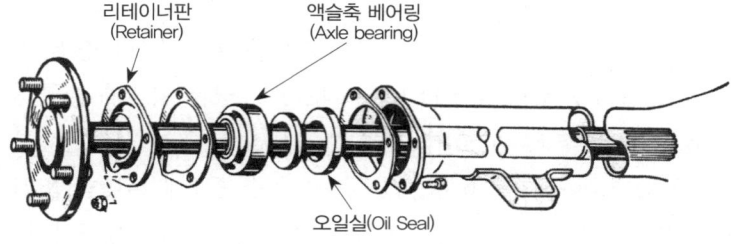

[반부동식 액슬축]

(3) 휠과 타이어

휠은 타이어를 지지하는 림과 허브, 포크부로 되어 제동시의 토크, 선회시의 원심력에 견디며 타이어는 공기압력을 유지하는 타이어튜브와 타이어로 구성된다. 타이어는 나일론과 레이온 등의 섬유와 양질의 고무를 합쳐 코드(cord)를 만들고 이것을 겹쳐서 유황을 첨가하여 형틀 속에 성형으로 제작한 것이다.

① 타이어의 구조
  ㉠ 카커스 : 목면·나일론 코드를 내열성 고무로 접착
  ㉡ 비드 : 타이어와 림에 접하는 부분
  ㉢ 브레이커 : 트레드와 카커스 사이의 코드층
  ㉣ 트레드 : 노면과 접촉하는 부분으로 미끄럼 방지·열발산

② 타이어 주행현상과 호칭법
  ㉠ 스탠딩 웨이브 : 고속 주행시 도로 바닥과 접지면과의 마찰력에 의해 고무가 물결모양으로 늘어나 타이어가 찌그러드는 현상
  ㉡ 하이드로 플레인 : 비가 내릴 때 노면의 빗물에 의해 공중에 뜬 상태
  ㉢ 고압 타이어 호칭 방법 : 외경×폭-플라이 수
  ㉣ 저압 타이어 호칭 방법 : 폭-내경-플라이 수

③ 타이어 트레드 패턴의 필요성
  ㉠ 타이어 옆 방향, 전진 방향 미끄러짐 방지
  ㉡ 타이어 내부의 열 발산
  ㉢ 트레드부에 생긴 절상 등의 확대 방지
  ㉣ 구동력이나 선회 성능 향상

02 크롤러형 동력전달장치

(1) 메인클러치(플라이휠 클러치)

기관의 동력을 변속기측으로 전달하거나 차단시키는 것을 목적으로 하는 클러치로, 구조에 따라 스프링식과 오버센터식으로 구분된다. 보통, 클러치레버의 조작은 30~32kg 정도의 힘으로 연결되면 양호한 상태이며, 클러치 작용시 충격을 완화시키기 위하여 고무링크가 5개 설치되는데 그 중 1개라도 손상되면 모두 교환해야 된다.

1) 동력전달 순서

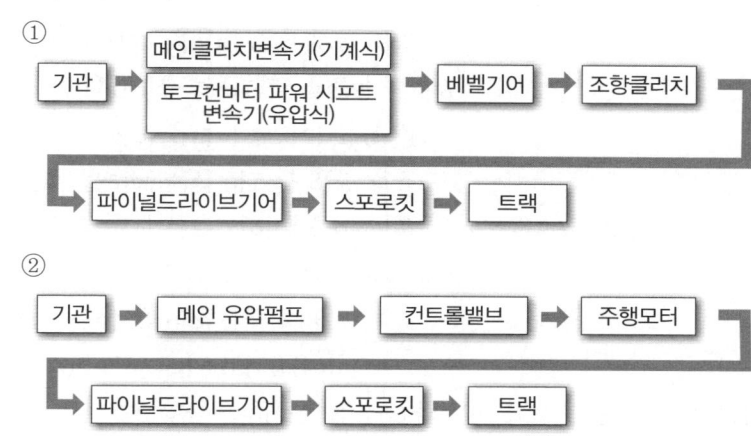

2) 클러치 브레이크

클러치 브레이크는 클러치 분리시 클러치축과 변속기 상부축이 회전하려 하는 여력을 잡아서 변속기 상부축을 잡아주어 변속을 신속히 하고 기어마모 및 기어소리가 나는 것을 방지하는 역할을 담당하는 장치로, 디스크식과 드럼식이 있다.

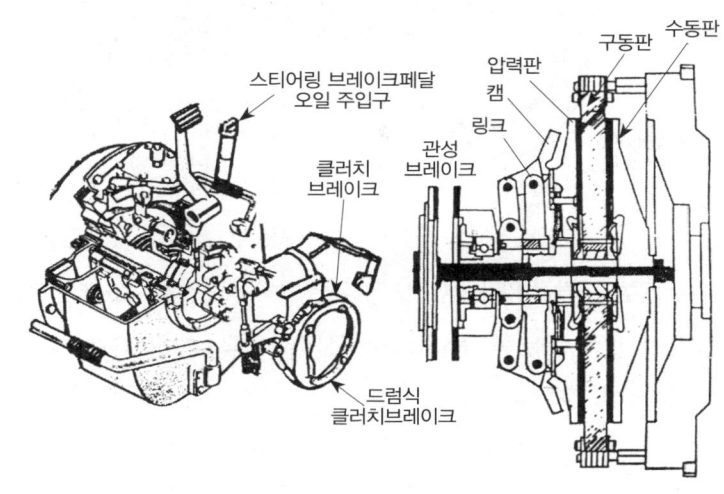

[클러치 브레이크]   [메인 클러치 설치상태]

(2) 변속기

클러치에서 전달된 동력을 받아서 기관의 회전속도와 바퀴 회전속도와의 주행저항에 알맞게 바꾼다. 대표적인 변속기의 종류로는 선택기어식과 유성기어식을 들 수 있으며, 최근에는 유성기어식 변속기가 일반적으로 사용되고 있다.

(3) 피니언 및 베벨기어

베벨기어는 클러치를 통하여 변속기(트랜스미션)에서 나오는 동력을 직접 받은 피니언기어와 맞물려서 회전하며, 그 동력을 좌우 90° 방향으로 전달하는 장치이다. 링(ring)형으로 되어 있는 베벨기어는 그 기어축의 플랜지(flange)에 볼트로 고정되어 있으며 스티어링 클러치의 하우징 중앙에 설치되어 있다. 또 여기는 견인력을 시키기 위하여 회전속도를 감속하는 역할을 하는데, 보통 감속비는 18~28:1이다.

1) 조향클러치

구동드럼, 구동판, 수동드럼, 수동판으로 된 다판식 클러치로 좌우 각 1개씩 설치되어 방향전환을 해 준다.

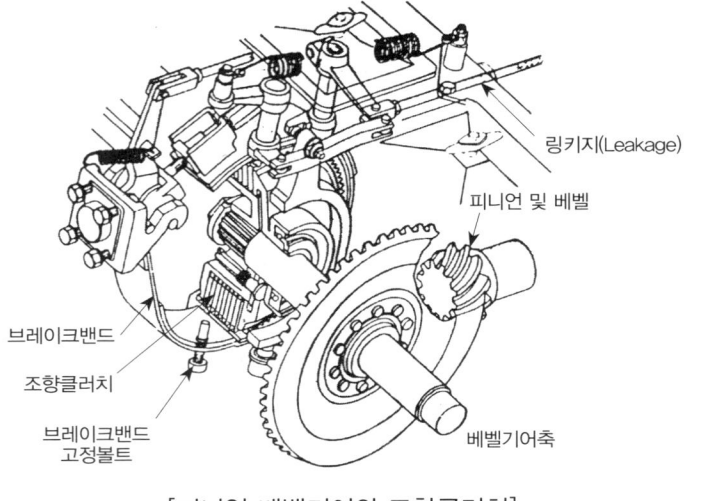

[피니언 베벨기어와 조향클러치]

2) 조향클러치 브레이크

조향 클러치 수동드럼에 설치된 외부 수축식 브레이크로 좌우 각 1개씩 있다.

(4) 최종감속과 기동륜

동력전달계통에서 전달된 동력을 최종 감속하여 기동륜을 구동시키는 장치이며, 현재 트랙터에서 평기어로 이중감속을 하며, 대형 트랙터에서는 유성기어식 감속장치를 사용하여 더 큰 감속을 얻는다. 또한, 내부에는 벨로즈 실(bellows seal)이 설치되어 있는데 벨로즈 실은 최종 감속장치 하우징 내의 기어오일이 외부로 유출되지 않도록 한다.

1) 최종 감속 기어(최종 구동 기어)

동력전달 계통의 최종 감속을 하며 스퍼 기어식과 유성 기어식이 있고 약 10:1 정도 감속한다.

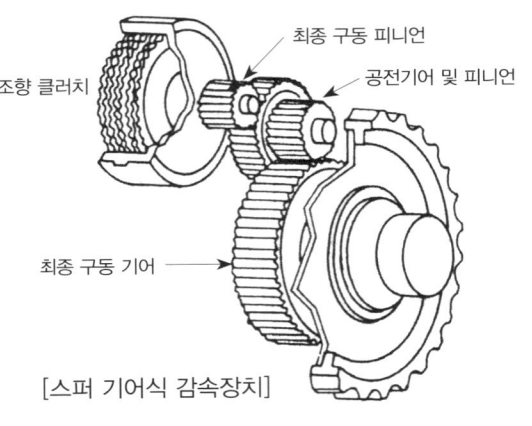

[스퍼 기어식 감속장치]

2) 스프로킷(구동륜)

최종 감속 기어축에 끼워져서 트랙을 돌려주며 일체식, 분해식, 분할식이 있으며 스프로킷을 분리할 때는 30톤의 힘이 요구된다.

3) 언더캐리지의 구성

① 트랙과 트랙 슈 : 트랙 슈·링크·트랙 핀으로 구성되어 있다.

② 캐리어 롤러(상부 롤러) : 트랙의 무게를 지지하여 트랙이 처지는 것을 방지하는 것이다.

③ 트랙 롤러(하부 롤러) : 트랙터의 전체 중량을 지지하며 균일하게 트랙에 배분하는 것이다.

④ 프런트 아이들러(전부 유동륜) : 트랙의 진행방향을 유도해 주는 역할을 하는 것이다.

⑤ 쿠션 스프링 : 지면에서 전달되는 충격을 완화하고 좌우 트랙의 하중분포를 같게 하여 균형을 잡아준다.

⑥ 리코일 스프링 : 이너 스프링·아우터 스프링의 이중 스프링으로 구성되어 프런트 아이들러에 미치는 충격을 완화시켜 준다.

⑦ 블레이드(토공판) : 토공판에 귀삽날과 장삽날이 조립되어 있다.

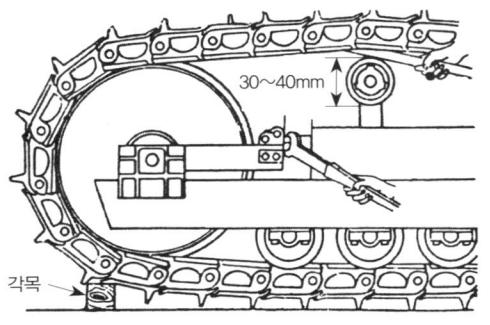

[트랙 롤러의 배열]

⑧ 트랙 장력의 조정 : 조정렌치를 사용하여 좌측트랙인 경우 장력조정 푸시로드를 아래에서 위 방향으로 돌리면 장력이 커지고, 위에서 아래로 돌리면 장력이 적어진다. 우측 트랙조정은 서로 반대이다. 이 방식은 나사조정식이며 최근에는 유압실린더에 그리스를 주입하는식이 활용되고 있고 트랙이 늘어짐이 30~40mm가 되면 정상이다.

⑨ 트랙이 잘 벗겨지는 이유

㉮ 고속주행시 방향 전환을 급속히 할 경우

㉯ 트랙과 롤러 사이에 돌이 끼었을 때 조향하는 경우

㉰ 롤러에 심한 마모가 있을 경우

㉱ 트랙의 장력이 현저히 작을 경우

㉲ 경사면을 측면으로 주행하는 경우

㉳ 트랙의 정렬이 맞지 않을 경우

[트랙의 장력조정]

제 2절 조향장치
: Steering Device

01 조향장치 일반

(1) 조향원리와 중요성

조향(환향) 장치는 건설기계의 주행방향을 바꾸기 위한 조종장치로 조향핸들(Steering Wheel)을 회전시켜 앞바퀴를 조향하는 구조로 되어 있다.

1) 조향원리
  ① 전차대식 : 좌·우 바퀴와 액슬축이 함께 회전이 된다. 핸들 조작이 힘들고 선회 성능이 나빠 사용되지 않는다.
  ② 애커먼식 : 좌·우 바퀴만 나란히 움직이므로 타이어 마멸과 선회가 나빠 현재는 사용되지 않는다.
  ③ 애커먼 장토식 : 애커먼식을 개량한 것으로 선회시 앞바퀴가 나란히 움직이지 않고 뒤 액슬의 연장 선상의 한 점에서 만나게 되며 현재 사용되는 형식이다.

2) 최소 회전반경
조향 각도를 최대로 하고 선회할 때 그려지는 동심원 가운데 가장 바깥쪽 원의 회전반경을 말한다.

$$최소 회전반경(R) = \frac{L}{\sin\alpha} + r$$

여기서, R : 최소회전반경(m)
L : 축간 거리(휠 베이스, m)
$\sin\alpha$: 바깥쪽 바퀴의 조향 각도
r : 킹핀 중심에서부터 타이어 중심간의 거리(m)

3) 조향 기어비
조향 핸들이 회전한 각도와 피트먼 암이 회전한 각도의 비를 말한다.

$$조향기어비 = \frac{조향핸들이 회전한 각도}{피트먼 암이 회전한 각도}$$

4) 조향 장치가 갖추어야 할 조건
  ① 조향 조작이 주행 중의 충격에 영향받지 않을 것
  ② 조작하기 쉽고 방향 변환이 원활하게 행하여 질 것
  ③ 회전 반경이 작을 것
  ④ 조향 핸들의 회전과 바퀴의 선회 차가 크지 않을 것
  ⑤ 수명이 길고 다루기가 쉬우며, 정비하기 쉬울 것
  ⑥ 고속 주행에서도 조향 핸들이 안정될 것

5) 조향 장치의 형식
  ① 비가역식 : 핸들의 조작력이 바퀴에 전달되지만 바퀴의 충격이 핸들에 전달되지 않는다.
  ② 가역식 : 핸들과 바퀴쪽에서의 조작력이 서로 전달된다.
  ③ 반가역식 : 조향기어의 구조나 기어비로 조정하여 비가역과 가역성의 중간을 나타낸다.

(2) 앞바퀴 정렬

1) 토인(toe-in)
앞바퀴를 위에서 볼 때 좌우 바퀴의 중심선 사이의 거리가 앞쪽이 뒤쪽보다 조금 좁게 되어 있는데 이를 토인이라 한다. 일반적으로 그 수치는 2~8mm 정도로 토인의 역할은 다음과 같다.
  ① 앞바퀴를 주행 중에 평행하게 회전시킨다.
  ② 조향할 때 바퀴가 옆방향으로 미끄러지는 것을 방지한다.
  ③ 타이어의 마멸을 방지한다.
  ④ 조향 링키지의 마멸에 따른 토아웃(toe-out)을 방지한다.

2) 캠버(camber)
앞바퀴를 앞에서 보았을 때 윗부분이 바깥쪽으로 약간 벌어져 상부가 하부보다 넓게 되어 있는 것으로 역할은 다음과 같다.
  ① 조향 조작력을 가볍게 한다.
  ② 수직 하중에 의한 차축의 휨을 방지한다.
  ③ 타이어의 이상 마멸을 방지한다.
  ④ 정(+), 부(-), 영(0)의 캠버가 있고 0.5~2°를 둔다.

3) 캐스터(caster)
앞바퀴를 옆에서 보았을 때 앞바퀴가 차축에 설치되어 있는 킹핀의 중심선이 노면에 수직인 직선에 대하여 어느 한쪽으로 기울어져 있는 상태를 말하며, 그 각도를 캐스터 각이라 한다.
  ① 주행 중 조향 바퀴에 방향성을 준다.
  ② 조향 핸들의 직진 복원성을 준다.
  ③ 안전성을 준다.

4) 킹핀 경사각
앞바퀴를 앞에서 볼 때 킹핀 중심이 수직선에 대하여 경사각을 이루고 있는 것을 말한다(6~9°).
  ① 조향력을 가볍게 한다.
  ② 앞바퀴에 복원성을 준다.
  ③ 저속시 원활한 회전이 되도록 한다.

02 구성 및 작용

(1) 기계식 조향기구

1) 조향핸들과 축

허브, 스포크 휠과 노브로 되어 조향축의 셀레이션 홈에 끼워지며 조향 핸들은 일반적으로 직경 500mm 이내의 것이 많이 사용되며 25~50mm 정도의 유격이 있다.

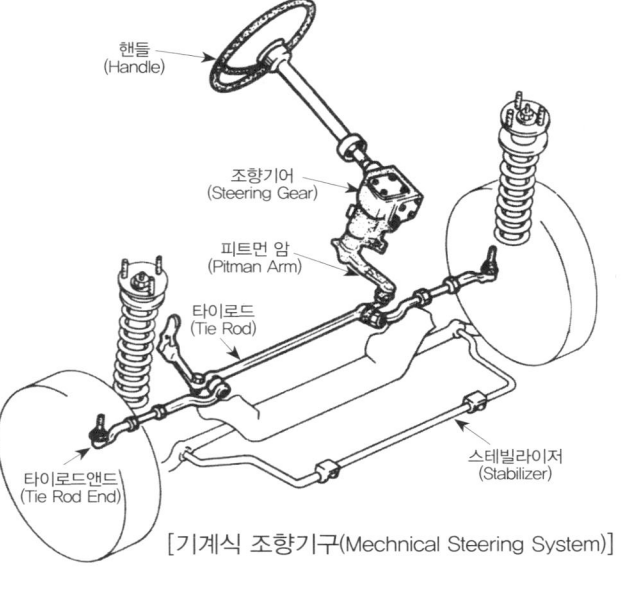

[기계식 조향기구(Mechnical Steering System)]

2) 조향기어

조향기는 기어 상자속에 웜기어와 섹터기어로 구성되었으며, 건설기계는 20~30:1의 비율로 핸들의 동력을 감속해 피트먼 암으로 전달하며 기어 상자에는 기어오일이 주입되었고 유격조정 나사가 부착되었다. 종류로는 웜섹터형, 롤러형, 볼너트형, 캠레버형, 랙피니언형 등 다양하다.

3) 피트먼암

한쪽 끝은 세레이션을 이용해 섹터 축과, 다른 쪽 끝은 링크 기구로 연결된다.

4) 드래그 링크와 너클 암

피트먼암과 너클암을 연결하는 로드이며, 양쪽 끝은 볼 조인트에 의해 암과 연결되었으며, 너클암은 타이로드 엔드와 너클 스핀들 사이에 연결되거나 드래그 링크와 연결되어 조향력을 전달해준다.

5) 타이로드와 타이로드 엔드(Tie rod and Tie rod end)

좌우의 너클암과 연결되어 제3암의 작동을 다른 쪽 너클암에 전달하며 좌우바퀴의 관계 위치를 정확하게 유지하는 역할을 하며 타이로드 엔드는 토인을 조정한다.

(2) 동력식 조향기구

1) 동력 조향 장치의 종류

① 링키지형 : 작동장치인 동력실린더가 조향 링키지(linkage) 기구의 중간에 설치된 형식이며 제어밸브와 동력 실린더가 일체로 결합된 조합식과 각각 분리된 분리식이 있다.

② 일체형 : 이 형식은 동력실린더, 동력피스톤, 제어밸브 등으로 구성된 주요 기구가 조향기어하우징 안에 일체로 결합되어 있으며 오일통로를 전환하는 제어밸브는 핸들에 조립된 웜 축 끝에 설치되어 있으며, 제어밸브의 밸브스풀을 웜축으로 직접 조작시켜 주므로서 작동이 된다.

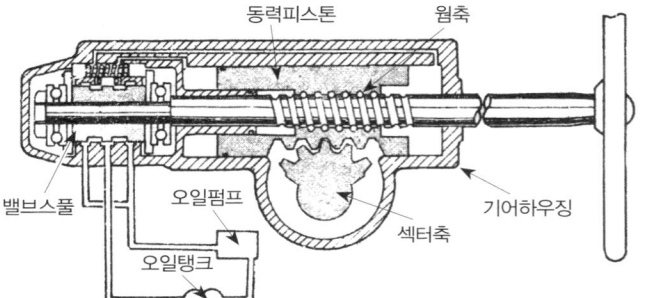

[일체형(Integral Type)]

2) 동력조향장치의 장점

① 조향조작력을 가볍게 할 수 있다.
② 조향 조작력에 관계없이 조향 기어비를 설정할 수 있다.
③ 불규칙한 노면에서 조향 핸들을 빼앗기는 일이 없다.
④ 충격을 흡수하여 충격이 핸들에 전달되는 것을 방지한다.

제3절 제동장치 : a Brake Device

01 제동장치 일반

(1) 제동의 목적 및 필요성

제동장치라 함은 주행중에 감속 또는 정지시키며 주차 상태를 계속 유지할 수 있는 장치로 접촉면의 마찰에 의하여 바퀴의 회전을 정지시키고, 바퀴의 노면 마찰이 차량의 동력에 저항을 해서 차의 진행을 막는 것이다. 즉 운동에너지를 열에너지로 바꾸는 작용을 제동작용이라 하며, 그것을 대기 속으로 방출시켜 제동작용을 하는 마찰식 브레이크를 사용하고 있다.

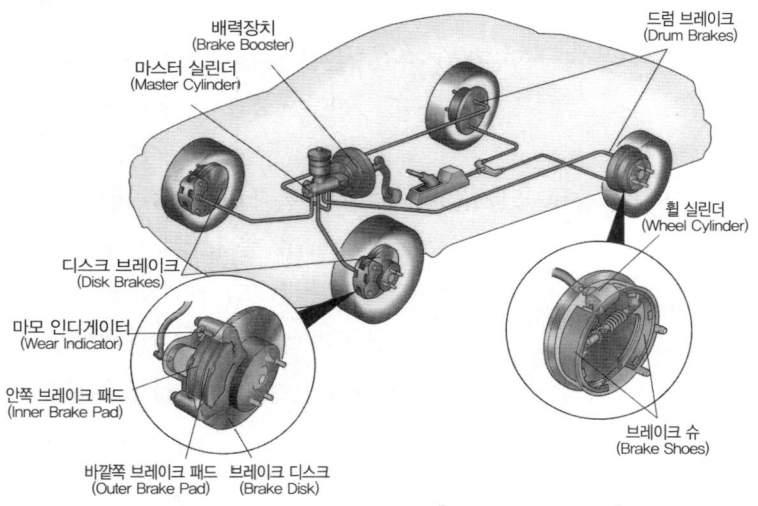

[제동장치의 구성]

1) 브레이크 이론
  ① 페이드 현상 : 브레이크가 연속적 반복 작용되면 드럼과 라이닝 사이에 마찰열이 발생되어 열로 인한 마찰계수가 떨어지고 이에 따라 일시적으로 제동이 되지 않는 현상이다.
  ② 베이퍼록과 그 원인
    연료나 브레이크 오일이 과열되면 증발되어 이렇게 발생한 기포로 인해 브레이크가 제대로 작동하지 않는 현상을 말하며, 그 원인은 다음과 같다.
    ㉮ 과도한 브레이크 사용시
    ㉯ 드럼과 라이닝 끌림에 의한 과열시
    ㉰ 마스터 실린더 체크밸브의 소손에 의한 잔압 저하
    ㉱ 불량 오일 사용시
    ㉲ 오일의 변질에 의한 비점 저하

2) 브레이크 오일
  피마자기름(40%)과 알코올(60%)로 된 식물성 오일이므로 정비시 경유·가솔린 등과 같은 광물성 오일에 주의해야 한다.
  ① 브레이크 오일의 구비조건
    ㉮ 비등점이 높고 빙점이 낮아야 한다.
    ㉯ 농도의 변화가 적어야 한다.
    ㉰ 화학변화를 잘 일으키지 말아야 한다.
    ㉱ 고무나 금속을 변질시키지 말아야 한다.
  ② 브레이크 오일 교환 및 보충시 주의 사항
    ㉮ 지정된 오일만 사용할 것
    ㉯ 제조 회사가 다른 것을 혼용치 말 것
    ㉰ 빼낸 오일은 다시 사용치 말 것
    ㉱ 브레이크 부품 세척시 알코올 또는 세척용 오일로 세척

(2) 브레이크의 분류

제동장치에는 중장비를 주차할 때 사용하는 주차브레이크와 주행할 때 사용하는 주브레이크가 있으며 주브레이크는 운전자의 발로 조작하기 때문에 풋브레이크(Foot Brake)라 하고, 주차브레이크는 보통 손으로 조작하기 때문에 핸드브레이크(Hand Brake)라 한다. 브레이크장치의 조작기구는 유압식이 있으며 풋 브레이크는 유압식 외에 압축공기를 이용하는 공기 브레이크가 사용된다.

브레이크 장치의 종류를 나누면 다음과 같다.

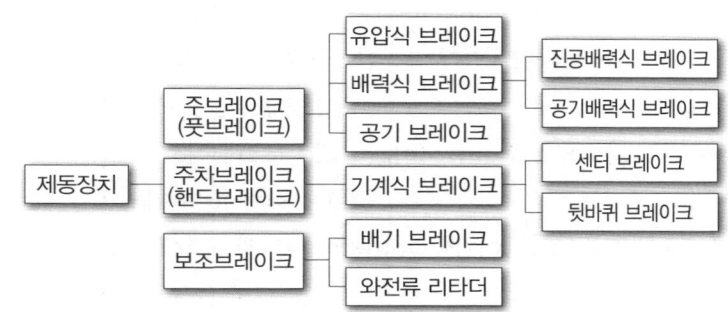

02 구성 및 작용

(1) 유압 브레이크의 구성

1) 유압식 조작기구
  ① 마스터 실린더(Master Cylinder)
    ㉮ 브레이크 페달을 밟아서 필요한 유압을 발생시키는 부분으로, 피스톤과 피스톤 1차컵·2차컵, 체크밸브로 구성되어 있어 $0.6 \sim 0.8 kg/cm^2$의 잔압을 유지시킨다.
    ㉯ 잔압을 두는 이유는 브레이크의 작용을 원활히 하고 휠 실린더의 오일 누출 방지와 베이퍼 록 방지를 위해서다.
  ② 브레이크 파이프 및 호스 : 방청 처리된 3~8mm 강파이프를 사용한다.

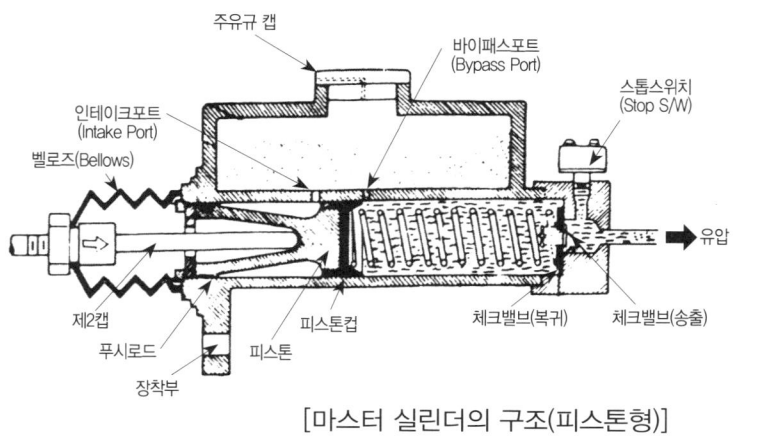

[마스터 실린더의 구조(피스톤형)]

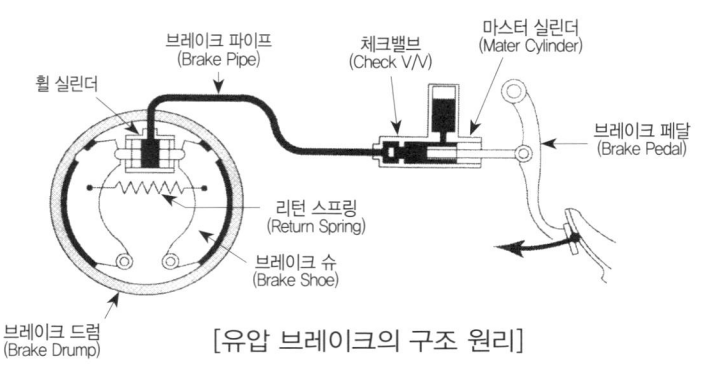

[유압 브레이크의 구조 원리]

2) 드럼식 브레이크의 구조와 특징

① 휠실린더 : 마스터 실린더의 유압으로 브레이크슈를 드럼에 밀착한다.

② 브레이크 슈 : T자로 된 반달형으로 석면제나 금속제 라이닝이 부착된다.

③ 브레이크 드럼 : 특수 주철제로써 냉각과 강성을 돕기 위해 원 둘레에 리브(rib)가 있고 휠과 타이어가 부착된다.

④ 브레이크 라이닝의 구비조건

㉮ 고열에 견디고 내마멸성이 우수할 것

㉯ 마찰계수가 클 것

㉰ 온도의 변화나 물 등에 의해 마찰계수 변화가 적고 기계적 강도가 클 것

㉱ 마찰계수 : 0.3~0.5μ

㉲ 라이닝과 드럼의 간극 : 0.3~0.4mm

⑤ 브레이크 드럼의 구비조건

㉮ 정적, 동적 평형이 잡혀 있을 것

㉯ 충분한 강성이 있을 것

㉰ 마찰 면에 충분한 내마멸성이 있을 것

㉱ 방열이 잘 될 것

㉲ 무게가 가벼울 것

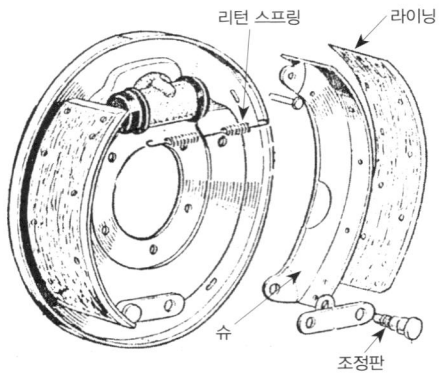

[슈와 라이닝의 설치상태]

3) 디스크식 브레이크의 구조와 특징

① 디스크(disk) : 특수주철로 만들어 휠 허브에 결합되어 바퀴와 함께 회전한다.

② 캘리퍼(caliper) : 캘리퍼란 브레이크 실린더와 패드를 구성하고 있는 한 뭉치이다.

③ 브레이크 실린더 및 피스톤 : 실린더는 캘리퍼의 좌우에 있고, 피스톤에는 자동틈새조정과 패드가 부착된다.

④ 패드 : 석면과 레진을 혼합하여 소성한 것으로 피스톤에 부착된다.

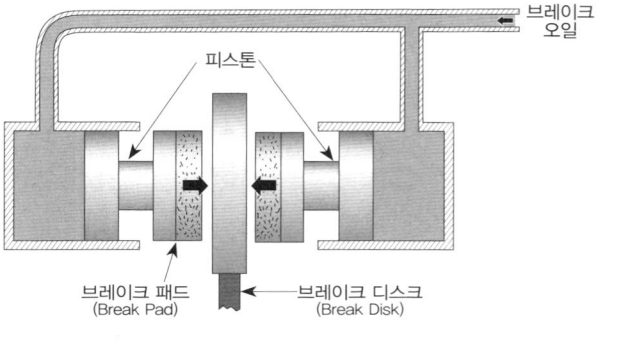

[디스크 브레이크의 원리]

⑤ 디스크 브레이크의 특징

㉮ 베이퍼록(Vapor Lock)이 적다.

㉯ 오일누출이 없다.

㉰ 디스크가 노출되어 회전하기 때문에 열변형(熱變形)에 의한 제동력의 저하가 없다.

㉱ 디스크와 패드의 마찰면적이 적기 때문에 패드의 누르는 힘을 크게 할 필요가 있다.

㉲ 자기배력작용이 없기 때문에 필요한 조작력이 커진다.

㉳ 패드는 강도가 큰 재료를 사용해야 한다.

㉴ 부품수가 적다.

㉵ 중량이 가볍다.

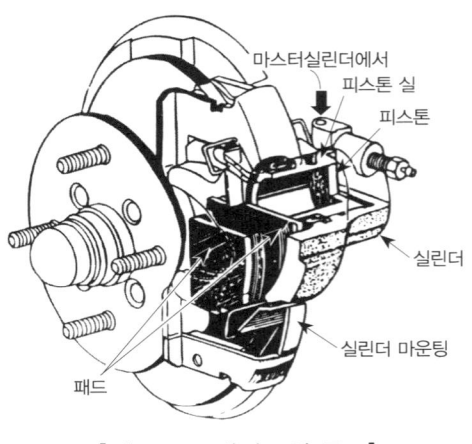

[디스크 브레이크의 구조]

4) 배력식 브레이크의 구조

① 배력 장치의 분류

㉮ 진공 배력식 : 흡입 다기관 진공력과 대기압 이용

㉯ 공기 배력식 : 압축공기와 대기압 이용

② 동력 피스톤 : 두 장의 철판과 가죽 패킹으로 구성되어 있다.

③ 릴레이 밸브 및 밸브 피스톤 : 마스터 실린더에서 전달된 유압으로 공기 통로를 개폐한다.

④ 유압 실린더 · 피스톤 : 동력 피스톤에 연결된 작용으로 오일에 2차 압력을 가한다.

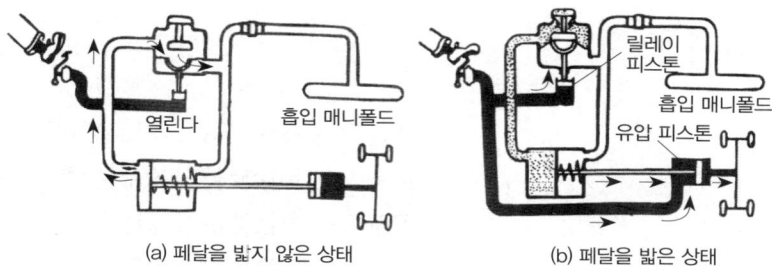

[배력식 브레이크의 원리]

(a) 페달을 밟지 않은 상태   (b) 페달을 밟은 상태

(2) 공기 브레이크의 구성

1) 계통별 구분
   ① 공기 압축 계통 : 공기 압축기, 공기 탱크, 압력 조정기
   ② 제동 계통 : 브레이크 밸브, 릴레이 밸브, 브레이크 체임버
   ③ 안전 계통 : 저압 표시기, 안전밸브, 체크밸브
   ④ 조정 계통 : 슬랙 어저스터, 브레이크 밸브, 압력 조정기

2) 공기 브레이크의 주요 구조
   ① 공기 압축기 : 압축 공기를 생산하며, 왕복 피스톤식이다.
   ② 공기 탱크 : 압축된 공기를 저장하며 안전밸브가 내부 압력을 $7kg/cm^2$ 정도로 유지시킨다.
   ③ 브레이크 밸브 : 브레이크 페달을 밟는 정도에 따라 압축공기를 릴레이 밸브로 보낸다.
   ④ 릴레이 밸브 : 압축공기를 브레이크 체임버에 공급·단속한다.
   ⑤ 브레이크 체임버 : 공기압력을 기계적운동으로 바꾼다.
   ⑥ 슬랙 조정기 : 웜기어와 웜축에 물리는 캠축을 돌려 라이닝과 드럼의 간극을 조정한다.
   ⑦ 슈 및 브레이크 드럼 : 캠에 의한 내부확장식 앵커핀형이 많아 캠의 작용에 의하여 브레이크 슈를 확장하고 리턴 스프링에 의하여 수축된다.
   ⑧ 체크밸브·안전 밸브 : 공기탱크 입구 부근에 설치되어서 공기의 역류(逆流)를 방지하는 것은 체크밸브, 탱크 내의 압력을 방출시켜 주는 것은 안전 밸브이다.

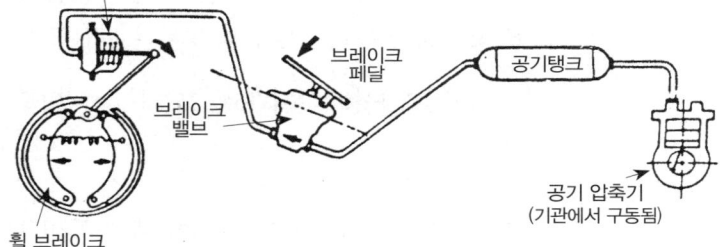

[공기 브레이크의 기본 계통]

(3) 브레이크 고장 점검

1) 브레이크 라이닝과 드럼과의 간극이 클 때
   ① 브레이크 작용이 늦어진다.
   ② 브레이크 페달의 행정이 길어진다.
   ③ 브레이크 페달이 발판에 닿아 브레이크 작용이 어렵게 된다.

2) 브레이크 라이닝과 드럼과의 간극이 작을 때
   ① 라이닝과 드럼의 마모가 촉진된다.
   ② 베이퍼 록의 원인이 된다.
   ③ 라이닝이 타서 늘어붙는 원인이 된다.

3) 브레이크가 잘 듣지 않는 경우
   ① 회로 내의 오일 누설 및 공기의 혼입이 있을 때
   ② 라이닝에 기름, 물 등이 묻어 있을 때
   ③ 라이닝 또는 드럼의 과다한 편마모가 발생하였을 때
   ④ 라이닝과 드럼과의 간극이 너무 큰 경우
   ⑤ 브레이크 페달의 자유 간극이 너무 큰 경우

4) 브레이크가 한쪽만 듣는 원인
   ① 브레이크의 드럼 간극의 조정 불량
   ② 타이어 공기압의 불균일
   ③ 라이닝의 접촉 불량
   ④ 브레이크 드럼의 편마모

5) 브레이크 작동시 소음이 발생하는 원인
   ① 라이닝의 표면 경화
   ② 라이닝의 과대 마모

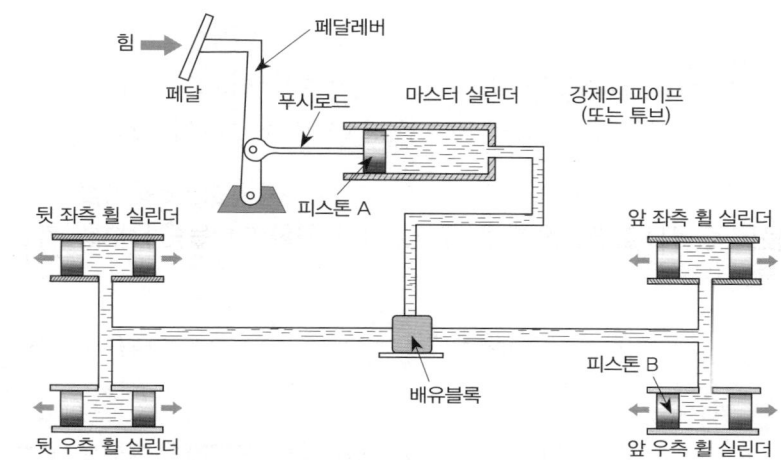

[유압 브레이크의 작용]

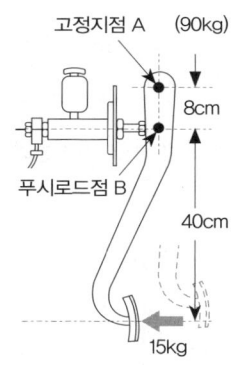

[브레이크 페달과 푸시로드]

제3장 전·후진 주행장치 출제예상문제

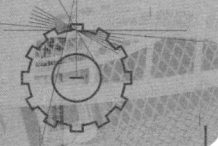

1. 동력전달계통

01 다음은 클러치(cluch)가 갖추어야 할 조건들이다. 틀린 것은?

① 동력차단이 신속히 될 것
② 구조가 간단하고 취급이 용이할 것
③ 회전부분의 평형성이 좋을 것
④ 마찰열에 대한 응집성이 좋을 것

02 클러치 취급상의 주의사항이 아닌 것은?

① 운전 중 클러치 페달 위에 발을 얹어 놓지 말 것
② 기어 변속시 가능한 한 반클러치를 사용할 것
③ 출발할 때 클러치를 서서히 연결할 것
④ 클러치 페달을 밟고 탄력으로 주행하지 말 것

03 클러치판의 비틀림 코일스프링의 역할은?

① 클러치판이 더욱 세게 부착되게 한다.
② 클러치가 작동시 충격을 흡수한다.
③ 클러치의 회전력을 증가시킨다.
④ 클러치판과 압력판의 마멸을 방지한다.

04 기계식 변속기가 장착된 건설기계에서 클러치 스프링의 장력이 약하면 어떤 현상이 발생되는가?

① 주행속도가 빨라진다.
② 기관의 회전속도가 빨라진다.
③ 기관이 정지된다.
④ 클러치가 미끄러진다.

05 클러치 부품 중에서 세척유로 씻어서는 안되는 것은?

① 플라이 휠
② 압력판
③ 릴리스 레버
④ 릴리스 베어링

06 클러치의 작동에서 스러스트 베어링과 릴리스 레버는 어느 때 작용하는가?

① 클러치가 요동할 때만
② 클러치가 연결되는 순간에만
③ 클러치가 분리되어 있는 동안
④ 클러치가 연결되어 있는 동안

07 클러치 페달에 유격을 두는 이유는?

① 클러치 용량을 크게 하기 위해
② 클러치의 미끄럼을 방지하기 위해
③ 엔진출력을 증가시키기 위해
④ 엔진마력을 증가시키기 위해

08 클러치를 밟아도 동력이 차단되지 않는 이유는?

① 클러치 페달의 유격이 적을 때
② 클러치 압력판의 진동이 없을 때
③ 압력판의 압력 스프링 쇠약
④ 클러치 페달의 유격 과대

09 클러치의 미끄러짐은 언제 가장 현저하게 나타나는가?

① 가속　　　　　　② 고속
③ 공전　　　　　　④ 저속

10 클러치 접속시 회전충격이 매우 큰 데 그 원인으로 다음 중 가장 적당한 것은?

① 클러치 스프링의 불량이다. ② 쿠션 스프링의 불량이다.
③ 리턴 스프링의 불량이다. ④ 댐퍼 스프링의 불량이다.

11 유체클러치 오일의 구비조건이 아닌 것은?

① 착화점이 높을 것　　② 비중이 클 것
③ 비점이 높을 것　　　④ 점도가 클 것

12 유체클러치에서 유체충돌(맴돌이 흐름)을 방지하는 장치는?

① 임펠러　　　　　　② 터빈
③ 플라이휠　　　　　④ 가이드링

13 유체클러치에서 변속기의 입력축에 연결된 것은?

① 펌프　　　　　　② 임펠러
③ 스테이터　　　　④ 터빈

14 토크 컨버터에서 장비에 부하가 걸리면?

① 터빈속도가 빨라지고 회전력이 증가된다.
② 터빈속도가 느려지고 회전력이 증가된다.
③ 터빈속도가 빨라지고 회전력이 감소된다.
④ 터빈속도가 느려지고 회전력이 감소된다.

[1. 동력전달계통] 　01 ④　02 ②　03 ②　04 ④　05 ④　06 ③　07 ②
08 ④　09 ①　10 ④　11 ④　12 ④　13 ④　14 ②

15 토크 컨버터 구성요소 중 기관에 의해 직접 구동되는 것은?

① 터빈　② 펌프
③ 스테이터　④ 가이드링

16 클러치 페달의 자유간극이다. 다음 중 가장 적절한 것은?

① 0.5~1.0cm　② 2.5~5.0mm
③ 25~30mm　④ 50~70mm

17 유압식 조작 클러치의 공기빼기 작업에 대한 설명 중 가장 알맞은 것은?

① 마스터 실린더에서 파이프를 빼고 공기를 뺀다.
② 슬리브 실린더의 피스톤을 밀어서 공기를 뺀다.
③ 마스터 실린더의 오일탱크로 공기를 뺀다.
④ 슬리브 실린더의 블리더 스크루를 돌려서 공기를 뺀다.

18 자동 트랜스미션의 과열 원인이 아닌 것은?

① 오일 수준이 높음
② 로더 과부하 운전
③ 메인 압력이 높음
④ 트랜스미션 쿨러(cooler) 막힘

19 운행 중 변속 레버가 빠지는 원인에 해당되는 것은?

① 기어가 충분히 물리지 않을 때
② 클러치 조정이 불량할 때
③ 릴리스 베어링이 파손되었을 때
④ 클러치 연결이 분리되었을 때

20 변속기를 저속으로 변속하면 관계되는 사항에 알맞은 것은?

① 출력축의 회전속도가 빠르게 된다.
② 출력축의 회전력은 변함이 없다.
③ 구동바퀴의 회전력은 가장 크게 된다.
④ 종감속비가 크게 된다.

21 변속기에서 기어의 백래시가 크면 다음 중 어떤 경우가 되겠는가?

① 변속시 기어의 바꿈이 잘 안된다.
② 변속시 기어의 변속이 잘된다.
③ 물린 기어가 빠지기 쉽다.
④ 물린 기어가 잘 빠지지 않는다.

22 건설기계장비의 변속기에서 기어의 마찰소리가 나는 이유가 아닌 것은?

① 기어 백래시의 과다　② 변속기 베어링의 마모
③ 변속기의 오일 부족　④ 웜과 웜기어의 마모

23 변속 중 기어가 이중으로 물리는 것을 방지하는 것은?

① 셀렉터
② 로크 핀
③ 인터록 볼
④ 록킹 볼

24 유성기어 장치의 주요 부품은?

① 유성기어, 베벨기어, 선기어
② 선기어, 클러치기어, 헬리컬기어
③ 유성기어, 베벨기어, 클러치기어
④ 선기어, 유성기어, 링기어, 유성캐리어

25 동력전달장치에서 추진축의 밸런스 웨이트에 대한 설명으로 맞는 것은?

① 추진축의 비틀림을 방지한다.
② 변속조작 시 변속을 용이하게 한다.
③ 추진축의 회전수를 높인다.
④ 추진축의 회전 시 진동을 방지한다.

26 무한궤도식 굴착기의 부품이 아닌 것은?

① 유압펌프　② 오일쿨러
③ 자재이음　④ 주행모터

27 십자축 자재이음을 추진축 앞뒤에 둔 이유를 가장 적합하게 설명한 것은?

① 추진축의 진동을 방지하기 위하여
② 회전 각속도의 변화를 상쇄하기 위하여
③ 추진축의 굽음을 방지하기 위하여
④ 길이의 변화를 다소 가능케 하기 위하여

28 슬립이음이나 유니버설 조인트에 윤활 주입으로 가장 좋은 것은?

① 유입유　② 기어오일
③ 그리스　④ 엔진오일

29 차동기어장치의 목적은?

① 선회할 때 반부동식 축이 바깥쪽 바퀴에 힘을 주도록 하기 위해서이다.
② 기어조작을 쉽게 하기 위해서이다.
③ 선회할 때 힘이 양쪽바퀴에 작용되도록 하기 위해서이다.
④ 선회할 때 바깥쪽 바퀴의 회전속도를 안쪽 바퀴보다 빠르게 하기 위해서이다.

15 ②　16 ③　17 ④　18 ①　19 ①　20 ③　21 ③　22 ④　23 ③　24 ④
25 ④　26 ③　27 ②　28 ③　29 ④

30 타이어식 건설기계의 종감속장치에서 열이 발생하고 있다. 그 원인으로 틀린 것은?

① 윤활유의 부족
② 오일의 오염
③ 종감속 기어의 접촉상태 불량
④ 종감속기의 플랜지부 과도한 조임

31 굴착기 동력전달계통에서 최종적으로 구동력을 증가시키는 것은 무엇인가?

① 트랙모터
② 종감속 기어
③ 스프로킷
④ 변속기

32 튜브리스 타이어의 장점이 아닌 것은?

① 펑크 수리가 간단하다.
② 못이 박혀도 공기가 잘 새지 않는다.
③ 고속 주행하여도 발열이 적다.
④ 타이어 수명이 길다.

33 타이어에 9.00-20-14PR로 표시된 경우 "20"이 의미하는 것은?

① 외경
② 내경
③ 폭
④ 높이

34 다음은 타이어의 플라이에 대한 설명이다. 틀린 것은?

① 플라이 수는 반드시 짝수로 되어 있다.
② 플라이 수는 카커스의 코드층의 수로 표시된다.
③ PR은 나일론 코드 플라이수에 상당하는 강도가 있다는 것을 뜻한다.
④ PR은 실제 플라이수와는 관계가 없다.

35 트랙의 주요 구성품이 아닌 것은?

① 스윙기어
② 핀
③ 슈판
④ 링크

36 트랙식 건설장비에서 트랙의 구성품으로 맞는 것은?

① 슈, 조인트, 실(seal), 핀, 슈볼트
② 스프로킷, 트랙롤러, 상부롤러, 아이들러
③ 슈, 스프로킷, 하부롤러, 상부롤러, 감속기
④ 슈, 슈볼트, 링크, 부싱, 핀

37 트랙 프레임 위에 한쪽만 지지하거나 양쪽을 지지하는 브래킷에 1~2개가 설치되어 트랙 아이들러와 스프로킷 사이에서 트랙이 처지는 것을 방지하는 동시에 트랙의 회전위치를 정확하게 유지하는 역할을 하는 것은?

① 브레이스
② 아우터 스프링
③ 스프로킷
④ 캐리어 롤러

38 굴착기의 트랙 전면에서 오는 충격을 완화시키기 위해 설치한 것은?

① 하부 롤러
② 프론트 롤러
③ 상부 롤러
④ 리코일 스프링

39 하부 롤러, 링크 등 트랙부품이 조기 마모되는 원인으로 가장 맞는 것은?

① 일반 객토에서 작업을 하였을 때
② 트랙 장력이 너무 헐거울 때
③ 겨울철에 작업을 하였을 때
④ 트랙 장력이 너무 팽팽했을 때

40 주행장치의 스프로킷이 이상 마멸하는 원인에 해당되는 것은?

① 작동유의 부족
② 트랙의 장력 과대
③ 라이닝의 마모
④ 과대실 마모

41 무한궤도식 건설기계에서 프론트 아이들러의 주된 역할은?

① 동력을 전달시켜 준다.
② 공회전을 방지하여 준다.
③ 트랙의 진로방향을 유도시켜 준다.
④ 트랙의 회전을 조정해 준다.

42 무한궤도식 굴착기 트랙의 조정은 어느 것으로 하는가?

① 아이들러의 이동
② 하부 롤러의 이동
③ 상부 롤러의 이동
④ 스프로킷의 이동

43 굴착기의 프론트 아이들러와 스프로킷이 일치되게 하기 위해서는 브라켓 옆에 무엇을 조정하는가?

① 시어핀
② 쐐기
③ 편심볼트
④ 심(shim)

• 2. 조향장치

01 조향장치에 요구되는 사항이 아닌 것은?

① 선회반경을 이겨 조향할 수 있는 조향력을 가질 것
② 선회시 회전각과 선회반경의 관계를 감각할 수 있을 것
③ 주행 중 노면으로부터의 충격을 운전자가 약간 느낄 수 있을 것
④ 조향기어비를 가능한 크게 하여 조향속도를 빠르게 할 것

정답
30 ④ 31 ② 32 ④ 33 ② 34 ④ 35 ① 36 ④ 37 ④ 38 ④ 39 ④
40 ② 41 ③ 42 ① 43 ④ [2. 조향장치] 01 ④

02 지게차 조향핸들에서 바퀴까지의 조작력 전달순서로 다음 중 가장 적합한 것은?

① 핸들 – 피트먼 암 – 드래그 링크 – 조향 기어 – 타이로드 – 조향암 – 바퀴
② 핸들 – 드래그 링크 – 조향 기어 – 피트먼 암 – 타이로드 – 조향암 – 바퀴
③ 핸들 – 조향암 – 조향 기어 – 드래그 링크 – 피트먼 암 – 타이로드 – 바퀴
④ 핸들 – 조향 기어 – 피트먼 암 – 드래그 링크 – 타이로드 – 조향암 – 바퀴

03 기계식 조향 장치에서 조향 기어의 구성품이 아닌 것은?

① 웜 기어　　② 섹터 기어
③ 조정 스크루　　④ 하이포이드 기어

04 일반적으로 피트먼 암은 무엇을 통하여 섹터 축에 설치되어 있는가?

① 볼트　　② 부싱
③ 스플라인　　④ 세레이션

05 앞 액슬과 너클 스핀들을 연결하는 것을 무엇이라 하는가?

① 킹핀　　② 드래그 링크
③ 타이로드　　④ 스티어링 암

06 타이어식 건설기계 장비에서 토인에 대한 설명으로 틀린 것은?

① 토인은 좌·우 앞바퀴의 간격이 앞보다 뒤가 좁은 것이다.
② 토인은 직진성을 좋게 하고 조향을 가볍도록 한다.
③ 토인은 반드시 직진상태에서 측정해야 한다.
④ 토인 조정이 잘못되면 타이어가 편마모된다.

07 정(+)의 캠버이면 바퀴의 위쪽이 어느 쪽으로 기우는가?

① 바깥으로　　② 안으로
③ 뒤로　　④ 앞으로

08 캠버가 과도할 때의 마멸상태는?

① 트레드의 한쪽 모서리가 마멸된다.
② 트레드의 중심부가 마멸된다.
③ 트레드의 전반에 걸쳐 마멸된다.
④ 트레드의 양쪽 모서리가 마멸된다.

09 앞바퀴 정렬 중 캠버의 필요성으로 가장 거리가 먼 것은?

① 앞차축의 휨을 적게 한다.
② 조향휠의 조작을 가볍게 한다.
③ 조향시 바퀴의 복원력이 발생한다.
④ 토(toe)와 관련성이 있다.

10 타이어식 굴착기가 평탄한 도로를 주행할 때는 안전성이 없다. 다음 중 가장 적당한 수정방법은?

① 캠버를 0으로 한다.　　② 토인을 조정한다.
③ 부(-)의 캐스터로 한다.　　④ 정(+)의 캐스터로 한다.

3. 제동장치

01 장비의 유압브레이크는 무슨 원리를 이용한 것인가?

① 베르누이 원리
② 아르키메데스의 원리
③ 파스칼의 원리
④ 상대성 원리

02 브레이크의 페이드(fade) 현상이란?

① 유압이 감소되는 현상
② 브레이크 오일이 회로 내에서 비등하는 현상
③ 마스터 실린더 내에서 발생하는 현상
④ 브레이크 조작을 반복할 때 마찰열의 축적으로 일어나는 현상

03 브레이크 파이프 내부에 베이퍼 록(vapor lock)이 생기는 원인은?

① 라이닝과 드럼 간극이 클 때
② 긴 내리막길에서 계속 브레이크를 사용 드럼이 과열되었을 때
③ 브레이크 라인의 과도한 냉각이 진행된 때
④ 드럼이 편마모되었을 때

04 유압브레이크 회로 내의 잔압과 관계가 없는 것은?

① 베이퍼 록을 방지한다.
② 유압회로 내에 공기가 새어드는 것을 방지한다.
③ 휠실린더에서 오일이 새는 것을 방지한다.
④ 페이드(fade) 현상이 생기는 것을 방지한다.

05 유압브레이크에서 잔압을 유지시키는 것과 가장 관계가 깊은 것은?

① 피스톤　　② 실린더
③ 체크밸브　　④ 부스터

06 배기가스의 압력차를 이용한 브레이크 형식은?

① 배기 브레이크　　② 제3 브레이크
③ 유압식 브레이크　　④ 진공식 배력장치

02 ④　03 ④　04 ④　05 ①　06 ①　07 ①　08 ①　09 ③　10 ④
[3. 제동장치] 01 ③　02 ④　03 ②　04 ④　05 ③　06 ①

07 기관의 압축압력을 이용, 제동력으로 바꾸는 제동을 무엇이라 하는가?

① 진공배력식 브레이크
② 공기 브레이크
③ 유압 브레이크
④ 엔진 브레이크

08 공기 브레이크의 장점이 아닌 것은?

① 베이퍼 록이 일어나지 않는다.
② 브레이크 페달의 조작에 큰 힘이 든다.
③ 차량의 중량이 커도 사용할 수 있다.
④ 파이프에 누설이 있을 때 유압 브레이크보다 위험도가 적다.

09 브레이크 오일의 기호와 주입하는 곳은?

① HO이며 하이드로백 실린더에 주입한다.
② HB이며 부스터에 주입한다.
③ SA이며 쇽업소버에 주입한다.
④ HB이며 마스터실린더 오일탱크에 주입한다.

10 제동계통에서 마스터실린더를 세척하는데 가장 좋은 세척액은?

① 경유
② 가솔린
③ 세척유
④ 알코올

11 브레이크 페달의 유격이 크게 되는 원인이다. 틀리는 것은?

① 브레이크 오일에 공기가 들어 있다.
② 브레이크 페달 리턴 스프링이 약하다.
③ 브레이크 라이닝이 마멸되었다.
④ 브레이크 파이프에서 오일이 많다.

12 브레이크 페달의 유격은 보통 몇 mm정도가 적당한가?

① 5~10mm
② 10~15mm
③ 15~20mm
④ 20~30mm

13 브레이크 작동시 핸들이 한쪽으로 쏠리는 원인이 아닌 것은?

① 브레이크 조정이 불량
② 타이어 공기압이 같지 않음
③ 마스터실린더의 체크밸브 작동 불량
④ 라이닝 접촉이 불량

14 브레이크 슈의 리턴스프링이 약하면 휠 실린더 내의 잔압은?

① 일정하다.
② 낮아진다.
③ 알 수 없다.
④ 높아진다.

15 브레이크 페달을 두 세번 밟아야만 제동이 될 때의 주요 고장 요인은?

① 체크밸브의 고착
② 리턴 스프링의 쇠약
③ 브레이크 파이프 내에 기포발생
④ 브레이크 오일의 과다

16 브레이크회로 내의 공기빼기 요령이다. 틀리는 것은?

① 마스터실린더에서 먼 바퀴의 휠 실린더로부터 순차적으로 공기를 뺀다.
② 브레이크 장치를 수리하였을 때 공기 빼기를 하여야 한다.
③ 베이퍼 록이 생기면 공기빼기를 한다.
④ 브레이크 페달을 밟으면서 공기빼기를 한다.

17 브레이크가 미끄러지는 원인은 어느 것인가?

① 라이닝 마모로 간격이 많기 때문
② 부하가 크기 때문
③ 라이닝 간격이 적기 때문
④ 부하가 적기 때문

18 브레이크가 잘 작용되지 않고 페달을 밟는데 힘이 드는 원인이 아닌 것은?

① 피스톤 로드의 조정이 불량하다.
② 타이어의 공기압의 고르지 못하다.
③ 라이닝에 오일이 묻어 있다.
④ 라이닝의 간극 조정이 불량하다.

19 제동장치에서 브레이크 드럼이 갖추어야 할 조건과 관계가 없는 것은?

① 무거워야 한다.
② 방열이 잘 되어야 한다.
③ 강성과 내마모성이 있어야 한다.
④ 정적 · 동적 평형이 잡혀 있어야 한다.

20 브레이크드럼을 드럼의 바깥 둘레에서 잡게 되어 있는 브레이크의 형식은?

① 내부확장식
② 디스크 브레이크
③ 외부수축식
④ 드럼 브레이크

정답 07 ④ 08 ② 09 ④ 10 ④ 11 ② 12 ④ 13 ③ 14 ② 15 ③ 16 ③ 17 ① 18 ② 19 ① 20 ③

제4장
유압장치

제1절_ 유압의 기초
제2절_ 유압기기 및 회로
유압장치 출제예상문제

제1절
유압의 기초
: the Basic of Oil Pressure

유압장치

01 유압 일반

(1) 유압장치의 필요성

1) 유체의 성질

① 파스칼의 원리

밀폐된 용기 중에 액체를 충만시키고 상부로부터 힘 F를 가할 때 피스톤의 단면적을 A라고 하면, 액체에 가해지는 압력은 $P = \dfrac{F}{A}$이다.

② 압력의 단위

㉮ 1 atm(표준기압) = 760mmHg = 1.01325bar = 1.0332kgf/cm² = 1013.25mbar

㉯ 1at(공학기압) = 1kgf/cm² = 0.9678atm = 0.980665bar

2) 유압 장치의 특징

① 유압 장치의 장점

㉮ 적은 동력을 이용하여 큰 힘을 얻는다.

㉯ 과부하의 염려가 없다.

㉰ 속도조절이 용이하며 무단변속이 가능하다.

㉱ 부하의 변동에 대해 안정하다.

㉲ 동력전달을 원활히 할 수 있다.

② 유압장치의 결점

㉮ 오일누설의 염려가 있다.

㉯ 화재의 위험이 있다.

㉰ 온도변화에 의해 영향을 받기 쉽다.

㉱ 배관작업이 번잡하다.

㉲ 공기가 혼입되기 쉽다.

(2) 유압유(작동유)

1) 유압유의 필요성과 역할

① 작동유의 구비조건

㉮ 넓은 온도 범위에서 점도의 변화가 적어야 한다.

㉯ 점도 지수가 높아야 한다.

㉰ 산화에 대한 안정성이 있어야 한다.

㉱ 윤활성과 방청성이 있어야 한다.

㉲ 착화점이 높고 내부식성이어야 한다.

㉳ 적당한 점도, 즉 유동성을 가지고 있어야 한다.

㉴ 유막 끊임이 일어나기 어려워야 한다.

㉵ 물리적, 화학적인 변화가 없고 비압축성이어야 한다.

㉶ 유압 장치에 사용되는 재료에 대하여 불활성이어야 한다.

㉷ 거품이 적고 실(seal) 재료와의 적합성이 좋아야 한다.

㉸ 물, 쓰레기 등의 불순물을 신속하게 분리할 수 있는 성질을 가져야 한다.

② 유압 회로 내의 공기 영향

㉮ 실린더 숨돌리기 현상이 생긴다.

㉯ 유압유의 열화촉진이 된다.

㉰ 공동현상으로 소음발생, 온도상승, 포화상태가 된다.

③ 캐비테이션 현상(공동현상)이 발생되었을 때의 영향

㉮ 체적 효율이 저하된다.

㉯ 소음과 진동이 발생된다.

㉰ 저압부의 기포가 과포화 상태가 된다.

㉱ 기관 내에서 부분적으로 매우 높은 압력이 발생된다.

㉲ 급한 압력파가 형성된다.

㉳ 액추에이터의 효율이 저하된다.

2) 유압 작동유의 종류

① 석유계 유압유 : 윤활성과 방청성이 우수하여 일반 유압유로 많이 사용한다.

② 난연성 유압유

㉮ 물-글리콜계 : 물과 글리콜이 주성분이다.

㉯ 유화계 : 석유계 유압유에 유하제에 의해 물이 혼합된다.

㉰ 인산에스테르계 : 화학적으로 합성되었으며 패킹 및 호스를 침식한다.

3) 유압유의 온도와 사용상 주의할 점

① 현장에서 오일의 열화를 찾아내는 방법

㉮ 유압유 색깔의 변화나 수분 및 침전물의 유무 확인

㉯ 유압유를 흔들었을 때 거품의 발생 유무 확인

㉰ 유압유에서 자극적인 악취의 발생 유무 확인

㉱ 유압유의 외관으로 판정 : 색채, 냄새, 점도

② 유압유의 온도가 상승(과열)하는 원인

㉮ 펌프의 효율이 불량할 때

㉯ 유압유의 노화가 있을 때

㉰ 오일 냉각기의 성능이 불량할 때

㉱ 탱크 내에 유압유가 부족할 때

㉲ 유압유의 점도가 불량할 때

㉳ 안전 밸브의 작동 압력이 너무 낮을 때

㉴ 높은 열을 갖는 물체에 유압유가 접촉될 때

㉵ 과부하로 연속 작업을 할 때

㉶ 유압유에 캐비테이션(공동현상)이 발생할 때

㉷ 유압 회로에서 유압 손실이 클 때

③ 유압유 오염의 원인

㉮ 각종 부품의 마찰에 의해 마모된 쇳조각과 작업 시 실린더로 유입된 미세 먼지

㉯ 혹한기 작동유의 급격한 온도 변화로 인한 열화 및 노화로 화학적 성질 변화

㉰ 작동유의 온도 변화로 공기와 함께 흡입된 수분과 유압유 탱크 내의 수분 유입

02 유압기호 및 용어

(1) 유압·공기압 기호(KS B0054-1987)

명 칭	기 호	용 도	명 칭	기 호	용 도
선 실선	———	• 주관로 • 파일럿 밸브에의 공급관로 • 전기신호선	곡선		회전운동
파선	- - - - -	• 파일럿 조작관로 • 드레인관로 • 필터 • 밸브의 과도위치	사선		가변조작 또는 조정수단
			기타		전기
1점쇄선	—·—·—	• 포위선			온도지시 또는 온도조정
정삼각형 흑	▶	유압			원동기
백	▷	공기압 또는 기타의 기체압			스프링 교축

명 칭	기 호	명 칭	기 호
인력조작	※	당김버튼	※
누름버튼	※	누름·당김 버튼	※
레버	※	기름탱크 (밀폐식)	
페달	※	전동기	M
2방향페달	※	원동기	M
롤러		어큐뮬레이터	
회전형전기 액추에이터	M	보조 가스용기	
펌프 및 모터	유압펌프 공기모터	공기탱크	
유압펌프		래치	※
정용량형 모터		유압모터 (가변용량형)	
기름탱크 (통기식)		공기업모터	
압력 계측기 압력 표시기	※	온도계	
압력계	※	단동 실린더	[상세 기호] [간략 기호]
차압계	※	복동 실린더	[상세 기호] [간략 기호]
유면계	※		

명 칭	기 호	명 칭	기 호
릴리프 밸브		필터	
시퀀스 밸브			※
무부하 밸브		드레인 배출기	※ 수동 배출 ※ 자동 배출
감압 밸브		드레인 배출기 붙이 필터	수동 배출 자동 배출
체크밸브		가열기	
카운터 밸런스 밸브		온도조절기	
		압력스위치	
교축밸브 가변 교축밸브	상세기호 간략기호		
스톱밸브			

(2) 유압 관계 용어

용어	용어의 뜻
감압 밸브	유량 또는 입구쪽 압력에 관계없이 출력쪽 압력을 입구쪽 압력보다 작은 설정 압력으로 조정하는 압력 제어 밸브
난연성 유압유	잘 타지 않아서 화재의 위험을 최대한 예방하는 것. 물-글리콜계, 인산에스테르계, 염소화탄화수소계, 지방산
디셀러레이션 밸브	작동기를 감속 또는 증속시키기 위하여 캠 조작 등으로 유량을 서서히 변화시키는 밸브
드레인	기기의 통로나 관로에서 탱크나 매니폴드 등으로 돌아오는 액체 또는 액체가 돌아오는 현상
릴리프 밸브	회로의 압력이 밸브의 설정값에 달하였을 때 유체의 일부를 빼돌려서 회로내의 압력을 설정값으로 유지시키는 압력 제어 밸브
블리드오프방식	액추에이터로 흐르는 유량의 일부를 탱크로 분리함으로써 작동 속도를 조절하는 방식
시퀀스 밸브	2개 이상의 분기 회로를 갖는 회로 내에서 그의 작동순서를 회로의 압력 등에 의하여 제어하는 밸브
스로틀 밸브	조임 작용에 따라서 유량을 규제하는 밸브. 보통 압력 보상이 없는 것을 말한다.
어큐뮬레이터	작용유를 가압 상태에서 저장하는 용기(압축기)
액추에이터	유압을 기계적으로 변화시키는 작동기(예: 유압 실린더, 유압 모터)
유량조정 밸브	배압 또는 부압에 의하여 생긴 압력의 변화에 관계없이 유량을 설정된 값으로 유지시켜 주는 유량 제어 밸브
언로더 밸브	일정한 조건으로 펌프를 무부하로 하여 주기 위하여 사용되는 밸브. 보기를 들면 계통의 압력이 설정의 값에 달하면 펌프를 무부하로 하고, 또한 계통 압력이 설정값까지 저하되면 다시 계통으로 압력 유체를 공급하여 주는 압력 제어 밸브
압력제어 밸브	압력을 제어하는 밸브의 총칭
안전 밸브	기기나 관 등의 파괴를 방지하기 위하여 회로의 최고압력을 한정시키는 밸브
체크밸브	한쪽 방향으로만 흐름을 허용하는 밸브
캐비테이션	유압이 진공에 가깝게 되어 기포가 생기며, 이것이 파괴되어 국부적 고압이나 소음을 발생시키는 현상
컷오프	펌프 출구측 압력이 설정압력에 가깝게 되었을 때 가변 토출량 제어가 작용하여 유량을 감소시키는 것

제 2절
유압 기기 및 회로
: Oil pressure machine & Circuit

유압장치

01 유압 회로

(1) 회로의 원리와 회로도

1) 회로의 원리

유압유에 압력을 가해 압력을 만들거나 압력유가 지닌 에너지를 변화시키기 위해서는 여러 가지의 기기와 그들이 배관에 의해 연결되는 장치가 필요하다. 이를 유압 회로라고 하고 기관이나 모터에 의해 작동되는 펌프가 있어야 한다.

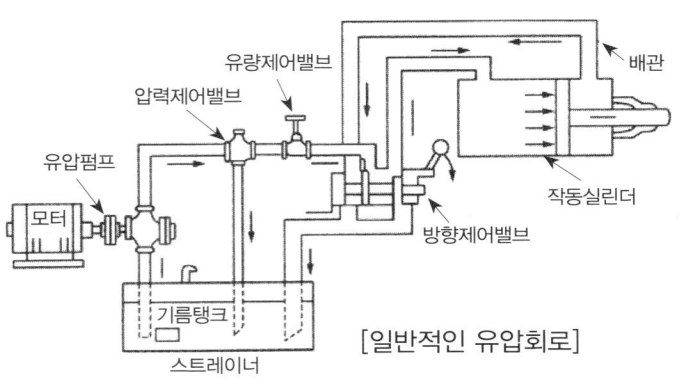

[일반적인 유압회로]

2) 회로도

① 단면 회로도 : 기기와 관로를 단면도로 나타낸 회로도로서 기기의 작동을 설명하는데 편리하다.

② 회식(외관) 회로도 : 기기의 외형도를 배치한 회로도로서 견적도, 승인도 등 상용(商用)에 널리 사용되었다.

③ 기호 회로도 : 유압기기의 제어와 기능을 간단히 표시할 수 있으며 배관이나 회로, 설계, 제작, 판매 등에 편리하다.

(a) 단면 회로도　(b) 회식(외관) 회로도　(c) 기호 회로도

[유압 회로도]

(2) 유압 기본 회로

1) 압력 설정 회로

모든 유압 회로의 기본이며 회로 내의 압력이 설정 압력 이상시는 릴리프 밸브가 열려 탱크로 귀환시키는 회로로서 안전측면에서도 필수적인 회로이다.

2) 무부하 회로

회로에서 어떤 일을 하지 않을 때 작동유를 탱크로 귀환시켜 펌프를 무부하로 만드는 회로를 말한다.

(3) 기능별 유압 회로

1) 압력제어 회로

회로의 최고압을 제어하든가 또는 회로의 일부 압력을 감압해서 작동 목적에 알맞은 압력을 얻는 회로이다. 즉, 일의 크기를 결정한다.

2) 속도제어 회로

① 미터인 회로(meter in circuit) : 이 회로는 유량제어 밸브를 실린더의 입구측에 설치한 회로로서, 이 밸브가 압력 보상형이면 실린더 속도는 펌프 송출량에 무관하고 일정하다.

② 미터아웃 회로(Meter Out Circuit) : 이 회로는 유량제어 밸브를 실린더의 출구측에 설치한 회로로서 실린더에서 유출되는 유량을 제어하여 피스톤 속도를 제어하는 회로이다. 이 경우 펌프의 송출압력은 유량제어 밸브에 의한 배압과 부하저항에 따라 정해진다.

③ 블리드오프 회로(Bleed Off Circuit) : 이 회로는 실린더 입구의 분기 회로에 유량제어 밸브를 설치하여 실린더 입구측의 불필요한 압유를 배출시켜 작동 효율을 증진시킨 회로이다.

[미터인 회로]　[미터인 회로(왕복행정제어)]

3) 방향제어 회로

방향제어 회로는 일반적으로 압유의 흐름 방향을 제어하는 조작 끝의 회로로서 실린더나 피스톤을 임의 위치에서 고정하는 로킹 회로나 압력 스위치의 리밋 스위치 등을 사용하여 방향전환 밸브 등을 조작하는 회로를 말한다.

02 유압 기기

(1) 유압유 탱크

유압유 탱크는 오일을 회로 내에 공급하거나 되돌아오는 오일을 저장하는 용기를 말하며 개방형식과 가압식(예압식)이 있다. 개방형은 탱크 안의 공기가 통기용 필터를 통해 대기와 연결되어 있는 상태로 탱크의 오일이 자유표면을 유지하기 때문에 압력의 상승이나 저하를 피할 수 있는 형식이며, 예압형은 탱크 안이 완전히 밀폐되어 압축공기나 또는 그 밖의 방법으로 언제나 일정한 압력을 가하는 형식으로 캐비테이션이나 기포발생을 막을 수 있다.

1) 탱크의 역할
① 유압 회로 내의 필요한 유량 확보
② 오일의 기포발생 방지와 기포의 소멸
③ 작동유의 온도를 적정하게 유지

2) 유압 탱크와 구비조건
① 유면은 적정위치 "F"에 가깝게 유지하여야 한다.
② 정상적인 작동에서 발생한 열을 발산할 수 있어야 한다.
③ 공기 및 이물질을 오일로부터 분리할 수 있는 구조여야 한다.
④ 배유구와 유면계가 설치되어 있어야 한다.
⑤ 흡입관과 복귀관(리턴 파이프) 사이에 격판이 설치되어 있어야 한다.
⑥ 흡입 오일을 여과시키기 위한 스트레이너가 설치되어야 한다.
⑦ 탱크의 크기는 중력에 의하여 복귀하는 유압장치 내의 모든 작동유를 받아들일 수 있는 크기로 하여야 한다.(일반적으로 유압 토출량의 2~3배)

3) 탱크에 수분이 혼입되었을 때의 영향
① 공동 현상이 발생된다.
② 작동유의 열화가 촉진된다.
③ 유압 기기의 마모를 촉진시킨다.

(2) 유압 펌프

유압 펌프는 기관의 앞이나 플라이휠 및 변속기 부축에 연결되어 작동되며, 기계적 에너지를 받아서 압력을 가진 오일의 유체 에너지로 변환작용을 하는 유압 발생원으로서의 중요한 요소이다. 작업 중 큰 부하가 걸려도 토출량의 변화가 적고, 유압토출시 맥동이 적은 성능이 요구된다.

[참고] 토출량(배출량) : 펌프 1회전당 배출량은 유량(ℓ/rev 또는 cc/rev)으로 표시하거나, 분당 토출하는 유량(ℓ/min)으로 표시한다.

1) 기어 펌프(Gear Pump)의 특징
① 구조가 간단하다.
② 다루기 쉽고 가격이 저렴하다.
③ 오일의 오염에 비교적 강한 편이다.
④ 펌프의 효율은 피스톤 펌프에 비하여 떨어진다.
⑤ 가변 용량형으로 만들기가 곤란하다.
⑥ 흡입 능력이 가장 크다.

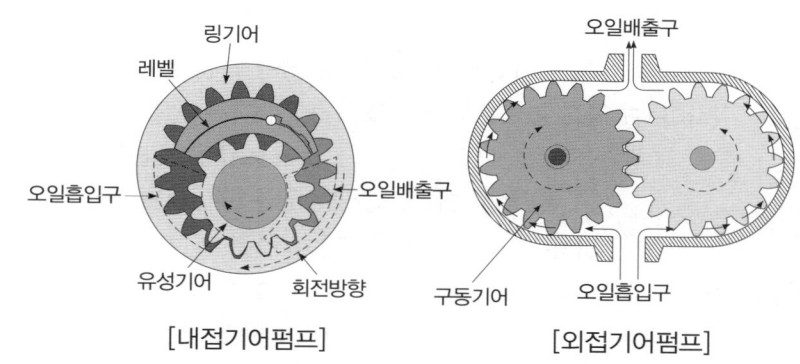

[내접기어펌프]　　　[외접기어펌프]

2) 베인 펌프(Vane Pump)의 특징
① 토출량은 이론적으로 회전속도에 비례하지만 내부 누출이 압력 및 작동유의 절대 점도의 역수에 거의 비례해서 늘어나므로 그 분량만큼 토출량은 감소한다.
② 내부 섭동 부분의 마찰에 의한 토크 손실에 의해 필요동력이 그 분량만큼 증대한다.
③ 토출 압력의 맥동이 적다.
④ 보수가 용이하다.
⑤ 운전음이 낮다.

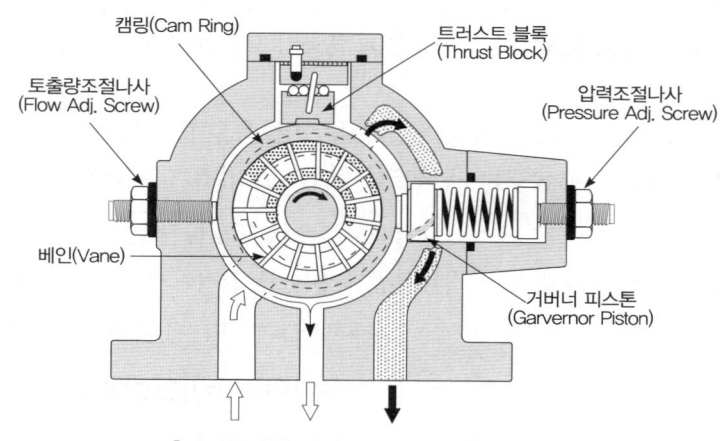

[가변용량형 베인 펌프의 작용]

3) 플런저 펌프(Plunger Pump)의 특성
① 고압에 적합하며 펌프 효율이 가장 높다.
② 가변 용량형에 적합하며, 각종 토출량 제어장치가 있어서 목적 및 용도에 따라 조정할 수 있다.
③ 구조가 복잡하고 비싸다.
④ 오일의 오염에 극히 민감하다.
⑤ 흡입능력이 가장 낮다.

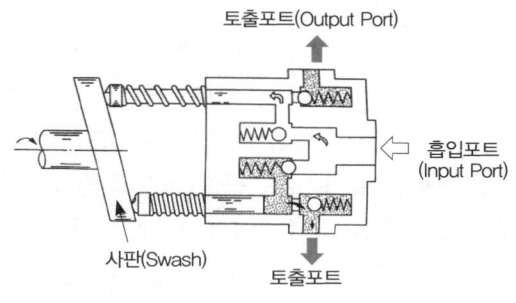

[사판식 플런저 펌프]

4) 나사 펌프(Screw Pump)의 특징
① 한 쌍의 나사 달린 축의 나사부 외주가 상대 나사바닥에 접촉되어 작동된다.
② 연속적인 펌프 작용이 된다.
③ 토출량이 고르다.

5) 유압 펌프의 비교

구분	기어 펌프	베인 펌프	플런저 펌프
구조	간단하다	간단하다	가변 용량이 가능
최고 압력(kgf/㎠)	140~210	140~175	150~350
최고 회전수(rpm)	2,000~3,000	2,000~2,700	1,000~5,000
럼프의 효율(%)	80~88	80~88	90~95
소음	중간 정도	적다	크다
자체 흡입 성능	우수	보통	약간 나쁘다
수명	중간 정도	중간 정도	같다

(3) 유압제어 밸브

1) 압력제어 밸브(Pressure Control Valve, 일의 크기 제어)

① 릴리프 밸브(Relief Valve)

유압 펌프와 제어 밸브 사이에 설치되어 회로 내의 압력을 규정값으로 유지시키는 역할 즉, 유압장치 내의 압력을 일정하게 유지하고 최고 압력을 제어하여 회로를 보호한다.

[참고] 채터링
릴리프 밸브 등에서 스프링의 장력이 약해 밸브 시트를 때려 비교적 높은 소음을 내는 진동을 채터링이라 한다.

② 리듀싱 밸브(감압 밸브, Reducing Valve) : 유량이나 1차측의 압력과 관계없이 분기회로에서 2차측 압력을 설정값으로 감압하여 사용하는 제어 밸브이다.

③ 시퀀스 밸브(Sequence Valve) : 2개 이상의 분기 회로에서 유압 회로의 압력에 의하여 작동 순서를 제어하는 역할을 한다.

④ 언로더 밸브(Unloader Valve) : 유압 회로 내의 압력이 규정 압력에 도달하면 펌프에서 송출되는 모든 유량을 탱크로 리턴시켜 유압 펌프를 무부하가 되도록 하는 역할을 한다.

⑤ 카운터 밸런스 밸브(Counter Balance Valve) : 유압 실린더 등이 자유 낙하되는 것을 방지하기 위하여 배압을 유지시키는 역할을 한다.

2) 유량제어 밸브(Flow Control Valve, 일의 속도 제어)

① 교축 밸브 : 밸브 내 오일 통로의 단면적을 외부로부터 변환하여 점도가 달라져도 유량이 변화되지 않도록 설치한 밸브이다.

② 압력 보상 유량제어 밸브 : 밸브의 입구와 출구의 압력차가 변하여도 조정 유량은 변하지 않도록 보상 피스톤 출입구의 압력 변화를 민감하게 감지하여 미세한 운동으로 유량을 조정한다.

③ 디바이더 밸브(분류 밸브) : 디바이더 밸브는 2개의 액추에이터에 동등한 유량을 분배하여 그 속도를 제어하는 역할을 한다.

④ 슬로 리턴 밸브 : 붐 또는 암이 자중에 의한 영향을 받지 않도록 하강 속도를 제어하는 역할을 한다.

3) 특수 밸브

① 압력 온도 보상 유량제어 밸브 : 압력 보상 유량제어 밸브와 방향 밸브를 조합한 것으로 변환 레버의 경사각에 따라 유량이 조정되며, 중립에서는 전량이 유출된다.

② 리모트 컨트롤 밸브(원격 조작 밸브) : 대형 건설기계에서 간편하게 조작하도록 설계된 밸브로 2차 압력을 제어하는 여러 개의 감압 밸브가 1개의 케이스에 내장된 것으로 360°의 범위에서 임의의 방향으로 경사시켜 동시에 2개의 2차 압력을 별도로 제어할 수 있다.

③ 메이크업 밸브 : 체크밸브와 같은 작동으로 유압 실린더 내의 진공이 형성되는 것을 방지하기 위하여 유압 실린더에 부족한 오일을 공급하는 역할을 한다.

4) 방향제어 밸브(Directional Control Valve)

① 체크밸브(Check valve) : 작동유의 흐름을 한쪽 방향으로만 흐르도록 하고 역류를 방지하는 역할을 한다.

② 스풀 밸브(Spool Valve) : 하나의 밸브 보디 외부에 여러 개의 홈이 있는 밸브로 축방향으로 이동하여 작동유의 흐름 방향을 변환시키는 역할을 한다.

③ 디셀러레이션 밸브(감속 밸브, Deceleration Valve) : 유압 모터, 유압 실린더의 운동 위치에 따라 캠에 의해서 작동되어 회로를 개폐시켜 속도와 방향을 변환시키는 역할을 한다.

(4) 액추에이터(Actuator)

1) 유압 실린더(Hydraulic Cylinder)

유압 실린더는 유압 펌프에서 공급되는 유압에 의해서 직선 왕복 운동으로 변환시키는 역할을 한다.

① 단동(單動) 실린더 : 유압 펌프에서 피스톤의 한쪽에만 유압이 공급되어 작동하고 리턴은 자중 또는 외력에 의해서 이루어진다.

② 복동(復動) 실린더 : 유압 펌프에서 피스톤의 양쪽에 유압이 공급되어 작동되는 실린더로 건설기계에서 가장 많이 사용되고 있다.

2) 유압 모터(Hydraulic Motor)

① 기어형 모터

㉮ 구조가 간단하고 저렴하며, 작동유의 공급 위치를 변화시키면 정방향의 회전이나 역방향의 회전이 자유롭다.

㉯ 모터의 효율은 70~90% 정도이다.

② 베인형 모터

㉮ 정용량형 모터로 캠링에 날개가 밀착되도록 하여 작동되며, 무단 변속기로 내구력이 크다.

㉯ 모터의 효율은 95% 정도이다.

③ 레이디얼 플런저 모터

㉮ 플런저가 회전축에 대하여 직각 방사형으로 배열되어 있는 모터로 굴착기의 스윙 모터로 사용된다.

㉯ 모터의 효율은 95~98% 정도이다.

④ 액시얼 플런저 모터

㉮ 플런저가 회전축 방향으로 배열되어 있는 모터이다.

㉯ 모터의 효율은 95~98% 정도이다.

(5) 어큐뮬레이터

어큐뮬레이터(Accumulator, 축압기)는 유체 에너지를 일시 저장하여 주는 것으로 용기 내에 고압유를 압입한 것이다. 고압유를 저장하는 방법에 따라 중량에 의한 것, 스프링에 의한 것, 공기나 질소가스 등의 기체 압축성을 이용한 것이 있다.

1) 어큐뮬레이터의 용도
① 대유량의 작동유를 순간적으로 공급한다.
② 유압 펌프의 맥동을 제거한다.
③ 충격 압력을 흡수한다.
④ 압력을 보상해 준다.

2) 어큐뮬레이터의 종류(가스 오일식)
① 피스톤형 : 실린더 내의 피스톤으로 기체실과 유체실을 구분한다.
② 블래더형(고무 주머니형) : 본체 내부에 고무 주머니가 있어 기체실과 유체실을 구분한다.
③ 다이어프램형 : 본체 내부에 고무와 가죽의 막이 있어 기체실과 유체실을 구분한다.

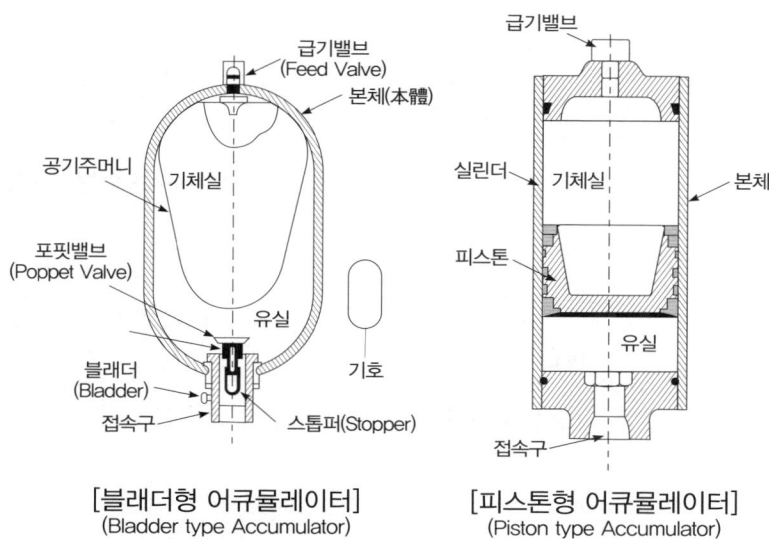

[블래더형 어큐뮬레이터]   [피스톤형 어큐뮬레이터]
(Bladder type Accumulator)   (Piston type Accumulator)

(6) 부속기기

1) 여과기
① 흡입 스트레이너 : 유압 탱크에서 비교적 큰 불순물을 제거한다.
② 필터 : 배관과 복귀 및 바이패스 회로의 미세한 불순물을 제거한다.

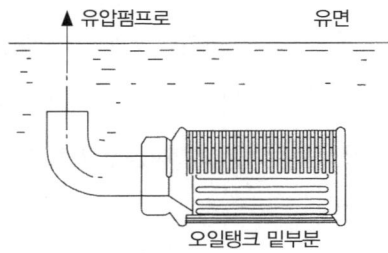

[스트레이너(Strainer)의 구조]

2) 오일 냉각기
공랭식과 수랭식으로 작동유를 냉각시키며 일정 유온을 유지토록 한다.

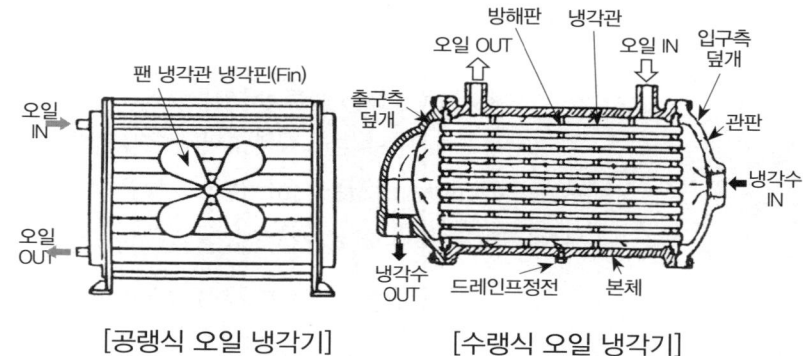

[공랭식 오일 냉각기]   [수랭식 오일 냉각기]

3) 배관의 구분과 이음
강관, 고무 호스, 이음으로 구성되어 각 유압기기를 연결하여 회로를 구성한다.

① 강관 : 금속관에는 강관, 스테인리스강관, 알루미늄관, 구리관 등이 있으며 주로 강관이 사용되고 일반적으로는 저압($100kg/cm^2$ 이하), 중압($100kg/cm^2$ 정도), 고압($100kg/cm^2$ 이상)의 압력단계로 분류된다.

② 고무호스 : 건설기계에 사용되는 고무 호스는 합성고무로 만든 플렉시블 호스이며 금속관으로는 배관이 어려운 개소나, 장치부 상대위치가 변하는 경우 및 진동의 영향을 방지하고자 할 경우에 사용된다.

③ 이음
㉮ 나사 이음(Screw Joint) : 유압이 $70kg/cm^2$ 이하인 저압용으로 사용된다.
㉯ 용접 이음(Welded Joint) : 고압용의 관로용으로 사용된다.
㉰ 플랜지 이음(Flange Joint) : 고압이나 저압에 상관없이 직경이 큰 관의 관로용으로서 확실한 작업을 할 수 있다.
㉱ 플레어 이음(Flare Joint)

4) 오일 실(패킹)
① 구비 조건
㉮ 압력에 대한 저항력이 클 것
㉯ 작동면에 대한 내열성이 클 것
㉰ 작동면에 대한 내마멸성이 클 것
㉱ 정밀 가공된 금속면을 손상시키지 않을 것
㉲ 작동 부품에 걸리는 일이 없이 잘 끼워질 것
㉳ 피로 강도가 클 것

② 실(Seal)의 종류
㉮ 성형패킹(Forming Packing)
㉯ 메커니컬 실(Mechanical Seal)
㉰ O링(O-Ring)
㉱ 오일 실(Oil Seal)

유압장치 출제예상문제

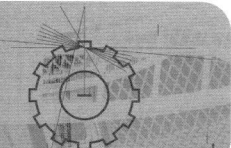

1. 유압의 기초

01 밀폐된 용기 내의 액체 일부에 가해진 압력은 어떻게 전달되나?

① 유체의 압력이 돌출 부분에서 더 세게 작용된다.
② 유체 각 부분에 다르게 전달된다.
③ 유체의 압력이 홈부분에서 더 세게 작용된다.
④ 유체 각 부분에 동시에 같은 크기로 전달된다.

02 밀폐된 용기 중에 채워진 비압축성 유체의 일부에 가해진 압력이 유체의 모든 부분에 그대로의 세기로 전달되는 원리는?

① 파스칼의 원리
② 베르누이의 원리
③ 보일샬의 원리
④ 아르키메데스의 원리

03 유압 시스템에서 오일 제어 기능이 아닌 것은?

① 유온 제어
② 유량 제어
③ 방향 제어
④ 압력 제어

04 압력의 단위가 아닌 것은?

① psi
② kgf/cm²
③ N · m
④ kPa

05 오리피스가 설치된 다음 그림에서 압력에 대한 설명으로 맞는 것은?

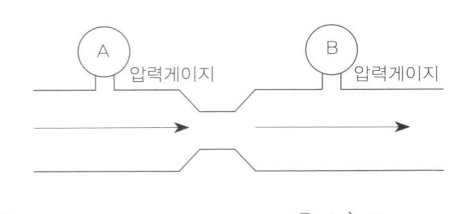

① A = B
② A 〉 B
③ A 〈 B
④ A와 B는 무관

해설 베르누이의 정리를 이용한 것으로 A실의 압력이 B실의 압력보다 높다.

06 압력의 단위가 아닌 것은?

① GPM
② bar
③ kgf/cm²
④ psi

해설 GPM이란 계통 내에서 이동되는 유체의 양을 표시할 때 사용하는 단위이다.

07 유압장치 내에 국부적인 높은 압력과 소음 · 진동이 발생하는 현상은?

① 채터링
② 오버 랩
③ 캐비테이션
④ 하이드로 록킹

08 유압 회로 내에 공동현상이 생길 때 어떻게 하는가?

① 유압장치의 오일온도를 높여준다.
② 유압장치의 압력변화를 없게 한다.
③ 유압장치를 과포화 상태로 한다.
④ 유압장치의 압력을 높여준다.

09 유압 회로 내에 잔압을 설정해 두는 이유로 가장 적절한 것은?

① 제동 해제 방지
② 유로 파손 방지
③ 오일 산화 방지
④ 작동 지연 방지

10 유압 작동유가 갖추어야 할 성질이 아닌 것은?

① 온도에 의한 점도 변화가 적을 것
② 거품이 적을 것
③ 방청, 방식성이 있을 것
④ 물, 먼지 등의 불순물과 혼합이 잘 될 것

11 유압라인에서 압력에 영향을 주는 요소로 가장 관계가 적은 것은?

① 유체의 흐름량
② 유체의 점도
③ 관로 직경의 크기
④ 관로의 좌 · 우 방향

12 유압유의 취급에 대한 설명으로 틀린 것은?

① 오일의 선택은 운전자가 경험에 따라 임의 선택한다.
② 유량은 알맞게 하고 부족 시 보충한다.
③ 오염, 노화된 오일은 교환한다.
④ 먼지, 모래, 수분에 의한 오염방지 대책을 세운다.

13 작동유에 대한 설명으로 틀린 것은?

① 마찰부분의 윤활작용 및 냉각작용도 한다.
② 공기가 혼입되면 유압기기의 성능은 저하된다.
③ 점도지수가 낮을수록 좋다.
④ 점도는 압력 손실에 영향을 미친다.

[1. 유압의 기초] 01 ④ 02 ① 03 ① 04 ③ 05 ② 06 ① 07 ③
08 ② 09 ④ 10 ④ 11 ④ 12 ① 13 ③

14 유압 작동유의 주요 기능이 아닌 것은?

① 윤활 작용 ② 냉각 작용
③ 압축 작용 ④ 동력전달 작용

15 윤활유의 점도지수가 클수록 온도변화에 대한 점도변화는?

① 크다.
② 작다.
③ 불변이다.
④ 점도 변화와 점도지수는 무관하다.

16 유압오일에서 온도에 따른 점도변화 정도를 표시하는 것은?

① 윤활성 ② 점도
③ 점도 지수 ④ 점도 분포

17 유압유의 첨가제가 아닌 것은?

① 소포제 ② 유동점 강하제
③ 산화 방지제 ④ 점도지수 방지제

18 현장에서 오일의 오염도 판정 방법 중 가열한 철판 위에 오일을 떨어뜨리는 방법은 오일의 무엇을 판정하기 위한 방법인가?

① 산성도
② 수분 함유
③ 오일의 열화
④ 먼지나 이물질 함유

19 유압 작동유에 수분이 미치는 영향이 아닌 것은?

① 작동유의 윤활성을 저하시킨다.
② 작동유의 방청성을 저하시킨다.
③ 작동유의 내마모성을 향상시킨다.
④ 작동유의 산화와 열화를 촉진시킨다.

20 유압유의 점도를 틀리게 설명한 것은?

① 온도가 상승하면 점도는 저하된다.
② 점성의 정도를 나타내는 척도이다.
③ 온도가 내려가면 점도는 높아진다.
④ 점성계수를 밀도로 나눈 값이다.

21 유압유에 점도가 서로 다른 2종류의 오일을 혼합하였을 경우 설명으로 맞는 것은?

① 오일첨가제의 좋은 부분만 작동하므로 오히려 더욱 좋다.
② 점도가 달라지나 사용에는 전혀 지장이 없다.
③ 혼합하여도 전혀 지장이 없다.
④ 열화 현상을 촉진시킨다.

22 다음 [보기] 항에서 유압계통에 사용되는 오일의 점도가 너무 낮을 경우 나타날 수 있는 현상으로 모두 맞는 것은?

[보기]
ㄱ. 펌프 효율 저하
ㄴ. 실린더 및 컨트롤 밸브에서 누출 현상
ㄷ. 계통(회로) 내의 압력저하
ㄹ. 시동시 저항 증가

① ㄱ, ㄴ, ㄷ ② ㄱ, ㄴ, ㄹ
③ ㄴ, ㄷ, ㄹ ④ ㄱ, ㄷ, ㄹ

23 현장에서 오일의 열화를 찾아내는 방법이 아닌 것은?

① 색깔의 변화나 수분, 침전물의 유무 확인
② 흔들었을 때 생기는 거품이 없어지는 양상 확인
③ 자극적인 악취의 유무 확인
④ 오일을 가열했을 때 냉각되는 시간 확인

24 유압장치의 부품을 교환한 후 다음 중 가장 우선 시행하여야 할 작업은?

① 최대부하 상태의 운전
② 유압을 점검
③ 유압장치의 공기빼기
④ 유압 오일쿨러 청소

25 유압 회로에서 작동유의 정상온도는?

① 10~20℃ ② 60~80℃
③ 112~115℃ ④ 125~140℃

26 오일 탱크 내 오일의 적정온도 범위는?

① 10~20℃
② 30~50℃
③ 80~110℃
④ 100~150℃

27 유압장치 작동 중 과열이 발생할 때의 원인으로 가장 적절한 것은?

① 오일의 양이 부족하다.
② 오일 펌프의 속도가 느리다.
③ 오일 압력이 낮다.
④ 오일의 증기압이 낮다.

14 ③ 15 ② 16 ③ 17 ④ 18 ② 19 ③ 20 ④ 21 ④ 22 ① 23 ④
24 ③ 25 ② 26 ② 27 ①

28 그림의 유압 기호는 무엇을 표시하는가?

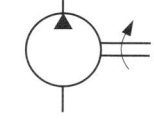

① 오일 쿨러　　　　　② 유압 탱크
③ 유압 펌프　　　　　④ 유압 모터

29 그림에서 체크밸브를 나타낸 것은?

30 정용량형 유압 펌프의 기호는?

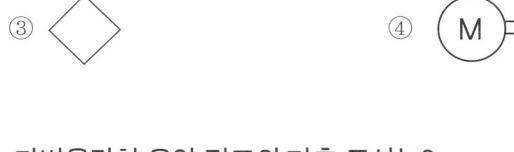

31 가변용량형 유압 펌프의 기호 표시는?

32 방향전환 밸브의 조작방식에서 솔레노이드 조작 기호는?

33 복동 실린더 양로드형을 나타내는 유압 기호는?

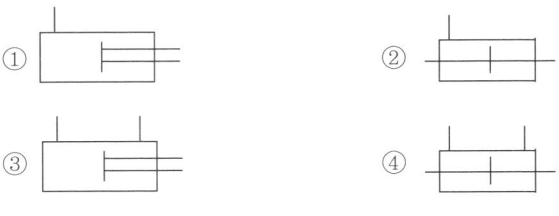

34 다음 그림에서 일반적으로 사용하는 유압 기호로 맞는 것은?

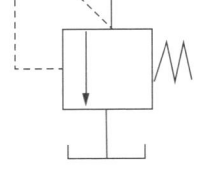

① 체크 밸브　　　　　② 시퀀스 밸브
③ 릴리프 밸브　　　　④ 리듀싱 밸브

---

2. 유압기기 및 회로

01 유압장치에서 오일탱크의 구비 요건이 아닌 것은?

① 유면은 적정위치 "F"에 가깝게 유지하여야 한다.
② 발생한 열을 발산할 수 있어야 한다.
③ 공기 및 이물질을 오일로부터 분리할 수 있어야 한다.
④ 탱크의 크기는 정지할 때 되돌아오는 오일량의 용량과 동일하게 한다.

02 다음 보기 중 유압 오일탱크의 기능으로 모두 맞는 것은?

> ㄱ. 계통 내의 필요한 유량 확보
> ㄴ. 격판에 의한 기포 분리 및 제거
> ㄷ. 계통 내의 필요한 압력 설정
> ㄹ. 스트레이너 설치로 회로 내 불순물 혼입 방지

① ㄱ, ㄴ, ㄷ　　　　　② ㄱ, ㄴ, ㄹ
③ ㄴ, ㄷ, ㄹ　　　　　④ ㄱ, ㄷ, ㄹ

03 오일탱크 내의 오일을 전부 배출시킬 때 사용하는 것은?

① 리턴 라인　　　　　② 어큐뮬레이터
③ 배플　　　　　　　　④ 드레인 플러그

04 일반적인 오일 탱크 내의 구성품이 아닌 것은?

① 압력 조절기　　　　② 스트레이너
③ 드레인 플러그　　　④ 배플

05 다음 중 여과기를 설치위치에 따라 분류할 때 관로용 여과기에 포함되지 않는 것은?

① 라인 여과기
② 리턴 여과기
③ 압력 여과기
④ 흡입 여과기

06 필터의 여과 입도수(mesh)가 너무 높을 때 발생할 수 있는 현상으로 가장 적절한 것은?

① 캐비테이션 현상이 생긴다.
② 블로우바이 현상이 생긴다.
③ 맥동 현상이 생긴다.
④ 베이퍼 록 현상이 생긴다.

정답
28 ③　29 ①　30 ①　31 ①　32 ①　33 ④　34 ③ [2. 유압기기 및 회로]
01 ④　02 ②　03 ④　04 ①　05 ④　06 ①

07 유압 펌프의 토출량을 나타내는 단위는?

① ft · lb ② LPM
③ kPa ④ psi

해설 LPM은 liter/min의 뜻을 말한다.

08 유압 펌프의 기능을 설명한 것 중 맞는 것은?

① 유압에너지를 동력으로 전환한다.
② 원동기의 기계적 에너지를 유압에너지로 전환한다.
③ 어큐뮬레이터와 동일한 기능이다.
④ 유압 회로 내의 압력을 측정하는 기구이다.

09 단위 시간에 이동하는 유체의 체적을 무엇이라 하는가?

① 토출압 ② 드레인
③ 언더랩 ④ 유량

10 회전수가 같을 때 펌프의 토출량이 변할 수 있는 것은?

① 기어 펌프
② 정용량형 베인 펌프
③ 프로펠러 펌프
④ 가변 용량형 피스톤 펌프

11 외접식 기어 펌프에서 토출된 유량 일부가 입구쪽으로 귀환하여 토출량 감소, 축 동력 증가 및 케이싱 마모 등의 원인을 유발하는 현상은?

① 폐입 현상 ② 공동 현상
③ 숨돌리기 현상 ④ 열화촉진 현상

12 베인 펌프의 특징 중 틀린 것은?

① 싱글형과 더블형이 있다.
② 토크가 안정되어 소음이 적다.
③ 마모가 일어나는 곳은 캠 링면과 베인 선단 부분이다.
④ 베인을 캠 링면에 밀착시키는 방식 중 원심력식은 소용량형에, 스프링식은 대용량형에 사용한다.

13 다음 유압 펌프 중 가장 높은 압력에서 사용할 수 있는 펌프는?

① 기어 펌프 ② 로터리 펌프
③ 플런저 펌프 ④ 베인 펌프

14 맥동적 토출을 하지만 다른 펌프에 비해 일반적으로 최고압 토출이 가능하고, 펌프 효율에서도 전압력 범위가 높아 최근에 많이 사용되고 있는 펌프는?

① 피스톤 펌프 ② 베인 펌프
③ 나사 펌프 ④ 기어 펌프

15 유압 펌프 관련 용어에서 GPM이 나타내는 것은?

① 복동 실린더의 치수
② 계통 내에서 형성되는 압력의 크기
③ 흐름에 대한 저항
④ 계통 내에서 이동되는 유체(오일)의 양

16 플런저 펌프의 장점과 가장 거리가 먼 것은?

① 효율이 양호하다.
② 높은 압력에 잘 견딘다.
③ 구조가 간단하다.
④ 토출량의 변화 범위가 크다.

17 유압 펌프에서 토출량은?

① 펌프가 어느 체적당 용기에 가하는 체적
② 펌프가 단위 시간당 토출하는 액체의 체적
③ 펌프가 어느 체적당 토출하는 액체의 체적
④ 펌프가 최대시간 내에 토출하는 액체의 최대 체적

18 유압 펌프의 용량을 나타내는 방법은?

① 주어진 압력과 그 때의 오일 무게로 표시
② 주어진 속도와 그 때의 토출압력으로 표시
③ 주어진 압력과 그 때의 토출량으로 표시
④ 주어진 속도와 그 때의 점도로 표시

19 건설기계 운전 시 갑자기 유압이 발생되지 않을 때 점검내용으로 가장 거리가 먼 것은?

① 오일 개스킷 파손 여부 점검
② 유압 실린더의 피스톤 마모 점검
③ 오일 파이프 및 호스가 파손되었는지 점검
④ 오일량 점검

20 유압 펌프에서 오일이 토출될 수 있는 경우는?

① 회전방향이 반대로 되어 있다.
② 흡입관 측은 스트레이너가 막혀 있다.
③ 펌프 입구에서 공기를 흡입하지 않는다.
④ 회전수가 너무 낮다.

21 펌프에서 흐름(flow ; 유량)에 대해 저항(제한)이 생기면?

① 펌프 회전수의 증가 원인이 된다.
② 압력 형성의 원인이 된다.
③ 밸브 작동 속도의 증가 원인이 된다.
④ 오일 흐름의 증가 원인이 된다.

정답
07 ② 08 ② 09 ④ 10 ④ 11 ① 12 ④ 13 ③ 14 ① 15 ④ 16 ③
17 ② 18 ③ 19 ② 20 ③ 21 ②

22 유압 펌프 작동 중 소음이 발생할 때의 원인으로 틀린 것은?

① 릴리프 밸브(relief valve)에서 오일이 누유하고 있다.
② 스트레이너(strainer) 용량이 너무 작다.
③ 흡입관 접합부로부터 공기가 유입된다.
④ 엔진과 펌프축 간의 편심 오차가 크다.

23 유압 펌프 내의 내부 누설은 무엇에 반비례하여 증가하는가?

① 작동유의 오염
② 작동유의 점도
③ 작동유의 압력
④ 작동유의 온도

24 펌프에서 진동과 소음이 발생하고 양정과 효율이 급격히 저하되며 날개차 등에 부식을 일으키는 등 수명을 단축시키는 것은?

① 펌프의 비속도
② 펌프의 공동현상
③ 펌프의 동력 저하
④ 펌프의 서징현상

25 유압 회로의 최고 압력을 제한하고 회로 내의 과부하를 방지하는 밸브는?

① 안전 밸브(릴리프 밸브)
② 감압 밸브(리듀싱 밸브)
③ 순차 밸브(시퀀스 밸브)
④ 무부하 밸브(언로딩 밸브)

26 유압기기의 과부하 방지를 위한 밸브로 맞는 것은?

① 분류 밸브
② 방향제어 밸브
③ 릴리프 밸브
④ 스로틀 밸브

27 직동형, 평형, 피스톤형 등의 종류가 있으며 회로의 압력을 일정하게 유지시키는 밸브는?

① 릴리프 밸브
② 메이크업 밸브
③ 시퀀스 밸브
④ 무부하 밸브

28 다음 보기에서 회로 내의 압력을 설정치 이하로 유지하는 밸브로만 조합된 것은?

㉠ 릴리프 밸브(relief valve)
㉡ 리듀싱 밸브(reducing valve)
㉢ 시퀀스 밸브(sequence valve)
㉣ 언로더 밸브(unloader valve)

① ㉠, ㉡, ㉣
② ㉡, ㉢
③ ㉢, ㉣
④ ㉠, ㉡, ㉢

29 유압 회로의 압력을 점검하는 위치로 가장 적당한 것은?

① 유압오일 탱크에서 유압 펌프 사이
② 유압 펌프에서 컨트롤 밸브 사이
③ 실린더에서 유압오일 탱크 사이
④ 유압오일 탱크에서 직접 점검

30 유압 펌프의 압력조절 밸브 스프링 장력이 높은 것을 사용하면 나타나는 현상으로 가장 적정한 것은?

① 유압이 높아진다.
② 유압이 낮아진다.
③ 토출량이 증가한다.
④ 토출량이 감소한다.

31 다음 중 분기 회로에 사용되는 밸브로 가장 적합한 항은?

㉠ 릴리프 밸브
㉡ 리듀싱 밸브
㉢ 시퀀스 밸브
㉣ 언로더 밸브
㉤ 카운터 밸러스 밸브

① ㉠, ㉡
② ㉡, ㉢
③ ㉢, ㉣
④ ㉣, ㉤

32 두 개 이상의 분기회로에서 실린더나 모터의 작동순서를 결정하는 자동제어 밸브는?

① 리듀싱 밸브
② 릴리프 밸브
③ 시퀀스 밸브
④ 파일럿 체크밸브

33 실린더가 중력으로 인하여 제어속도 이상으로 낙하하는 것을 방지하는 밸브는?

① 방향 제어 밸브
② 리듀싱 밸브
③ 시퀀스 밸브
④ 카운터 밸런스 밸브

34 유압기기의 작동속도를 높이기 위하여 무엇을 변화시켜야 하는가?

① 유압 펌프의 토출유량을 증가시킨다.
② 유압 모터의 압력을 높인다.
③ 유압 모터의 토출압력을 높인다.
④ 유압 모터의 크기를 작게 한다.

35 유압장치에서 작동체의 속도를 바꿔주는 밸브는?

① 속도제어 밸브
② 압력제어 밸브
③ 방향제어 밸브
④ 유량제어 밸브

36 유량 제어 밸브가 아닌 것은?

① 속도제어 밸브
② 체크밸브
③ 교축 밸브
④ 급속배기 밸브

정답
22 ① 23 ② 24 ② 25 ① 26 ③ 27 ① 28 ① 29 ② 30 ① 31 ②
32 ③ 33 ④ 34 ① 35 ④ 36 ②

37 방향제어 밸브를 동작시키는 방식이 아닌 것은?

① 수동식 ② 유압 파일럿식
③ 전자식 ④ 스프링식

38 오일을 한쪽 방향으로만 흐르게 하는 밸브는?

① 릴리프 밸브 ② 체크 밸브
③ 파일럿 밸브 ④ 로터리 밸브

39 일반적인 유압 실린더의 종류에 해당하지 않는 것은?

① 단동 실린더 피스톤(piston)형
② 단동 실린더 램(ram)형
③ 단동 실린더 레이디얼(radial)형
④ 복동 실린더 양로드(double rod)형

40 유압 실린더에서 피스톤 행정이 끝날 때 발생하는 충격을 흡수하기 위해 설치하는 장치는?

① 쿠션 기구 ② 감압 장치
③ 서보 밸브 ④ 안전 밸브

41 건설기계에 사용되는 유압 실린더의 구성 부품이 아닌 것은?

① 어큐뮬레이터(축압기) ② 로드
③ 피스톤 ④ 실(seal)

42 유압 실린더의 로드 쪽으로 오일이 누유되는 결함이 발생하였다. 그 원인이 아닌 것은?

① 실린더 로드 패킹 손상
② 더스트 실(seal) 손상
③ 실린더 피스톤 로드의 손상
④ 실린더 피스톤 패킹 손상

43 다음 보기 중 유압 실린더에서 발생되는 실린더 자연하강현상의 발생원인으로 모두 맞는 것은?

| ㄱ. 작동압력이 높을 때 | ㄴ. 실린더 내부 마모 |
| ㄷ. 컨트롤 밸브의 스풀 마모 | ㄹ. 릴리프 밸브의 불량 |

① ㄱ, ㄴ, ㄷ ② ㄱ, ㄴ, ㄹ
③ ㄴ, ㄷ, ㄹ ④ ㄱ, ㄷ, ㄹ

44 유압 모터와 유압 실린더의 설명으로 맞는 것은?

① 둘 다 회전운동을 한다.
② 모터는 직선운동, 실린더는 회전운동을 한다.
③ 둘 다 왕복운동을 한다.
④ 모터는 회전운동, 실린더는 직선운동을 한다.

45 유압유의 압력 에너지(힘)를 기계적 에너지(일)로 변화시키는 작용을 하는 것은?

① 유압 펌프 ② 유압 밸브
③ 어큐뮬레이터 ④ 액추에이터

46 유압 모터의 용량을 나타내는 것은?

① 입구압력당 토크
② 유압작동부 압력당 토크
③ 주입된 동력
④ 체적

47 유압 모터의 회전속도가 규정속도보다 느릴 경우의 원인에 해당하지 않는 것은?

① 유압 펌프의 오일 토출량 과다
② 유압유의 유입량 부족
③ 각 습동부의 마모 또는 파손
④ 오일의 내부 누설

48 유압 모터의 속도는 무엇에 의해 결정되는가?

① 오일의 압력 ② 오일의 점도
③ 오일의 흐름 양 ④ 오일의 온도

49 피스톤 모터의 특징으로 맞는 것은?

① 효율이 낮다. ② 내부 누설이 많다.
③ 고압 작동에 적합하다. ④ 구조가 간단하다.

50 유압 액추에이터(작업장치)를 교환하였을 경우, 반드시 해야 할 작업이 아닌 것은?

① 오일 교환 ② 공기빼기 작업
③ 누유점검 ④ 공회전 작업

51 기액식 어큐뮬레이터에 사용되는 가스는?

① 산소 ② 질소
③ 아세틸렌 ④ 이산화탄소

52 어큐뮬레이터(축압기)의 사용 목적이 아닌 것은?

① 유압 회로 내의 압력 상승
② 충격압력 흡수
③ 유체의 맥동 감쇠
④ 압력 보상

정답
37 ④ 38 ② 39 ③ 40 ① 41 ① 42 ④ 43 ③ 44 ④ 45 ④ 46 ①
47 ① 48 ③ 49 ③ 50 ① 51 ② 52 ①

53 유압장치에서 일일 정비 점검 사항이 아닌 것은?

① 유량 점검
② 이음 부분의 누유 점검
③ 필터 점검
④ 호스의 손상과 접촉면의 점검

54 유압 오일의 온도가 상승할 때 나타날 수 있는 결과가 아닌 것은?

① 점도 저하
② 펌프 효율 저하
③ 오일누설의 저하
④ 밸브류의 기능 저하

55 유압유가 과열되는 원인과 가장 거리가 먼 것은?

① 릴리프 밸브(relief valve)가 닫힌 상태로 고장일 때
② 오일 냉각기의 냉각핀이 오손되었을 때
③ 유압유가 부족할 때
④ 유압유량이 규정보다 많을 때

56 유압작동부에서 오일이 새고 있을 때 교환해야 하는 부품은?

① 밸브   ② 실(seal)
③ 기어   ④ 플런저

57 유압 작동기의 입력측에 유량제어 밸브를 직렬로 연결하여 작동기로 유입되는 유량을 제어함으로써 작동기의 속도를 제어하는 회로는?

① 미터-인 회로(meter-in circuit)
② 미터-아웃 회로(meter-out circuit)
③ 블리드-온 회로(bleed-on circuit)
④ 블리드-오프 회로(bleed-off circuit)

정답 **53** ③ **54** ③ **55** ④ **56** ② **57** ①

제5장
법규 및 안전관리

제1절_ 건설기계 관리법규
제2절_ 안전관리
법규 및 안전관리 출제예상문제

제1절 건설기계 관련법규

: Most laws regarding regulation of the Construction Machine

법규 및 안전관리

01 건설기계 관리법

(1) 총칙

1) 건설기계관리법의 목적

건설기계의 등록·검사·형식승인 및 건설기계사업과 건설기계 조종사면허 등에 관한 사항을 정하여 건설기계를 효율적으로 관리하고 건설기계의 안전도를 확보하여 건설공사의 기계화를 촉진함을 목적으로 한다.

2) 용어의 정의

용 어	정 의
건설기계	건설공사에 사용할 수 있는 기계로서 대통령령이 정하는 것을 말한다.
건설기계사업	건설기계대여업·건설기계정비업·건설기계매매업 및 건설기계해체재활용업을 말한다.
건설기계대여업	건설기계의 대여를 업(業)으로 하는 것을 말한다.
건설기계정비업	건설기계를 분해·조립 또는 수리하고 그 부분품을 가공 제작·교체하는 등 건설기계의 원활한 사용을 위한 일체의 행위(경미한 정비행위 등 국토교통부령이 정하는 것을 제외한다)를 함을 업으로 하는 것을 말한다.
건설기계매매업	중고건설기계의 매매 또는 매매의 알선과 그에 따른 등록사항에 관한 변경신고의 대행을 업으로 하는 것을 말한다.
건설기계해체 재활용업	폐기 요청된 건설기계의 인수(引受), 재사용 가능한 부품의 회수, 폐기 및 그 등록말소 신청의 대행을 업으로 하는 것을 말한다.
중고건설기계	건설기계를 제작·조립 또는 수입한 자로부터 법률행위 또는 법률의 규정에 의하여 건설기계를 취득한 때부터 사실상 그 성능을 유지할 수 없을 때까지의 건설기계를 말한다.
건설기계형식	건설기계의 구조·규격 및 성능 등에 관하여 일정하게 정한 것을 말한다.

(2) 등록·등록번호표와 운행

1) 등록

건설기계의 소유자는 대통령령이 정하는 바에 따라 건설기계 소유자의 주소지 또는 건설기계의 사용 본거지를 관할하는 특별시장·광역시장 또는 시·도지사에게 건설기계 취득일로부터 2월(전시, 사변, 기타 이에 준하는 국가비상사태 하에서는 5일) 이내에 등록신청을 하여야 한다.

2) 등록의 말소

① 소유자의 신청으로 등록말소
   ㉮ 건설기계가 천재지변 또는 이에 준하는 사고 등으로 사용할 수 없게 되거나 멸실된 경우
   ㉯ 건설기계의 차대가 등록 시의 차대와 다른 경우

㉰ 건설기계가 법 규정에 따른 건설기계안전기준에 적합하지 아니하게 된 경우
   ㉱ 건설기계를 수출하는 경우
   ㉲ 건설기계를 도난당한 경우
   ㉳ 건설기계해체재활용업자에게 폐기를 요청한 경우
   ㉴ 구조적 제작결함 등으로 건설기계를 제작자 또는 판매자에게 반품한 경우
   ㉵ 건설기계를 교육·연구목적으로 사용하는 경우
   ㉶ 건설기계를 횡령 또는 편취당한 경우

② 시·도지사의 직권으로 등록말소
   ㉮ 거짓이나 그 밖의 부정한 방법으로 등록을 한 경우
   ㉯ 정기검사 명령, 수시검사 명령 또는 정비 명령에 따르지 아니한 경우
   ㉰ 건설기계를 폐기한 경우
   ㉱ 내구연한(정밀진단을 받아 연장된 경우에는 그 연장기간)을 초과한 건설기계

③ 소유자가 신청하는 경우 등록말소의 신청 기한
   ㉮ 건설기계를 도난당한 경우 : 도난당한 날부터 2개월 이내
   ㉯ 건설기계를 수출하는 경우 : 수출하는 자가 수출하기 전까지
   ㉰ 그 밖의 경우 : 사유가 발생한 날부터 30일 이내

3) 임시운행

건설기계는 등록을 한 후가 아니면 이를 사용하거나 운행하지 못한다. 다만, 등록하기 전에 일시적으로 운행할 필요가 있을 경우에는 국토교통부령이 정하는 바에 따라 임시번호표를 제작·부착하여야 하며, 이 경우 건설기계를 제작·수입·조립한 자가 번호표를 제작·부착하며 임시운행 기간은 15일 이내로 한다. 단, 신개발 건설기계를 시험·연구의 목적으로 운행하는 경우 임시운행 허가기간은 3년 이내이며, 임시 운행 사유는 다음과 같은 경우이다.

① 등록신청을 하기 위하여 건설기계를 등록지로 운행하는 경우
② 신규등록검사 및 확인검사를 받기 위하여 건설기계를 검사장소로 운행하는 경우
③ 수출을 하기 위하여 건설기계를 선적지로 운행하는 경우
④ 수출을 하기 위하여 등록말소한 건설기계를 점검·정비의 목적으로 운행하는 경우
⑤ 신개발 건설기계를 시험·연구의 목적으로 운행하는 경우
⑥ 판매 또는 전시를 위하여 건설기계를 일시적으로 운행하는 경우

4) 건설기계 등록번호표

① 등록된 건설기계에는 국토교통부령이 정하는 바에 의하여 시·도지사의 등록번호표 봉인자 지정을 받은 자에게서 등록번호표의 제작, 부착과 등록번호를 새김한 후 봉인을 받아야 한다.

기중기운전기능사 총정리　제5장_ 법규 및 안전관리

② 또한, 건설기계 등록이 말소되거나 등록된 사항 중 대통령령이 정하는 사항이 변경된 때에는 등록번호표의 봉인을 뗀 후 그 번호표를 10일 이내에 시·도지사에게 반납하여야 하고 누구라도 시·도지사의 새김 명령을 받지 않고 건설기계 등록번호표를 지우거나 그 식별을 곤란하게 하는 행위를 하여서는 안된다.

5) 등록의 표지

건설기계 등록번호표에는 등록관청, 용도, 기종 및 등록번호를 표시하여야 한다. 또한, 번호표에 표시되는 모든 문자 및 외곽선은 1.5mm 튀어나와야 한다.

구분		번호표의 색상	등록번호 숫자
비사업용	관용	흰색 바탕에 검은색 문자	0001~0999
	자가용	흰색 바탕에 검은색 문자	1000~5999
대여사업용		주황색 바탕에 검은색 문자	6000~9999

6) 기종별 기호표시

표시	기 종	표시	기 종
01	불도저	15	콘크리트 펌프
02	굴착기	16	아스팔트 믹싱 플랜트
03	로더	17	아스팔트 피니셔
04	지게차	18	아스팔트 살포기
05	스크레이퍼	19	골재 살포기
06	덤프 트럭	20	쇄석기
07	기중기	21	공기 압축기
08	모터 그레이더	22	천공기
09	롤러	23	항타 및 항발기
10	노상 안정기	24	사리 채취기
11	콘크리트 뱃칭 플랜트	25	준설선
12	콘크리트 피니셔	26	특수 건설기계
13	콘크리트 살포기	27	타워크레인
14	콘크리트 믹서 트럭		

[참고] 지게차의 범위 : 타이어식으로 들어올림장치와 조정석을 가진 것. 다만, 전동식으로 솔리드타이어를 부착한 것 중 도로가 아닌 장소에서 운행하는 것은 제외한다.

7) 대형 건설기계의 특별표지 부착대상

① 길이가 16.7m를 초과하는 건설기계
② 너비가 2.5m를 초과하는 건설기계
③ 높이가 4.0m를 초과하는 건설기계
④ 최소 회전 반경이 12m를 초과하는 건설기계
⑤ 총중량이 40톤을 초과하는 건설기계(다만, 굴착기, 로더 및 지게차는 운전중량이 40톤을 초과하는 경우를 말함)
⑥ 총중량 상태에서 축하중이 10톤을 초과하는 건설기계(다만, 굴착기, 로더 및 지게차는 운전중량 상태에서 축하중이 10톤을 초과하는 경우를 말함)

(3) 검사와 구조변경

1) 건설기계검사

건설기계의 소유자는 다음의 구분에 따른 검사를 받은 후 검사증을 교부받아 항상 당해 건설기계에 비치하여야 한다.

① 신규등록검사 : 건설기계를 신규로 등록할 때 실시하는 검사
② 정기검사 : 건설공사용 건설기계로서 3년의 범위 내에서 국토교통부령이 정하는 검사유효기간이 끝난 후에 계속하여 운행하고자 할 때 실시하는 검사와 대기환경보전법에 따른 운행차의 정기검사

③ 구조변경검사 : 등록된 건설기계의 주요 구조를 변경 또는 개조하였을 때 실시하는 검사(사유 발생일로부터 20일 이내에 검사를 받아야 한다)
④ 수시검사 : 성능이 불량하거나 사고가 빈발하는 건설기계의 안전성 등을 점검하기 위하여 수시로 실시하는 검사와 건설기계 소유자의 신청에 의하여 실시하는 검사

2) 건설기계의 정기검사 유효기간(특수건설기계 제외)

기종	구분	검사 유효기간	
		연식 20년 이하	연식 20년 초과
굴착기	타이어식	1년	
로더	타이어식	2년	1년
지게차	1톤 이상	2년	1년
덤프트럭	–	1년	6개월
기중기	–	1년	
모터그레이더	–	2년	1년
콘크리트 믹서트럭	–	1년	6개월
콘크리트펌프	트럭적재식	1년	6개월
아스팔트살포기	–	1년	
천공기	–	1년	
항타 및 항발기	–	1년	
타워크레인	–	6개월	
그 밖의 건설기계 (특수건설기계 제외)	–	3년	1년

3) 정기검사의 신청

① 검사 유효기간의 만료일 전후 각각 31일 이내의 기간에 신청한다.
② 건설기계 검사증 사본과 보험가입을 증명하는 서류를 시·도지사에게 제출하여야 한다.
③ 다만, 규정에 의하여 검사 대행을 하게 한 경우에는 검사 대행자에게 이를 제출하여야 한다.

4) 정기검사의 연기

① 검사신청기간 만료일까지 시·도지사 또는 검사 대행자에게 정기검사 연기 신청서를 제출한다.
② 정기검사등신청기간 연장 불허통지를 받은 자는 정기검사등 신청기간 만료일부터 10일 이내에 검사신청을 해야 한다.
③ 검사 연기를 하는 경우 그 연기 기간은 6월 이내로 한다.

5) 검사소에서 검사를 받아야 하는 건설기계

① 덤프 트럭
② 콘크리트 믹서 트럭
③ 트럭 적재식 콘크리트 펌프
④ 아스팔트 살포기
⑤ 트럭지게차(국토교통부장관이 정하는 특수건설기계인 트럭지게차)

6) 건설기계가 위치한 장소에서 검사를 받을 수 있는 경우

① 도서지역에 있는 경우
② 자체 중량이 40톤을 초과하는 경우
③ 축하중이 10톤을 초과하는 경우
④ 너비가 2.5m를 초과하는 경우
⑤ 최고 속도가 35km/h 미만인 경우

7) 건설기계의 구조변경 및 범위

① 건설기계의 기종 변경, 육상 작업용 건설기계의 규격 증가 또는 적재함의 용량 증가를 위한 구조변경은 할 수 없다.

② 주요 구조의 변경 및 개조의 범위

㉠ 원동기의 형식 변경

㉡ 동력전달 장치의 형식 변경

㉢ 제동 장치의 형식 변경

㉣ 주행 장치의 형식 변경

㉤ 유압 장치의 형식 변경

㉥ 조종 장치의 형식 변경

㉦ 조향 장치의 형식 변경

㉧ 작업 장치의 형식 변경

㉨ 건설기계의 길이·너비·높이 등의 변경

㉩ 수상작업용 건설기계의 선체의 형식 변경

(4) 건설기계 조종사

1) 조종사 면허

① 건설기계를 조종하려는 사람은 시장·군수 또는 구청장에게 건설기계조종사면허를 받아야 한다. 다만, 국토교통부령으로 정하는 건설기계를 조종하려는 사람은 도로교통법의 관련 조항에 따른 운전면허를 받아야 한다.

② 건설기계조종사면허는 국토교통부령으로 정하는 바에 따라 건설기계의 종류별로 받아야 한다.

③ 건설기계조종사면허를 받으려는 사람은 국가기술자격법에 따른 해당 분야의 기술자격을 취득하고 적성검사에 합격하여야 한다.

④ 국토교통부령으로 정하는 소형 건설기계의 건설기계조종사면허의 경우에는 시·도지사가 지정한 교육기관에서 실시하는 소형 건설기계의 조종에 관한 교육과정의 이수로 위 ③항의 국가기술자격법에 따른 기술자격의 취득을 대신할 수 있다.

2) 운전면허로 조종하는 건설기계(1종 대형면허)

① 덤프 트럭　　　② 아스팔트 살포기

③ 노상 안정기　　④ 콘크리트 믹서 트럭

⑤ 콘크리트 펌프　⑥ 천공기(트럭 적재식)

⑦ 특수 건설기계 중 국토교통부장관이 지정하는 건설기계

3) 건설기계 조종사 면허의 종류

면허의 종류	조종할 수 있는 건설기계
1. 불도저	불도저
2. 5톤 미만의 불도저	5톤 미만의 불도저
3. 굴착기	굴착기
4. 3톤 미만의 굴착기	3톤 미만의 굴착기
5. 로더	로더
6. 3톤 미만의 로더	3톤 미만의 로더
7. 5톤 미만의 로더	5톤 미만의 로더
8. 지게차	지게차
9. 3톤 미만의 지게차	3톤 미만의 지게차
10. 기중기	기중기

면허의 종류	조종할 수 있는 건설기계
11. 롤러	롤러, 모터그레이더, 스크레이퍼, 아스팔트피니셔, 콘크리트피니셔, 콘크리트살포기 및 골재살포기
12. 이동식 콘크리트펌프	이동식 콘크리트펌프
13. 쇄석기	쇄석기, 아스팔트믹싱플랜트 및 콘크리트뱃칭플랜트
14. 공기압축기	공기압축기
15. 천공기	천공기(타이어식, 무한궤도식 및 굴진식 포함. 다만, 트럭적재식은 제외), 항타 및 항발기
16. 5톤 미만의 천공기	5톤 미만의 천공기(트럭적재식은 제외)
17. 준설선	준설선 및 자갈채취기
18. 타워크레인	타워크레인
19. 3톤 미만의 타워크레인	3톤 미만의 타워크레인

4) 건설기계 조종사 면허의 결격 사유

① 18세 미만인 사람

② 건설기계 조종상의 위험과 장해를 일으킬 수 있는 정신질환자 또는 뇌전증환자로서 국토교통부령으로 정하는 사람

③ 앞을 보지 못하는 사람, 듣지 못하는 사람 그 밖에 국토교통부령이 정하는 장애인

④ 마약·대마·향정신성의약품 또는 알코올중독자

⑤ 건설기계조종사면허가 취소된 날부터 1년이 지나지 아니하였거나 건설기계조종사면허의 효력정지처분을 받고 있는 자

5) 적성검사 기준

① 두 눈을 뜨고 잰 시력(교정시력 포함)이 0.7 이상이고, 두 눈의 시력이 각각 0.3 이상일 것

② 55데시벨(보청기를 사용하는 사람은 40데시벨)의 소리를 들을 수 있고 언어 분별력이 80% 이상일 것

③ 시각은 150° 정도일 것

④ 정신병자·지적장애인·뇌전증환자, 마약·대마·향정신성의약품·알코올 중독자가 아닐 것

6) 건설기계 조종사 면허의 취소·정지 처분 기준

위반 행위	처분 기준
가. 거짓이나 그 밖의 부정한 방법으로 건설기계조종사면허를 받은 경우	취소
나. 건설기계조종사면허의 효력정지기간 중 건설기계를 조종한 경우	취소
다. 건설기계조종사면허의 결격사유에 해당하게 된 경우	취소
라. 건설기계의 조종 중 고의 또는 과실로 중대한 사고를 일으킨 경우	
1) 인명피해	
① 고의로 인명피해(사망·중상·경상 등을 말한다)를 입힌 경우	취소
② 과실로 산업안전보건법에 따른 다음의 중대재해가 발생한 경우 　　　(1) 사망자가 1명 이상 발생한 재해 　　　(2) 3개월 이상의 요양이 필요한 부상자가 동시에 2명 이상 발생한 재해 　　　(3) 부상자 또는 직업성질병자가 동시에 10명 이상 발생한 재해	취소

위반 행위	처분 기준
③ 그 밖의 인명피해를 입힌 경우	
(1) 사망 1명마다	면허효력정지 45일
(2) 중상 1명마다	면허효력정지 15일
(3) 경상 1명마다	면허효력정지 5일
2) 재산피해 : 피해금액 50만원마다	면허효력정지 1일 (90일을 넘지 못함)
마. 건설기계조종사면허증을 다른 사람에게 빌려 준 경우	취소
사. 법 규정을 위반하여 술에 취하거나 마약 등 약물을 투여한 상태에서 조종한 경우	
1) 술에 취한 상태(혈중알콜농도 0.03% 이상 0.08% 미만)에서 건설기계를 조종한 경우	면허효력정지 60일
2) 술에 취한 상태에서 건설기계를 조종하다가 사고로 사람을 죽게 하거나 다치게 한 경우	취소
3) 술에 만취한 상태(혈중알콜농도 0.08% 이상)에서 건설기계를 조종한 경우	취소
4) 2회 이상 술에 취한 상태에서 건설기계를 조종하여 면허효력정지를 받은 사실이 있는 사람이 다시 술에 취한 상태에서 건설기계를 조종한 경우	취소
5) 약물(마약, 대마, 향정신성 의약품 및 환각물질)을 투여한 상태에서 건설기계를 조종한 경우	취소
아. 정기적성검사를 받지 않고 1년이 지난 경우	취소
자. 정기적성검사 또는 수시적성검사에서 불합격한 경우	취소

7) 건설기계 조종사 면허증의 반납
① 건설기계조종사면허를 받은 자가 반납 사유가 발생하는 때에는 그 사유가 발생한 날부터 10일 이내에 주소지를 관할하는 시장·군수 또는 구청장에게 그 면허증을 반납하여야 한다.
② 면허증의 반납 사유
㉮ 면허가 취소된 때
㉯ 면허의 효력이 정지된 때
㉰ 면허증의 재교부를 받은 후 잃어버린 면허증을 발견한 때

(5) 벌칙

1) 2년 이하의 징역 또는 2천만원 이하의 벌금
① 등록되지 아니한 건설기계를 사용하거나 운행한 자
② 등록이 말소된 건설기계를 사용하거나 운행한 자
③ 시·도지사의 지정을 받지 아니하고 등록번호표를 제작하거나 등록번호를 새긴 자
④ 검사대행자 또는 그 소속 직원에게 재물이나 그 밖의 이익을 제공하거나 제공 의사를 표시하고 부정한 검사를 받은 자
⑤ 건설기계의 주요 구조나 원동기, 동력전달장치, 제동장치 등 주요 장치를 변경 또는 개조한 자
⑥ 무단 해체한 건설기계를 사용·운행하거나 타인에게 유상·무상으로 양도한 자
⑦ 제작결함에 따른 시정명령을 이행하지 아니한 자
⑧ 등록을 하지 아니하고 건설기계사업을 하거나 거짓으로 등록을 한 자
⑨ 등록이 취소되거나 사업의 전부 또는 일부가 정지된 건설기계사업자로서 계속하여 건설기계사업을 한 자

2) 1년 이하의 징역 또는 1천만원 이하의 벌금
① 거짓이나 그 밖의 부정한 방법으로 건설기계 등록을 한 자
② 건설기계의 등록번호를 지워 없애거나 그 식별을 곤란하게 한 자
③ 구조변경검사 또는 수시검사를 받지 아니한 자
④ 검사에 불합격된 건설기계의 정비명령을 이행하지 아니한 자
⑤ 형식승인, 형식변경승인 또는 확인검사를 받지 아니하고 건설기계의 제작등을 한 자
⑥ 제작 등을 한 건설기계의 사후관리에 관한 명령을 이행하지 아니한 자
⑦ 내구연한을 초과한 건설기계 또는 건설기계 장치 및 부품을 운행하거나 사용한 자
⑧ 내구연한을 초과한 건설기계 또는 건설기계 장치 및 부품의 운행 또는 사용을 알고도 말리지 아니하거나 운행 또는 사용을 지시한 고용주
⑨ 부품인증을 받지 아니한 건설기계 장치 및 부품을 사용한 자
⑩ 부품인증을 받지 아니한 건설기계 장치 및 부품을 건설기계에 사용하는 것을 알고도 말리지 아니하거나 사용을 지시한 고용주
⑪ 매매용 건설기계를 운행하거나 사용한 자
⑫ 폐기인수 사실을 증명하는 서류의 발급을 거부하거나 거짓으로 발급한 자
⑬ 폐기요청을 받은 건설기계를 폐기하지 아니하거나 등록번호표를 폐기하지 아니한 자
⑭ 건설기계조종사면허를 받지 아니하고 건설기계를 조종한 자
⑮ 건설기계조종사면허를 거짓이나 그 밖의 부정한 방법으로 받은 자
⑯ 소형 건설기계의 조종에 관한 교육과정의 이수에 관한 증빙서류를 거짓으로 발급한 자
⑰ 술에 취하거나 마약 등 약물을 투여한 상태에서 건설기계를 조종한 자와 그러한 자가 건설기계를 조종하는 것을 알고도 말리지 아니하거나 건설기계를 조종하도록 지시한 고용주
⑱ 건설기계조종사면허가 취소되거나 건설기계조종사면허의 효력정지처분을 받은 후에도 건설기계를 계속하여 조종한 자
⑲ 건설기계를 도로나 타인의 토지에 버려둔 자

3) 300만원 이하의 과태료
① 등록번호표를 부착하지 아니하거나 봉인하지 아니한 건설기계를 운행한 자
② 건설기계의 정기검사를 받지 아니한 자
③ 건설기계임대차 등에 관한 계약서를 작성하지 아니한 자
④ 건설기계조종사의 정기적성검사 또는 수시적성검사를 받지 아니한 자
⑤ 시설 또는 업무에 관한 보고를 하지 아니하거나 거짓으로 보고한 자
⑥ 소속 공무원의 검사·질문을 거부·방해·기피한 자
⑦ 중대한 사고 발생 시 제작결함 또는 안전기준 적합여부의 조사를 위해 사고 현장을 출입하는 직원의 출입을 거부하거나 방해한 자

4) 100만원 이하의 과태료
① 수출의 이행 여부를 신고하지 아니하거나 폐기 또는 등록을 하지 아니한 자
② 건설기계에 등록번호표를 부착·봉인하지 아니하거나 등록번호를 새기지 아니한 자

③ 등록번호표를 가리거나 훼손하여 알아보기 곤란하게 한 자 또는 그러한 건설기계를 운행한 자

④ 건설기계 등록번호의 새김명령을 위반한 자

⑤ 건설기계안전기준에 적합하지 아니한 건설기계를 사용하거나 운행한 자 또는 사용하게 하거나 운행하게 한 자

⑥ 검사유효기간이 끝난 날부터 31일이 지난 건설기계를 사용하게 하거나 운행하게 한 자 또는 사용하거나 운행한 자

⑦ 특별한 사정 없이 건설기계임대차 등에 관한 계약과 관련된 자료를 제출하지 아니한 자

⑧ 법에서 정한 건설기계사업자의 의무를 위반한 자

⑨ 안전교육 등을 받지 아니하고 건설기계를 조종한 자

5) 50만원 이하의 과태료

① 등록 전 일시적으로 운행하는 건설기계에 임시번호표를 붙이지 아니하고 운행한 자

② 등록사항의 변경신고를 하지 아니하거나 거짓으로 신고한 자

③ 건설기계 등록의 말소를 신청하지 아니한 자

④ 등록번호표 제작자가 지정받은 사항에 대한 변경 사유가 있음에도 변경신고를 하지 아니하거나 거짓으로 변경신고한 자

⑤ 등록번호표의 반납 사유가 있음에도 등록번호표를 반납하지 아니한 자

⑥ 건설기계의 정비 범위를 위반하여 건설기계를 정비한 자

⑦ 건설기계사업자의 등록 사항 변경신고를 하지 아니하거나 거짓으로 신고한 자

⑧ 건설기계사업자의 지위를 승계하고도 신고를 하지 아니하거나 거짓으로 신고한 자

⑨ 건설기계를 주택가 주변의 도로 · 공터 등에 세워 두어 교통소통을 방해하거나 소음 등으로 주민의 조용하고 평온한 생활환경을 침해한 자

02 도로교통법

(1) 목적 및 용어

1) 도로교통법의 목적

도로에서 일어나는 교통상의 모든 위험과 장해를 방지하고 제거하여 안전하고 원활한 교통을 확보함을 목적으로 한다.

2) 용어의 정의

용어	정의
도로	도로법에 의한 도로, 유료도로법에 의한 유료도로, 농어촌도로 정비법에 따른 농어촌도로 그밖에 현실적으로 불특정 다수의 사람 또는 차마의 통행을 위하여 공개된 장소로서 안전하고 원활한 교통을 확보할 필요가 있는 장소를 말한다.
자동차전용도로	자동차만이 다닐 수 있도록 설치된 도로를 말한다.
고속도로	자동차의 고속교통에만 사용하기 위하여 지정된 도로를 말한다.
차도	연석선(차도와 보도를 구분하는 돌 등으로 이어진 선), 안전표지나 그와 비슷한 공작물로써 경계를 표시하여 모든 차의 교통에 사용하도록 된 도로의 부분을 말한다.
차로	차선에 의해 구분되는 차도의 부분

용어	정의
중앙선	차마 통행을 방향별로 명확하게 구분하기 위하여 도로에 황색 실선이나 황색 점선 등의 안전표지로 표시된 선 또는 중앙 분리대 · 철책 · 울타리 등으로 설치한 시설물
차선	차로와 차로를 구분하기 위하여 그 경계 지점을 안전표지에 의하여 표시한 선
자전거도로	안전표지, 위험방지용 울타리나 그와 비슷한 공작물로써 경계를 표시하여 자전거의 교통에 사용하도록 된 도로의 부분
보도	연석선, 안전표지나 그와 비슷한 공작물로써 경계를 표시하여 보행자(유모차 및 행정안전부령이 정하는 신체장애인용 의자차를 포함)의 통행에 사용하도록 된 도로의 부분
횡단보도	보행자가 도로를 횡단할 수 있도록 안전표지로써 표시한 도로의 부분
교차로	'십'자로, 'T'자로나 그밖에 둘 이상의 도로(보도와 차도가 구분되어 있는 도로에서는 차도를 말한다)가 교차하는 부분
안전지대	도로를 횡단하는 보행자나 통행하는 차마의 안전을 위하여 안전표지나 그와 비슷한 공작물로써 표시한 도로의 부분
자동차	철길 또는 가설된 선에 의하지 아니하고 원동기(기관)를 사용하여 운전되는 차로서 자동차관리법의 규정에 의한 승용자동차, 승합자동차, 화물자동차, 특수자동차 및 이륜자동차
원동기장치자전거	2륜차로서 내연기관을 원동기로 하는 것 중 총 배기량 55cc 미만의 내연기관과 이외의 것은 정격출력 0.59kW 미만의 것으로 125cc 이하의 2륜차 포함
긴급자동차	소방자동차, 구급자동차, 그 밖의 대통령령이 정하는 자동차로서 그 본래의 긴급한 용도로 사용되고 있는 자동차
주차	운전자가 승객을 기다리거나 화물을 싣거나 고장이나 그 밖의 사유로 인하여 차를 계속하여 정지상태에 두는 것 또는 운전자가 차로부터 떠나서 즉시 그 차를 운전할 수 없는 상태에 두는 것
정차	운전자가 5분을 초과하지 아니하고 차를 정지시키는 것으로서 주차 외의 정지 상태
운전	도로에서 차마를 그 본래의 사용방법에 따라 사용하는 것
서행	운전자가 차를 즉시 정지시킬 수 있는 정도의 느린 속도로 진행하는 것
일시정지	차의 운전자가 그 차의 바퀴를 일시적으로 정지시키는 것

3) 신호등의 신호 순서(신호등 배열이 아님)

① 3색 신호 순서 : 녹색 ➡ 황색 ➡ 적색 등화순이다.

② 4색 신호 순서 : 적색 ➡ 녹색 화살 표시 ➡ 황색 ➡ 녹색 ➡ 황색 ➡ 적색 등화순이다.

4) 신호기의 성능 기준

① 등화의 밝기는 낮에 150미터 앞쪽에서 식별할 수 있도록 할 것

② 빛의 발산 각도는 사방으로 각각 45° 이상으로 할 것

③ 태양광선, 그 밖의 주위의 빛에 의해 그 표시가 방해받지 아니하도록 할 것

5) 경찰관의 수신호

① 도로를 통행하는 보행자와 차마의 운전자는 교통안전시설이 표시하는 신호 또는 지시와 교통정리를 하는 국가경찰공무원(전투경찰순경 포함) 및 제주특별자치도의 자치경찰공무원이나 대통령령이 정하는 국가경찰공무원 및 자치경찰공무원을 보조하는 사람의 신호나 지시를 따라야 한다.

② 도로를 통행하는 보행자 및 모든 차마의 운전자는 교통안전시설이 표시하는 신호 또는 지시와 교통정리를 위한 경찰공무원 등의 신호 또는 지시가 다른 경우에는 경찰공무원 등의 신호 또는 지시에 따라야 한다.

6) 신호의 종류
   ① 녹색 : 직진 및 우회전
   ② 황색 : 보행자의 횡단을 방해하지 않는 한 우회전
   ③ 적색 : 직진하는 측면 교통을 방해하지 않는 한 우회전 할 수 있으며, 차마나 보행자는 정지

7) 교통안전표지의 종류

표 지	설 명
주의표지	도로상태가 위험하거나 도로 또는 그 부근에 위험물이 있는 경우에 필요한 안전조치를 할 수 있도록 이를 도로사용자에게 알리는 표지
규제표지	도로교통의 안전을 위하여 각종 제한·금지 등의 규제를 하는 경우에 이를 도로사용자에게 알리는 표지
지시표지	도로의 통행방법·통행구분 등 도로교통의 안전을 위하여 필요한 지시를 하는 경우에 도로사용자가 이를 따르도록 알리는 표지
보조표지	주의표지·규제표지 또는 지시표지의 주 기능을 보충하여 도로사용자에게 알리는 표지
노면표시	• 도로교통의 안전을 위하여 각종 주의·규제·지시 등의 내용을 노면에 기호·문자 또는 선으로 도로사용자에게 알리는 표시 • 노면표시에 사용되는 각종 선에서 점선은 허용, 실선은 제한, 복선은 의미의 강조 • 노면표시의 기본 색상 중 백색은 동일방향의 교통류 분리 및 경계 표시, 황색은 반대방향의 교통류 분리 또는 도로이용의 제한 및 지시, 청색은 지정방향의 교통류 분리 표시에 사용

(2) 차로의 통행·주정차 금지

1) 차로의 설치
   ① 안전표지로써 특별히 진로 변경이 금지된 곳에서는 진로를 변경해서는 안된다.
   ② 시·도경찰청장은 도로에 차로를 설치하고자 하는 때에는 중앙선 표시를 하여야 한다.
   ③ 차로의 너비는 3m 이상으로 하여야 한다.
   ④ 가변차로의 설치 등 부득이 하다고 인정되는 때에는 275cm(2.75m) 이상으로 할 수 있다.
   ⑤ 차로의 횡단보도·교차로 및 철길 건널목의 부분에는 설치하지 못한다.
   ⑥ 도로의 양쪽에 보행자 통행의 안전을 위하여 길가장자리 구역을 설치하여야 한다.

2) 차로에 따른 통행차의 구분

도로	차로 구분	통행할 수 있는 차종
고속도로 외의 도로	왼쪽 차로	승용자동차 및 경형·소형·중형 승합자동차
	오른쪽 차로	대형승합자동차, 화물자동차, 특수자동차, 건설기계, 이륜자동차, 원동기장치자전거
고속도로	편도 2차로 / 1차로	앞지르기를 하려는 모든 자동차. 다만, 차량통행량 증가 등 도로상황으로 인하여 부득이하게 시속 80km 미만으로 통행할 수밖에 없는 경우에는 앞지르기를 하는 경우가 아니라도 통행할 수 있다.
	편도 2차로 / 2차로	모든 자동차
	편도 3차로 이상 / 1차로	앞지르기를 하려는 승용자동차 및 앞지르기를 하려는 경형·소형·중형 승합자동차. 다만, 차량통행량 증가 등 도로상황으로 인하여 부득이하게 시속 80km 미만으로 통행할 수밖에 없는 경우에는 앞지르기를 하는 경우가 아니라도 통행할 수 있다.
	편도 3차로 이상 / 왼쪽 차로	승용자동차 및 경형·소형·중형 승합자동차
	편도 3차로 이상 / 오른쪽 차로	대형 승합자동차, 화물자동차, 특수자동차, 건설기계

※모든 차는 위 표에서 지정된 차로보다 오른쪽에 있는 차로로 통행할 수 있다.
※앞지르기를 할 때에는 위 표에서 지정된 차로의 왼쪽 바로 옆 차로로 통행할 수 있다.
※도로의 진출입 부분에서 진출입하는 때와 정차 또는 주차한 후 출발하는 때의 상당한 거리 동안은 이 표에서 정하는 기준에 따르지 아니할 수 있다.
※위 표에서 사용하는 용어의 뜻은 다음 각 목과 같다.
   가. "왼쪽 차로"란 다음에 해당하는 차로를 말한다.
      1) 고속도로 외의 도로의 경우 : 차로를 반으로 나누어 1차로에 가까운 부분의 차로. 다만, 차로수가 홀수인 경우 가운데 차로는 제외한다.
      2) 고속도로의 경우 : 1차로를 제외한 차로를 반으로 나누어 1차로에 가까운 부분의 차로. 다만, 1차로를 제외한 차로의 수가 홀수인 경우 그 중 가운데 차로는 제외한다.
   나. "오른쪽 차로"란 다음에 해당하는 차로를 말한다.
      1) 고속도로 외의 도로의 경우 : 왼쪽 차로를 제외한 나머지 차로
      2) 고속도로의 경우 : 1차로와 왼쪽 차로를 제외한 나머지 차로

[참고] 차로별 통행방법

4차로 고속도로			
1차로 앞지르기 차로	2차로 왼쪽 차로	3차로 오른쪽 차로	4차로 오른쪽 차로

4차로 일반도로			
1차로 왼쪽 차로	2차로 왼쪽 차로	3차로 오른쪽 차로	4차로 오른쪽 차로

3차로 일반도로		
1차로 왼쪽 차로	2차로 오른쪽 차로	3차로 오른쪽 차로

3) 통행의 우선순위
   ① 차마 서로간의 통행의 우선순위는 다음 순서에 따른다.
      ㉮ 긴급자동차
      ㉯ 긴급자동차 외의 자동차
      ㉰ 원동기장치 자전거
      ㉱ 자동차 및 원동기장치 자전거 외의 차마
   ② 긴급자동차 외의 자동차 서로간의 통행의 우선순위는 최고속도 순서에 따른다.
   ③ 통행의 우선순위에 관하여 필요한 사항은 대통령령으로 정한다.
   ④ 비탈진 좁은 도로에서는 올라가는 자동차가 내려가는 자동차에게 도로의 우측 가장자리로 피하여 진로를 양보하여야 한다.
   ⑤ 좁은 도로 또는 비탈진 좁은 도로에서는 빈 자동차가 도로의 우측 가장자리로 진로를 양보하여야 한다.

4) 도로별, 차로수별 자동차의 속도

도로 구분			최고속도	최저속도
일반도로	1. 주거지역·상업지역 및 공업지역의 일반도로		• 50km/h 이내 • 단, 시·도경찰청장이 지정한 노선 또는 구간에서는 60km/h 이내	제한없음
	2. 위 "1" 외의 도로		• 60km/h 이내 • 단, 편도 2차로 이상의 도로에서는 80km/h 이내	
고속도로	편도 2차로 이상	모든 고속도로	• 100km/h 이내 • 단, 적재중량 1.5톤 초과 화물자동차, 특수자동차, 건설기계, 위험물운반자동차는 80km/h	50km/h
		지정·고시한 노선 또는 구간의 고속도로	• 120km/h 이내 • 단, 적재중량 1.5톤 초과 화물자동차, 특수자동차, 건설기계, 위험물운반자동차는 90km/h	50km/h
	편도 1차로		80km/h	50km/h
자동차전용도로			90km/h	30km/h

5) 이상기후시의 운행속도

운행속도	이상 기후 상태
최고속도의 20/100을 줄인 속도	• 비가 내려 노면이 젖어 있는 경우 • 눈이 20mm 미만 쌓인 경우
최고속도의 50/100을 줄인 속도	• 폭우, 폭설, 안개 등으로 가시거리가 100m 이내인 경우 • 노면이 얼어 붙은 경우 • 눈이 20mm 이상 쌓인 경우

6) 앞지르기 금지 장소

① 교차로 및 터널 안, 다리 위
② 비탈길의 고갯마루 부근
③ 가파른 비탈길의 내리막
④ 도로의 구부러진 부근
⑤ 시 · 도지사가 지정한 장소

7) 앞지르기 금지 시기

① 앞차의 좌측에 다른 차가 앞차와 나란히 가고 있는 때에는 그 앞차를 앞지르지 못한다.
② 앞차가 다른 차를 앞지르고 있거나 앞지르고자 하는 때에는 그 앞차를 앞지르지 못한다.
③ 모든 차의 운전자는 경찰공무원의 지시를 따르거나 위험을 방지하기 위하여 정지 또는 서행하고 있는 다른 차를 앞지르지 못한다.

8) 철길 건널목의 통과

① 모든 차는 건널목 앞에서 일시 정지를 하여 안전함을 확인한 후에 통과하여야 한다.
② 신호기 등이 표시하는 신호에 따르는 때에는 정지하지 않고 통과할 수 있다.
③ 건널목의 차단기가 내려져 있거나 내려지려고 하는 때 또는 건널목의 경보기가 울리고 있는 동안에는 그 건널목으로 들어가서는 안된다.
④ 고장 그 밖의 사유로 인하여 건널목 안에서 차를 운행할 수 없게 된 때의 조치
  ㉮ 즉시 승객을 대피시키고 비상 신호기 등을 사용하여 알린다.
  ㉯ 철도공무원 또는 경찰공무원에게 알린다.
  ㉰ 차량을 건널목 외의 곳으로 이동시키기 위한 필요한 조치를 하여야 한다.

9) 서행할 장소

① 교통정리가 행하여지고 있지 아니하는 교차로
② 도로가 구부러진 부근 서행
③ 비탈길의 고갯마루 부근 서행
④ 가파른 비탈길의 내리막 서행
⑤ 지방경찰청장이 안전표지에 의하여 지정한 곳

10) 일시 정지할 장소

① 교통정리가 행하여지고 있지 아니하고 좌 · 우를 확인할 수 없거나 교통이 빈번한 교차로 진입 시
② 지방경찰청장이 필요하다고 인정하여 일시정지 표지에 의하여 지정한 곳
③ 어린이가 보호자 없이 도로를 횡단하는 때 도로에서 앉아 있

거나 서 있는 때 또는 놀이를 하는 때 등 어린이에 대한 교통사고의 위험이 있는 것을 발견한 때, 앞을 보지 못하는 사람이 흰색 지팡이를 가지거나 맹도견을 동반하고 도로를 횡단하고 있는 때 또는 지하도 · 육교 등 도로횡단시설을 이용할 수 없는 지체장애인이 도로를 횡단하고 있는 때

11) 정차 및 주차가 모두 금지되는 장소

① 교차로 · 횡단보도 · 건널목이나 보도와 차도가 구분된 도로의 보도
② 교차로의 가장자리나 도로의 모퉁이로부터 5m 이내인 곳
③ 안전지대가 설치된 도로에서는 그 안전지대의 사방으로부터 각각 10m 이내인 곳
④ 버스여객자동차의 정류지임을 표시하는 기둥이나 표지판 또는 선이 설치된 곳으로부터 10m 이내인 곳
⑤ 건널목의 가장자리 또는 횡단보도로부터 10m 이내인 곳
⑥ 소방용수시설 또는 비상소화장치가 설치된 곳으로부터 5m 이내인 곳
⑦ 어린이 보호구역

12) 주차가 금지되는 장소

① 터널 안 또는 다리 위
② 도로공사를 하고 있는 경우에는 그 공사 구역의 양쪽 가장자리로부터 5m 이내인 곳
④ 다중이용업소의 영업장이 속한 건축물로 소방본부장의 요청에 의하여 시 · 도경찰청장이 지정한 곳으로부터 5m 이내인 곳
③ 시 · 도경찰청장이 지정한 곳

(3) 도로교통법 관련 기타 사항

1) 교통사고처리특례법상 12개 항목(사고 시 형사처벌)

① 신호 · 지시위반사고
② 중앙선침범, 고속도로나 자동차전용도로에서의 횡단 · 유턴 또는 후진위반 사고
③ 속도위반(20km/h 초과) 과속사고
④ 앞지르기의 방법 · 금지시기 · 금지장소 또는 끼어들기 금지 위반사고
⑤ 철길건널목 통과방법 위반사고
⑥ 보행자보호의무 위반사고
⑦ 무면허운전사고
⑧ 음주운전 · 약물복용운전 사고
⑨ 보도침범 · 보도횡단방법 위반사고
⑩ 승객추락방지의무 위반사고
⑪ 어린이 보호구역 내 안전운전의무 위반으로 어린이의 신체를 상해에 이르게 한 사고
⑫ 자동차의 화물이 떨어지지 아니하도록 필요한 조치를 하지 아니하고 운전한 경우

2) 교통사고 발생시 조치

① 차의 교통으로 사람을 사상하거나 물건을 손괴하였을 때는 운전자 및 승무원은 곧 정차하여 사상 자를 구호하는 등 필요한 조치를 해야 한다.
② 그 차의 운전자 등은 경찰공무원이 현장에 있을 때는 그 경찰공무원에게, 경찰공무원이 없을 때 는 가장 가까운 경찰관서에 지체없이 사고가 일어난 곳, 사상자 수 및 부상 정도, 손괴

한 물건 및 손괴 정도, 그 밖의 조치 상황 등을 신속히 신고해야 한다.
③ 긴급자동차 또는 부상자를 운반 중인 차 및 우편물 자동차 등의 운전자는 긴급한 경우에 승무원으로 하여금 교통사고 조치 또는 신고를 하게 하고 운전을 계속할 수 있다.

3) 도로교통법상의 사고 기준
① 사망 : 사고발생 시부터 72시간 이내에 사망한 때
② 중상 : 3주 이상의 치료를 요하는 부상
③ 경상 : 3주 미만 5일 이상의 치료를 요하는 부상
④ 부상 : 5일 미만의 치료를 요하는 부상

4) 술에 취한 상태에서의 운전금지
① 누구든지 술에 취한 상태에서 자동차 등(건설기계를 포함)을 운전하여서는 안 된다.
② 경찰공무원(자치 경찰공무원은 제외)은 술에 취한 상태에서 자동차 등을 운전하였다고 인정할만한 상당한 이유가 있는 때에는 운전자가 술에 취하였는지의 여부를 호흡조사에 의하여 측정할 수 있다. 이 경우 운전자는 경찰공무원의 측정에 응하여야 한다.
③ 술에 취하였는지의 여부를 측정한 결과에 불복하는 운전자에는 그 운전자의 동의를 얻어 혈액채취 등의 방법으로 다시 측정할 수 있다.
④ 운전이 금지되는 술에 취한 상태의 기준은 혈중알코올농도 0.03% 이상이며, 특히 혈중알코올농도가 0.08% 이상인 만취상태로 운전하다 적발되면 운전면허가 취소된다.

(4) 도로명 주소

1) 도로명 주소 개요
① 도로명 주소 : 도로명 주소란 부여된 도로명, 기초번호, 건물번호, 상세주소에 의하여 건물의 주소를 표기하는 방식으로, 도로에는 도로명을 부여하고, 건물에는 도로에 따라 규칙적으로 건물번호를 부여하여 도로명과 건물번호 및 상세주소(동·층·호)로 표기하는 주소제도이다.
② 도로명과 건물번호
  ㉮ 도로명 : 도로 구간마다 부여한 이름으로 주된 명사에 도로별 구분기준인 대로(8차로 이상), 로(2차로에서 7차로까지), 길('로'보다 좁은 도로)을 붙여서 부여
  ㉯ 건물번호 : 도로 시작점에서 20m 간격으로 왼쪽은 홀수, 오른쪽은 짝수를 부여
  ㉰ 도로구간 설정 : 직진성·연속성을 고려, 서→동, 남→북 방향으로 설정
  ㉱ 건물번호 부여 : 주된 출입구에 인접한 도로의 기초번호 사용 원칙(건물번호 부여 대상은 생활의 근거가 되는 건물)

2) 건물 번호판 및 도로명판

구분	종류 및 의미		
건물번호판	일반용	관공서용	문화재·관광지용
	세종대로 Sejong-daero 도로명 / 209 건물번호	중앙로 35 Jungang-ro	262 중앙로 Jungang-ro	24 보성길 Boseong-gil
도로명판	기초번호판		예고명 도로명판
	도로명 / 종로 2345 기초번호		종로 200m Jong-ro ① 종로 : 현 위치에서 다음에 나타날 도로는 '종로' ② 200m : 현 위치로부터 전방 200m에 예고한 도로가 있음

3) 도로명판 보는 방법

도로명판	명판의 의미
한방향용 기점 강남대로 1→699 Gangnam-daero	① 강남대로 : 넓은 길, 시작지점을 의미 ② 1→ : 현 위치는 도로 시작점 '1' ③ 1→699 : 강남대로는 6.99km(699×10m)
한방향용 종점 1←65 대정로23번길 Daejeong-ro 23beon-gil	① 대정로23번길 : 대정로 시작지점에서부터 약 230m 지점에서 왼쪽으로 분기된 도로 ② ←65 : 현 위치는 도로 끝지점 '65' ③ 1←65 : 이 도로는 650m(65×10m)
양 방향용 92 중앙로 96 Jungang-ro	① 중앙로 : 전방 교차 도로는 중앙로 ② 92 : 좌측으로 92번 이하 건물 위치 ③ 96 : 우측으로 96번 이상 건물 위치
앞쪽 방향용 사임당로 250↑92 Saimdang-ro	① 사임당로 : 사임당로의 중간 지점을 의미 ② 92 : 현 위치는 사임당로상의 92번 ③ 92→250 : 사임당로의 남은 거리는 1.58km[(250−92)×10m]

제 2절
안전관리
: Safety Supervision

법규 및 안전관리

01 산업안전

(1) 산업안전일반

안전관리는 산업재해를 예방하기 위한 기술적, 제도적, 관리적 수단과 방법이라 하겠다. 즉 인간의 불안전한 행동과 조건 등 따르는 위험요소가 존재하지 못하도록 인간, 장비, 시설 등을 기술적으로 관리하고 통제하는 수단이며, 사고의 원인을 분석해 보면 물적 원인(불안전한 환경 등)보다는 인위적 원인(불안전한 행위)에 의한 사고가 대부분이다.

1) 사고원인 발생분석(미국안전협회)

불안전한 행위(88%)	불안전한 환경(10%)	불가항력(2%)
1) 안전수칙의 무시	1) 기계 · 설비의 결함	1) 천재지변
2) 불안전한 작업행동	2) 기계 기능의 불량	2) 인간의 한계
3) 방심(태만)	3) 안전장치의 결여	3) 기계의 한계
4) 기량의 부족	4) 환기 · 조명의 불량	
5) 불안전한 위치	5) 개인의 위생 불량	
6) 신체조건의 불량	6) 작업표준의 불량	
7) 주의 산만	7) 부적당한 배치	
8) 업무량의 과다	8) 보호구의 불량	
9) 무관심		

2) 재해율 계산

① 연천인율 : 근로자 1,000명당 1년간에 발생하는 재해자 수를 뜻한다.

$$연천인율 = \frac{재해자수}{평균 근로자수} \times 1,000$$

② 도수율(빈도율) : 도수율은 연 100만 근로시간당 몇 건의 재해가 발생했는가를 나타낸다.

$$도수율 = \frac{재해자수}{연근로 시간수} \times 1,000,000$$

③ 연천인율과 도수율의 관계 : 연천인율과 도수율의 관계는 그 계산기준이 다르기 때문에 정확히 환산하기는 어려우나 재해 발생율을 서로 비교하려 할 경우 다음 식이 성립한다.

$$연천인율 = 도수율 \times 2.4 \quad 또는 \quad 도수율 = \frac{연천인율}{2.4}$$

④ 강도율 : 산업재해의 경중의 정도를 알기 위해 많이 사용되며, 근로시간 1,000시간당 발생한 근로손실 일수를 뜻한다.

$$강도율 = \frac{근로손실일수}{연근로 시간수} \times 1,000$$

(2) 안전표지와 색채

1) 색채의 이용

작업현장에서 많이 사용되는 안전표지의 색채에는 다음과 같은 것이 있다.

① 빨간색 : 화재 방지에 관계되는 물건에 나타내는 색으로 방화표시, 소화전, 소화기, 화재경보기 등이 있으며 정지표지로 긴급정지버튼, 정지신호, 통행금지, 출입금지 등이 있다.

② 주황색 : 재해나 상해가 발생하는 장소에 위험표지로 사용, 뚜껑 없는 스위치, 스위치 박스, 뚜껑의 내면, 기계 안전커버의 외면, 노출 톱니바퀴의 내면, 항공 · 선박의 시설 등에 사용된다.

③ 노란색 : 충돌 · 추락주의 표시, 크레인의 훅, 낮은 보, 충돌의 위험이 있는 기둥, 피트의 끝, 바닥의 돌출물, 계단의 디딤면 등에 사용된다.

④ 청색 : 함부로 조작하면 안 되는 곳, 수리중의 운휴 정지장소를 표시하는 표지, 전기스위치의 외부표시 등에 사용된다.

⑤ 녹색 : 위험, 구급장소를 나타낸다. 대피장소 또는 방향을 표시하는 표지, 비상구, 안전위생 지도표지, 진행 등에 사용된다.

⑥ 흰색 : 통로의 표지, 방향지시, 통로의 구획선, 물품 두는 장소, 보조색으로서 방화 등에 사용된다.

⑦ 흑색 : 주의, 위험표지의 글자, 보조색(빨강이나 노랑에 대한) 등에 사용된다.

⑧ 보라색 : 방사능 등의 표시에 사용된다.

2) 안전표지의 종류

안전표지는 산업현장, 공장, 광산, 건설현장, 차량, 선박 등의 안전을 유지하기 위하여 사용한다.

① 금지표지 : 출입금지, 보행금지, 차량통행금지, 사용금지, 탑승금지, 금연, 화기금지, 물체이동금지 등으로 흰색 바탕에 기본모형은 빨강, 부호 및 그림은 검정색이다.

② 경고표지 : 인화성물질 경고, 산화성물질 경고, 폭발성물질 경고, 급성독성물질 경고, 부식성물질 경고, 방사성물질 경고, 고압전기 경고, 매달린 물체 경고, 낙하물 경고, 고온 경고, 저온 경고, 몸균형 상실 경고, 레이저광선 경고, 발암성 · 변이원성 · 생식독성 · 전신독성 · 호흡기 과민성물질 경고, 위험장소 경고 등으로 바탕은 노란색, 기본모형 관련 부호 및 그림은 검정색이다.

③ 지시표지 : 보안경 착용, 방독마스크 착용, 방진마스크 착용, 보안면 착용, 안전모 착용, 귀마개 착용, 안전화 착용, 안전장갑 착용, 안전복 착용으로 바탕은 파란색 관련 그림은 흰색으로 나타낸다.

④ 안내표지 : 녹십자표지, 응급구호표지, 들것, 세안장치, 비상용 기구, 비상구, 좌측 비상구, 우측 비상구가 있는데 바탕은 흰색, 기본모형 및 관련부호는 녹색, 바탕은 녹색, 관련 부호 및 그림은 흰색으로 나타낸다.

	101 출입금지	102 보행금지	103 차량통행금지	104 사용금지
1. 금지표지				
	105 탑승금지	106 금 연	107 화기금지	108 물체이동금지
	201 인화성물질경고	202 산화성물질경고	203 폭발성물질경고	204 급성독성물질경고
	205 부식성물질경고	206 방사성물질경고	207 고압전기경고	208 매달린물체경고
2. 경고표지				
	209 낙하물경고	210 고온경고	211 저온경고	212 몸균형상실경고
	213 레이저광선경고	214 발암성·변이원성·생식독성·전신독성·호흡기과민성물질경고		215 위험장소경고
	301 보안경착용	302 방독마스크착용	303 방진마스크착용	304 보안면착용
3. 지시표지	305 안전모착용	306 귀마개착용	307 안전화착용	308 안전장갑착용
	309 안전복착용			
	401 녹십자표지	402 응급구호표지	403 들것	404 세안장치
4. 안내표지				
	405 비상용기구	406 비상구	407 좌측비상구	408 우측비상구

02 전기공사

(1) 전기공사 관련 작업 안전

1) 고압선 관련 유의사항

① 차도에서 전력 케이블은 지표면 아래 약 1.2~1.5m의 깊이에 매설되어 있다.
② 건설기계로 작업 중 고압 전선에 근접 접촉으로 인한 사고 유형에는 감전, 화재, 화상 등이 있다.
③ 전력 케이블에 사용되는 관로(파이프)에는 흄관, 강관, 파형 PE관 등이 있다.
④ 한국전력 맨홀 부근에서 굴착 작업을 하다가 맨홀과 연결된 동선(銅線)을 절단하였을 때에는 절단된 채로 그냥 둔 뒤 한국전력에 연락한다.
⑤ 콘크리트 전주 주변에서 굴착 작업을 할 때에 전주 및 지선 주위를 굴착하면 전주가 쓰러지기 쉬우므로 굴착해서는 안 된다.

2) 지중전선로의 시설

① 지중전선로는 전선에 케이블을 사용하고 또한 관로식·암거식(暗渠式) 또는 직접 매설식에 의하여 시설하여야 한다.
② 지중전선로를 관로식 도는 암거식에 의하여 시설하는 경우에는 견고하고 차량 기타 중량물의 압력에 견디는 것을 사용하여야 한다.

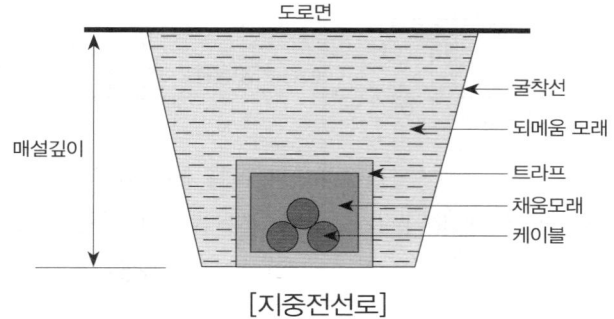

[지중전선로]

③ 지중전선로를 직접 매설식에 의하여 시설하는 경우에는 매설 깊이를 차량 기타 중량물의 압력을 받을 우려가 있는 장소에는 1.2m 이상, 기타 장소에는 60cm 이상으로 하고 또한 지중전선을 견고한 트라프(trough)나 기타 방호물에 넣어 시설하여야 한다.

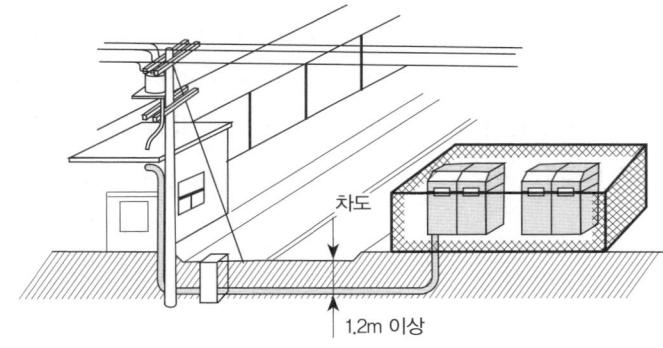

3) 콘크리트 전주 위에 있는 주상변압기

① 주상변압기 연결선의 고압측은 위측이다.
② 주상변압기 연결선의 저압측은 아래측이다.
③ 변압기는 전압을 변경하는 역할을 한다.

4) 안전 이격거리와 애자수
① 전압이 높을수록 커진다.
② 1개 틀의 애자수가 많을수록 커진다.
③ 일반적으로 전선이 굵을수록 커진다.
④ 애자수 2~3개(22.9kV)
⑤ 애자수 4~5개(66kV)
⑥ 애자수 9~11개(154kV)

5) 작업시 유의사항
① 전력선 밑에서 굴착 작업을 하기 전의 조치사항은 작업 안전원을 배치하여 안전원의 지시에 따라 작업한다.
② 굴착 장비를 이용하여 도로 굴착 작업 중 "고압선 위험" 표지 시트가 발견되었을 경우에는 표지 시트 직하(直下)에 전력 케이블이 묻혀 있다.
③ 전선로 부근에서 굴착 작업으로 인해 수목(樹木)이 전선로에 넘어지는 사고가 발생하였을 때의 조치는 기중기에 마닐라 로프를 연결하여 수목을 당겨서 제거하여야 한다.
④ 고압 선로 주변에서 건설기계에 의한 작업 중 고압선로 또는 지지물에 가장 접촉이 많은 부분은 권상 로프와 붐대이다.

6) 154,000V라는 표시찰이 부착된 철탑 근처 작업시 주의사항
① 철탑 기초에서 충분히 이격하여 굴착한다.
② 전선이 바람에 흔들리는 것을 고려하여 접근 금지 로프를 설치한다.
③ 전선에 최소한 3m 이내로 접근되지 않도록 한다.
④ 철탑 기초 주변 흙이 무너지지 않도록 한다.

7) 전선로 주변에서 작업을 할 때 주의할 사항
① 굴착 작업을 할 때에는 붐이 전선에 근접되지 않도록 주의하여야 한다.
② 전선은 바람에 의해 흔들리게 되므로 이를 고려하여 이격거리를 증가시켜 작업해야 한다.
③ 전선이 바람에 흔들리는 정도는 바람이 강할수록 많이 흔들린다.
④ 전선은 철탑 또는 전주에서 멀어질수록 많이 흔들린다.
⑤ 디퍼(버킷)는 고압선으로부터 10m 이상 떨어져서 작업한다.
⑥ 붐 및 디퍼는 최대로 펼쳤을 때 전력선과 10m 이상 이격된 거리에서 작업한다.
⑦ 작업 감시자를 배치 후 전력선 인근에서는 작업 감시자의 지시에 따른다.

(2) 전선 및 기구 설치

1) 전선의 종류
① 동선 : 연동선(옥내 배선용), 경동선(옥외 배선용)이 있다.
② 나전선 : 절연물에 대한 유전체 손이 적어 높은 전압에 유리하다.
③ 절연 전선 : 고무, 비닐, 폴리에틸렌 등을 외부에 입힌 선이다.
④ 바인드 선 : 철선에 아연 도금을, 연동선에 주석 도금을 한 것으로 전선을 애자에 묶을 때 사용하며 굵기는 0.8, 0.9, 1.2mm 등이 있다.
⑤ 케이블
㉮ 저압용 : 비금속 케이블, 고무 외장 케이블, 비닐 외장 케이블, 클로로프렌 외장 케이블, 플렉시블 외장 케이블, 연피 케이블, 주트권 연피 케이블, 강대 외장 연피 케이블
㉯ 고압용 : 비닐 외장 케이블, 클로로프렌 외장 케이블, 연피 케이블, 주트권 연피 케이블, 강대 외장 케이블

2) 접지 공사의 시설 방법
① 접지극은 지하 75cm 이상의 깊이에 매설
② 철주의 밑면에서 30cm 이상의 깊이에 매설하거나 금속체로부터 1m 이상 떼어 설치(금속체에 따라 시설)
③ 접지선은 지하 75cm~지표상 2m 이상의 합성 수지관 몰드로 덮을 것

3) 감전의 방지
감전기기 내에서 절연 파괴가 생기면, 기기의 금속제 외함은 충전되어 대지 전압을 가진다. 여기에 사람이 접촉하면 인체를 통하여 대지로 전류가 흘러 감전되므로, 금속제 외함을 접지하여 대지 전압을 가지지 않도록 한다.

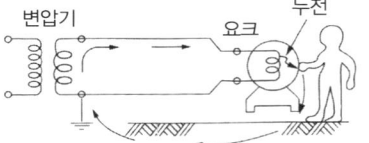

[누전에 의한 감전경로]

4) 주상 기구의 설치
변압기를 전봇대에 설치할 경우 시가지 내에서는 4.5m, 시가지 외에서는 4m 위치에 설치하여야 한다.

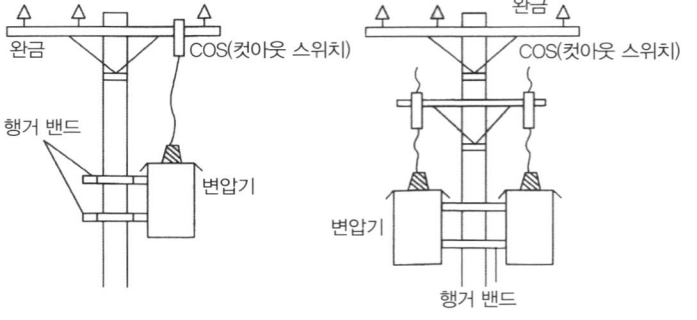

---

03 도시가스 작업 ●

(1) 가스배관 작업기준

1) 노출된 가스배관의 안전조치
① 노출된 가스배관의 길이가 15m 이상인 경우에는 점검통로 및 조명시설을 다음과 같이 설치하여야 한다.
㉮ 점검통로의 폭은 점검자의 통행이 가능한 80cm 이상으로 하고, 발판은 사람의 통행에 지장이 없는 각목 등으로 설치하여야 한다.
㉯ 가드레일을 0.9m 이상의 높이로 설치하여야 한다.
㉰ 점검통로는 가스배관에서 가능한 한 가깝게 설치하되 원칙적으로 가스배관으로부터 수평거리 1m 이내에 설치하여야 한다.
㉱ 가스배관 양끝단부 및 곡관은 항상 관찰이 가능하도록 점검통로를 설치하여야 한다.
㉲ 조명은 70Lux 이상을 원칙적으로 유지하여야 한다.

② 노출된 가스배관의 길이가 20m 이상인 경우에는 다음과 같이 가스누출경보기 등을 설치해야 한다.
  ㉮ 매 20m 마다 가스누출경보기를 설치하고 현장관계자가 상주하는 장소에 경보음이 전달되도록 설치하여야 한다.
  ㉯ 작업장에는 현장여건에 맞는 경광등을 설치하여야 한다.
③ 굴착으로 주위가 노출된 고압배관의 길이가 100m 이상인 것은 배관 손상으로 인한 가스누출 등 위급한 상황이 발생한 때에 그 배관에 유입되는 가스를 신속히 차단할 수 있도록 노출된 배관 양끝에 차단장치를 설치하여야 한다.

2) 가스배관의 표시
① 배관의 외부에 사용 가스명·최고 사용 압력 및 가스의 흐름 방향을 표시할 것. 다만 지하에 매설하는 경우에는 흐름방향을 표시하지 아니할 수 있다.
② 가스배관의 표면 색상은 지상 배관을 황색으로, 매설 배관은 최고 사용 압력이 저압인 배관은 황색, 중압인 배관은 적색으로 하여야 한다.
③ 배관의 노출 부분의 길이가 50m를 넘는 경우에는 그 부분에 대하여 온도 변화에 의한 배관 길이의 변화를 흡수 또는 분산시키는 조치를 하여야 한다.

3) 가스배관의 도로 매설
① 원칙적으로 자동차 등의 하중의 영향이 적은 곳에 매설할 것
② 배관의 그 외면으로부터 도로의 경계가지 1m 이상의 수평거리를 유지할 것
③ 배관은 그 외면으로부터 도로 밑의 다른 시설물과 0.3m 이상의 거리를 유지할 것
④ 시가지의 도로 밑에 매설하는 경우에는 노면으로부터 배관의 외면까지의 깊이를 1.5m 이상으로 할 것. 다만 방호구조물 안에 설치하는 경우에는 노면으로부터 그 방호구조물의 외면까지의 깊이를 1.2m 이상으로 할 수 있다.
⑤ 포장이 되어 있는 차도에 매설하는 경우에는 그 포장부분의 노반(차단층이 있는 경우에는 그 차단층)의 밑에 매설하고 배관의 외면과 노반의 최하부와의 거리는 0.5m 이상으로 할 것
⑥ 인도·보도 등 노면 외의 도로 밑에 매설하는 경우에는 지표면으로부터 배관의 외면까지의 깊이는 1.2m 이상으로 할 것. 다만 방호구조물 안에 설치하는 경우에는 그 방호구조물의 외면까지의 깊이를 0.6m 이상으로 할 것

(2) 가스배관 안전관리

1) 타공사시 가스배관 손상방지
① 가스배관과 수평거리 2m 이내에서 파일 박기를 하고자 할 경우 도시가스사업자의 입회 하에 시험 굴착 후 시행할 것
② 가스배관의 수평거리가 30cm 이내일 경우 파일 박기를 하지 말 것
③ 항타기는 가스배관과 수평거리가 2m 이상 되는 곳에 설치할 것. 다만, 부득이 하여 수평거리 2m 이내에 설치할 때는 하중진동을 완화할 수 있는 조치를 할 것
④ 파일을 뺀 자리는 충분히 메울 것
⑤ 가스배관 주위를 굴착하고자 할 때는 가스배관의 좌우 1m 이내의 부분은 반드시 인력으로 굴착할 것
⑥ 가스배관 주위에 발파 작업을 하는 경우에는 도시가스사업자의 입회하에 충분한 대책을 강구한 후 실시할 것
⑦ 가스배관에 근접하여 굴착할 경우 주위에 가스배관의 부속 시설물이 있을 경우 작업으로 인한 이탈 및 손상방지에 주의할 것
⑧ 가스배관의 위치를 파악한 경우 가스배관의 위치를 알리는 표지판을 부착할 것

2) 굴착 작업시 유의사항
① 사전에 도시가스 배관 확인 및 굴착 전 도시가스사 입회 요청
  ㉮ 라인마크(Line Mark) 확인 : 배관 길이 50m 마다 1개 설치
  ㉯ 배관 표지판 : 배관 길이 500m 마다 1개 설치
  ㉰ 전기방식 측정용 터미널 박스(T/B)
  ㉱ 밸브 박스
  ㉲ 주변 건물에 도시가스 공급을 위한 입상 배관
  ㉳ 도시가스 배관 설치 도면
② 작업 중 다음의 경우 수작업(굴착기계 사용 금지) 실시
  ㉮ 보호포가 나타났을 때(적색 또는 황색 비닐 시트)
  ㉯ 모래가 나타났을 때
  ㉰ 보호판이 나타났을 때
  ㉱ 적색 또는 황색의 가스배관이 나타났을 때

3) 굴착시 확인 및 조치사항
① 가스배관의 매설 위치 확인 및 조치
  ㉮ 배관 도면, 탐지기 또는 시험 굴착 등으로 확인
  ㉯ 가스배관의 위치 및 관경을 스프레이, 깃발 등으로 노면에 표시
  ㉰ 타 공사 자재 등에 의한 가스배관의 충격, 손상, 하중 방지
② 가스배관의 좌우 1m 이내의 부분은 인력으로 신중히 굴착
③ 가스배관에 부속 시설물이 있을 경우 작업으로 인한 이탈 및 손상 방지(밸브 수취기, 전기방식 설비 등)

4) 파일 및 방호판 타설시 조치사항
① 가스배관과 수평거리 30cm 이내 타설 금지
② 항타기는 가스배관과 수평거리 2m 이상 이격
③ 가스배관과 수평거리 2m 이내 타설시 도시가스사업자 입회하에 시험 굴착 후 시행
④ 가스배관과 기타 공작물의 충분한 이격거리 유지
⑤ 가스배관 노출시 중량물의 낙하, 충격 등으로 인한 손상 방지
⑥ 순찰 및 긴급시 출입 방안 강구(점검 통로 설치 등)

5) 가스배관 파손시 긴급조치 요령
① 천공기 등으로 도시가스 배관을 손상시켰을(뚫었을) 경우에는 천공기를 빼지 말고 그대로 둔 상태에서 기계를 정지시킨다.
② 누출되는 가스배관의 지표면에 설치된 라인마크 등을 확인하여 전잔 밸브를 차단하고 도시가스 사업자에게 신고한다.
③ 주변의 차량 및 사람을 통제하고 경찰서, 소방서, 한국가스안전공사에 연락한다.

6) 벌칙 관련 기준
① 도시가스사업법 관련 벌칙
  ㉮ 가스배관 손상방지기준 미준수 : 2년 이하의 징역 또는 2,000만원 이하의 벌금

④ 도시가스 사업자와 협의없이 도로를 굴착한 자 : 2년 이하의 징역 또는 2,000만원 이하의 벌금

⑤ 가스공급시설 손괴, 기능장애 유발로 가스공급 방해 : 10년 이하의 징역 또는 1억원 이하의 벌금

⑥ 가스공급시설 손괴로 인한 인명 피해 : 무기 또는 3년 이상의 징역

⑦ 업무상 과실로 인한 가스공급 방해 : 10년 이하의 금고 또는 1억원 이하의 벌금

⑧ 사업자 승낙없이 가스공급시설 조작으로 인한 가스공급 방해 : 1년 이하의 징역 또는 1,000만원 이하의 벌금

② 가스배관 지하매설 심도

㉮ 공동주택 등의 부지 내에서는 0.6m 이상

㉯ 폭 8m 이상의 도로에서는 1.2m 이상. 다만, 최고 사용 압력이 저압인 배관에서 횡으로 분기하여 수요자에게 직접 연결되는 배관의 경우 1m 이상

㉰ 폭 4m 이상 8m 미만인 도로에서는 1m 이상. 다만 최고 사용 압력이 저압인 배관에서 횡으로 분기하여 수요자에게 직접 연결되는 배관의 경우 0.8m 이상

㉱ 상기에 해당하지 아니하는 곳에서는 0.8m 이상. 다만 암반 등에 의하여 매설 깊이 유지가 곤란하다고 허가 관청이 인정하는 경우에는 0.6m 이상

③ 가스배관의 표시 및 부식 방지조치

㉮ 배관은 그 외부에 사용 가스명, 최고 사용 압력 및 가스 흐름 방향(지하 매설 배관 제외)이 표시되어 있다.

㉯ 가스배관의 표면 색상은 지상 배관은 황색, 매설 배관은 최고 사용 압력이 저압인 배관은 황색, 중압인 배관인 적색으로 되어 있다. 다만, 지상 배관 중 건축물의 외벽에 노출되는 것으로서 다음 방법에 의하여 황색 띠로 가스배관임을 표시한 경우에는 그렇지 않다.

㉠ 황색도료로 지워지지 않도록 표시되어 있는 경우

㉡ 바닥(2층 이상 건물의 경우에는 각 층의 바닥)으로부터 1m 높이에 폭 3cm의 띠가 이중으로 표시되어 있는 경우

④ 가스배관의 보호포

㉮ 보호포는 폴리에틸렌수지·폴리프로필렌수지 등 잘 끊어지지 않는 재질로 두께가 0.2mm 이상이다.

㉯ 보호포의 폭은 15~35cm로 되어 있다.

㉰ 보호포의 바탕색은 최고 압력이 저압인 관은 황색, 중압 이상인 관은 적색으로 하고 가스명·사용 압력·공급자명 등이 표시되어 있다.

7) 가스배관의 라인마크

 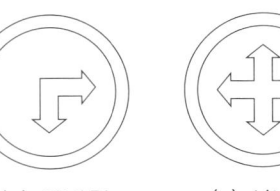

(a) 직선방향   (b) 양방향   (c) 삼방향

① 라인마크는 도로 및 공동주택 등의 부지 내 도로에 도시가스 배관 매설시 설치되어 있다.

② 라인마크는 배관길이 50m마다 1개 이상 설치되며, 주요 분기점·구부러진 지점 및 그 주위 50m 이내에 설치되어 있다.

8) 가스배관의 표지판

① 표지판은 배관을 따라 500m 간격으로 시가지 외의 도로, 산지, 농지, 철도부지에 설치되어 일반인이 쉽게 볼 수 있도록 되어 있다.

② 표지판은 가로 200mm, 세로 150mm 이상의 직사각형으로서 황색바탕에 검정색 글씨로 표기되어 있다.

04 공구 및 작업안전

(1) 수공구·전동공구 사용시 주의사항

1) 스패너 렌치

① 스패너의 입이 너트 폭과 맞는 것을 사용하고 입이 변형된 것은 사용치 않는다.

② 스패너를 너트에 단단히 끼워서 앞으로 당기도록 한다.

③ 스패너를 두 개로 연결하거나 자루에 파이프를 이어 사용해서는 안 된다.

④ 멍키 렌치는 웜과 랙의 마모에 유의하여 물림상태를 확인한 후 사용한다.

⑤ 멍키 렌치는 아래 턱 방향으로 돌려서 사용한다.

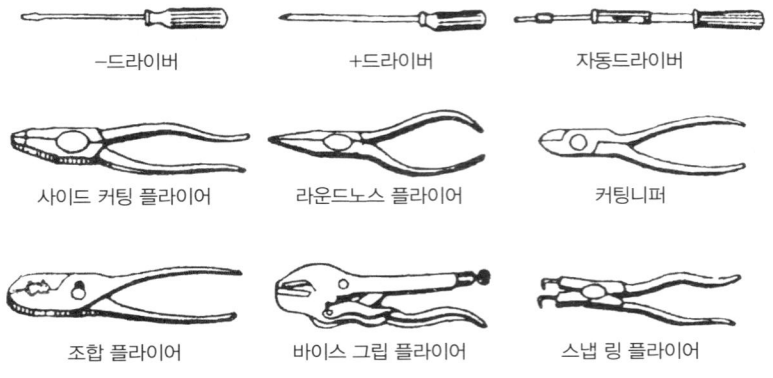

-드라이버   +드라이버   자동드라이버

사이드 커팅 플라이어   라운드노스 플라이어   커팅니퍼

조합 플라이어   바이스 그립 플라이어   스냅 링 플라이어

[여러가지 공구]

2) 해머

작업 중에 해머의 머리가 빠져서 또는 자루가 부러져 날아가거나 손이 미끄러져 잘못 침으로써 상해를 입는 일이 많으며 해머의 잘못된 두들김은 협소한 장소 작업 시, 발 딛는 장소가 나쁠 때, 작업하고 있는 물건에 주시하지 않고 한눈을 팔 때 등이다.

① 자루가 꺾여질 듯 하거나 타격면이 닳아 경사진 것은 사용하지 않는다.

② 쐐기를 박아서 자루가 단단한 것을 사용한다.

③ 작업에 맞는 무게의 해머를 사용하고 또 주위상황을 확인하고 한두번 가볍게 친 다음 본격적으로 두들긴다.

④ 장갑이나 기름 묻은 손으로 자루를 잡지 않는다.

⑤ 재료에 변형이나 요철이 있을 때 해머를 타격하면 한쪽으로 튕겨서 부상하므로 주의한다.

⑥ 담금질한 것은 함부로 두들겨서는 안 된다.

⑦ 물건에 해머를 대고 몸의 위치를 정하여 발을 힘껏 딛고 작업한다.

⑧ 처음부터 크게 휘두르지 않고 목표에 잘 맞기 시작한 후 차차 크게 휘두른다.

3) 정 작업시 안전수칙
① 머리가 벗겨진 정은 사용하지 않는다.
② 정은 기름을 깨끗이 닦은 후에 사용한다.
③ 날끝이 결손된 것이나 둥글어진 것은 사용하지 않는다.
④ 방진안경을 착용하며 반대편의 차폐막을 설치한다.
⑤ 정 작업은 처음에는 가볍게 두들기고 목표가 정해진 후에 차츰 세게 두들긴다. 또 작업이 끝날 때에는 타격을 약하게 한다.
⑥ 담금질한 재료를 정으로 쳐서는 안 된다.
⑦ 절삭 면을 손가락으로 만지거나 절삭 칩을 손으로 제거하지 않도록 한다.

4) 연삭기 작업의 안전수칙
① 안전 커버를 떼고 작업해서는 안 된다.
② 숫돌 바퀴에 균열이 있는가 확인한다.
③ 나무 해머로 가볍게 두드려 보아 맑은 음이 나는가 확인한다. 만약 상처가 있으면 탁음이 난다.
④ 숫돌차의 과속 회전은 파괴의 원인이 되므로 유의한다.
⑤ 숫돌차의 표면이 심하게 변형된 것은 반드시 수정(Dressing) 해야 한다.
⑥ 받침대(Rest)는 숫돌차의 중심선보다 낮게 하지 않는다. 작업 중 일감이 딸려 들어갈 위험이 있기 때문이다.
⑦ 숫돌차의 주면과 받침대와의 간격은 3mm 이내로 유지해야 한다.
⑧ 숫돌차의 장치와 시운전은 정해진 사람만이 하도록 한다.
⑨ 숫돌 바퀴가 안전하게 끼워졌는지 확인한다.
⑩ 연삭기의 커버는 충분한 강도를 가진 것으로 규정된 치수의 것을 사용한다.
⑪ 숫돌차의 측면에 서서 연삭해야 하며 반드시 보호안경을 써야 한다.

5) 탁상용 연삭기의 덮개의 각도
① 덮개의 최대 노출 각도 : 90° 이내
② 숫돌주축에서 수평면 위로 이루는 원주 각도 : 65° 이내
③ 수평면 이하의 부분에서 연삭할 경우 : 125° 까지 증가
④ 숫돌의 상부 사용을 목적으로 할 경우 : 60° 이내
⑤ 원통 연삭기·만능 연삭기의 덮개 : 덮개의 노출각은 180° 이내
⑥ 휴대용 연삭기·스윙 연삭기의 덮개 : 덮개의 노출각은 180도° 이내
⑦ 평면 연삭기·절단 연삭기의 덮개 : 덮개의 노출각은 150° 이내

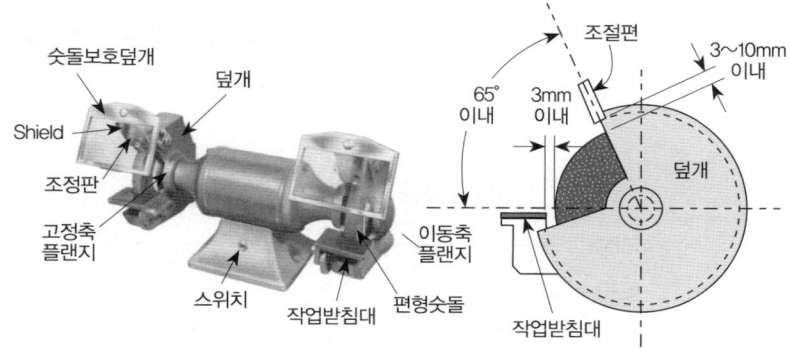

[탁상용 연삭기]

6) 드릴 사용시 유의사항
① 회전하고 있는 주축이나 드릴에 손이나 걸레를 대거나 머리를 가까이 하지 말 것
② 드릴을 사용 전에 점검하고 상처나 균열이 있는 것은 사용치 않는다.
③ 가공 중에 드릴의 절삭분이 불량해지고 이상음이 발생하면 중지하고 즉시 드릴을 바꾼다.
④ 가공 중 드릴이 깊이 먹어 들어가면 기계를 멈추고 손돌리기로 드릴을 뽑아낸다.
⑤ 드릴이나 척을 뽑을 때는 되도록 주축을 내려서 낙하거리를 적게 하고 테이블 등에 나무조각 등을 놓고 받는다.
⑥ 레이디얼 드릴머신은 작업 중 컬럼(Column)과 암(Arm)을 확실하게 체결하여 암을 선회시킬 때 주위에 조심하고 정지시는 암을 베이스에 중심 위치에 놓는다.
⑦ 면장갑을 착용해서는 절대로 안된다.
⑧ 작은 가공물이라도 가공물을 손으로 고정시키고 작업해서는 안된다.
⑨ 가공물이 관통될 즈음에는 알맞게 힘을 가해야 한다.
⑩ 드릴 끝이 가공물을 관통하였는가 손으로 확인해서는 안된다.
⑪ 가공물을 이동시킬 때에는 드릴 날에 손이나 가공물이 접촉되지 않도록 드릴을 안전한 위치에 올려두고 작업해야 한다.
⑫ 드릴 회전 중 칩 제거하는 것은 위험하므로 엄금해야 한다.
⑬ 드릴 날은 항시 점검하여 생크에 상처나 균열이 생긴 드릴을 사용하면 안된다.
⑭ 주물 소재 칩은 해머나 입으로 불어서 제거하면 안 된다.
⑮ 드릴은 척에 고정시킬 때 유동이 되지 않도록 고정시켜야 한다. 천공 작업시는 가공물의 반대쪽을 확인하고 작업해야 한다. 가공 작업 중 소음이나 진동이 발생시에는 작업을 중지하고 기계에 이상 유무를 확인하여야 한다.

(2) 용접 관련 작업

1) 가스 용접 작업을 할 때의 안전수칙
① 봄베 주둥이 쇠나 몸통에 녹이 슬지 않도록 오일이나 그리스를 바르면 폭발한다.
② 토치는 반드시 작업대 위에 놓고 기름이나 그리스가 묻지 않도록 한다.
③ 가스를 완전히 멈추지 않거나 점화된 상태로 방치해 두지 말아야 한다.
④ 봄베는 던지거나 넘어뜨리지 말아야 한다.
⑤ 산소 용기의 보관 온도는 40℃ 이하로 해야 한다.
⑥ 아세틸렌 밸브를 먼저 열고 점화한 후 산소 밸브를 연다.
⑦ 점화는 성냥불로 직접하지 않으며, 반드시 소화기를 준비해야 한다.
⑧ 산소 용접할 대 역류·역화가 일어나면 빨리 산소 밸브부터 잠가야 한다.
⑨ 운반할 때에는 운반용으로 된 전용 운반차량을 사용한다.

2) 산소-아세틸렌 사용할 때의 안전수칙
① 산소는 산소병에 35℃에서 150기압으로 압축 충전한다.
② 아세틸렌의 사용 압력은 1기압이며, 1.5기압 이상이면 폭발할 위험성이 있다.
③ 산소 봄베에서 산소의 누출여부를 확인하는 방법으로 가장 안전한 것은 비눗물 사용이다.

④ 산소통의 메인 밸브가 얼었을 때 60℃ 이하의 물로 녹여야 한다.

⑤ 아세틸렌 도관(호스)은 적색, 산소 도관은 흑색으로 구별한다.

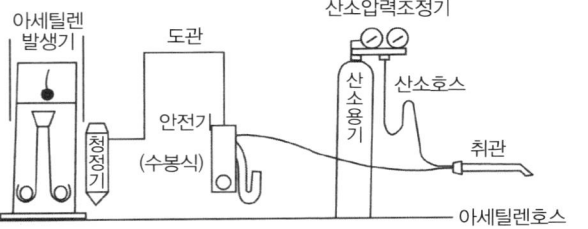

[아세틸렌 용접장치]

3) 카바이드를 취급할 때 안전수칙

① 밀봉해서 보관한다.

② 인화성이 없는 곳에 보관한다.

③ 저장소에 전등을 설치할 경우 방폭 구조로 한다.

④ 카바이드를 습기가 있는 곳에 보관을 하면 수분과 카바이드가 작용하여 아세틸렌 가스를 발생시키고, 소석회로 변화한다.

⑤ 카바이드 저장소에는 전등 스위치가 옥내에 있으면 위험하다.

(3) 운반·작업상의 안전

1) 작업시의 크레인 안전사항

① 크레인 안전 규칙에 정해진 자가 운전하도록 한다.

② 과부하 제한, 경사각의 제한, 기타 안전 수칙의 정해진 사항을 준수한다.

③ 운전자 교체시 인수인계를 확실히 하고 필요조치를 행한다.

④ 크레인 승강은 지정된 사다리를 이용하여 오르고 내린다.

⑤ 매일 작업개시 전 권과 방지 장치, 브레이크, 클러치, 컨트롤러 기능, 와이어 로프의 이상 여부 등을 점검한다. 움직일 때는 경적이나 전등을 밝힌다.

⑥ 정비 점검시는 반드시 안전표시를 부착한다.

⑦ 위로 올릴 때는 훅 화물이 중심에 똑바로 되도록 하여 움직인다.

⑧ 화물 위에 사람이 승차하지 않도록 한다.

⑨ 크레인은 신호수와 호흡을 맞춰 운반한다.

⑩ 주행, 횡행, 선회 운전 시 급격한 이동을 금한다.

⑪ 운전 중에 정지할 경우에는 컨트롤러를 정지 위치에 놓고 메인 스위치를 내린다.

⑫ 운전 중에 점검, 송유 등을 하지 않는다.

⑬ 운전실을 이탈하지 않는다(이탈시 필히 스위치를 내린다).

2) 작업장의 정리정돈 사항

① 작업장에 불필요한 물건이나 재료 등을 제거하여 정리정돈을 철저히 하여야 한다.

② 작업 통로상에는 통행에 지장을 초래하는 장애물을 놓아서는 안되며 용접선, 그라인더선, 제품 적재 등 작업장에 무질서하게 방치하면 발이 걸려 낙상 사고를 당한다.

③ 벽이나 기둥에 불필요한 것이 있으면 제거하여야 한다.

④ 작업대 및 캐비닛 위에 물건이 불안전하게 놓여 있다면 안전하게 정리정돈하여야 한다.

⑤ 각 공장 통로 바닥에 유기가 없도록 할 것이며 유기를 완전 제거할 수 없을 경우에는 모래를 깔아 낙상 사고를 방지하여야 한다.

⑥ 어두운 조명은 교체 사용하며, 제품 및 물건들을 불안전하게 적치해서는 안 된다.

⑦ 각 공장 작업장의 통로 표식을 폭 넓이 80cm 이상 황색으로 표시해야 한다.

⑧ 노후 및 퇴색한 안전표시판 및 각종 안전표시판을 표체 부착하여 안전의식을 고취시킨다.

⑨ 작업장 바닥에 기름을 흘리지 말아야 하며 흘린 기름은 즉시 제거한다.

⑩ 공기 및 공기구는 사용 후 공구함, 공구대 등 지정된 장소에 두어야 한다.

⑪ 작업이 끝나면 항상 정리정돈을 해야 한다.

3) 작업 복장의 착용 요령

① 작업 종류에 따라 규정된 복장, 안전모, 안전화 및 보호구를 착용하여야 한다.

② 아무리 무덥거나 여하한 장소에서도 반라(半裸)는 금해야 한다.

③ 복장은 몸에 알맞은 것을 착용해야 한다.(주머니가 많은 것도 좋지 않다.)

④ 작업복의 소매와 바지의 단추를 풀면 안 되며, 상의의 옷자락이 밖으로 나오지 않도록 하여 단정한 옷차림을 갖추어야 한다.

⑤ 수건을 허리에 차거나 어깨나 목에 걸지 않도록 한다.

⑥ 오손된 작업복이나 지나치게 기름이 묻은 작업복은 착용할 수 없다.

⑦ 신발은 가죽 제품으로 만든 튼튼한 안전화를 착용하고 장갑은 작업 용도에 따라 적합한 것을 착용한다.

(4) 안전모

1) 안전모의 선택 방법

① 작업 성질에 따라 머리에 가해지는 각종 위험으로부터 보호할 수 있는 종류의 안전모를 선택해야 한다.

② 규격에 알맞고 성능 검정에 합격한 제품이어야 한다(성능 검정은 한국산업안전공단에서 실시하는 성능 시험에 합격한 제품을 말함).

③ 가볍고 성능이 우수하며 머리에 꼭 맞고 충격 흡수성이 좋아야 한다.

2) 안전모의 명칭 및 규격

산업 현장에서 사용되는 안전모의 각 부품 명칭은 다음 그림과 같다. 모체는 합성수지 또는 강화 플라스틱제이며 착장제 및 턱끈은 합성면 포 또는 가죽이고 충격 흡수용으로 발포성 스티로폼을 사용하며, 두께가 10mm 이상이어야 한다. 안전모의 무게는 턱끈 등의 부속품을 제외한 무게가 440g을 초과해서는 안된다. 또한, 안전모와 머리 사이의 간격(내부 수직거리)은 25mm 이상 떨어져 있어야 한다.

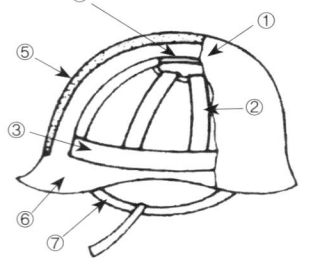
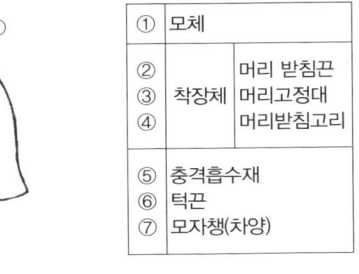

① 모체		
②	착장체	머리 받침끈
③		머리고정대
④		머리받침고리
⑤ 충격흡수재		
⑥ 턱끈		
⑦ 모자챙(차양)		

[안전모의 명칭]

제5장 법규 및 안전관리 출제예상문제

1. 건설기계관리법

01 건설기계 등록 신청을 받을 수 있는 자는 누구인가?
① 행정안전부장관 ② 읍·면·동장
③ 서울특별시장 ④ 경찰서장

02 건설기계 소유자는 건설기계 등록사항에 변경이 있을 때(전시·사변 기타 이에 준하는 비상사태하의 경우는 제외)에는 등록사항의 변경신고를 변경이 있는 날부터 며칠 이내에 하여야 하는가?
① 10일 ② 15일
③ 20일 ④ 30일

03 건설기계 등록의 말소를 하고자 할 때 신청서는 누구에게 제출하는가?
① 구청장 ② 시·도지사
③ 국토교통부장관 ④ 읍·면·동장

04 건설기계 등록말소 사유 중 반드시 시·도지사가 직권으로 등록말소하여야 하는 것은?
① 거짓이나 그 밖의 부정한 방법으로 등록을 한 경우
② 건설기계의 차대가 등록 시의 차대와 다른 경우
③ 건설기계를 수출하는 경우
④ 건설기계를 도난당한 경우

05 시·도지사는 건설기계 등록원부를 건설기계의 등록을 말소한 날부터 몇 년간 보존하여야 하는가?
① 1년 ② 2년
③ 4년 ④ 10년

06 건설기계의 기종별 기호 표시방법으로 맞지 않는 것은?
① 07 : 기중기 ② 01 : 아스팔트 살포기
③ 03 : 로더 ④ 13 : 콘크리트 살포기

07 시·도지사로부터 등록번호표 제작 통지를 받은 건설기계 소유자는 며칠 이내에 등록번호표 제작자에게 제작 신청을 하여야 하는가?
① 3일 ② 10일
③ 20일 ④ 30일

08 등록번호표가 반납 사유가 발생하였을 경우에는 며칠 이내에 반납하여야 하는가?
① 5일 ② 10일
③ 15일 ④ 30일

09 자가용 건설기계 등록번호표의 도색은?
① 청색판에 흰색문자 ② 적색판에 흰색문자
③ 녹색판에 검은색문자 ④ 흰색판에 검은색문자

10 건설기계 등록번호표 중 관용에 해당하는 등록번호 숫자는?
① 0001~0999 ② 1000~4999
③ 5000~8999 ④ 9000~9999

11 건설기계대여업을 하고자 하는 자는 누구에게 신고를 하여야 하는가?
① 고용노동부장관 ② 행정안전부장관
③ 국토교통부장관 ④ 시·도지사

12 건설기계정비업의 업종구분에 해당하지 않은 것은?
① 종합건설기계정비업 ② 부분건설기계정비업
③ 전문건설기계정비업 ④ 특수건설기계정비업

13 건설기계로 등록된 연식 20년 이하인 덤프트럭의 정기검사 유효기간은?
① 6월 ② 1년
③ 1년 6월 ④ 2년

14 타이어식 굴착기의 정기검사 유효기간은?
① 3년 ② 6월
③ 2년 ④ 1년

15 정기 검사대상 건설기계의 정기검사 신청기간 중 맞는 것은?
① 건설기계의 정기검사 유효기간 만료일 후 16일 이내에 신청한다.
② 건설기계의 정기검사 유효기간 만료일 전후 31일 이내에 신청한다.
③ 건설기계의 정기검사 유효기간 만료일 전 5일 이내에 신청한다.
④ 건설기계의 정기검사 유효기간 만료일 전 16일 이내에 신청한다.

[1. 건설기계관리법] 01 ③ 02 ④ 03 ② 04 ① 05 ④ 06 ② 07 ①
08 ② 09 ④ 10 ① 11 ④ 12 ④ 13 ② 14 ④ 15 ②

16 연식 20년 이하인 1톤 이상 지게차의 정기검사 유효기간은?

① 6월   ② 1년

③ 2년   ④ 3년

17 건설기계 신규등록검사를 실시할 수 있는 자는?

① 국토교통부장관

② 군수

③ 검사대행자

④ 행정안전부장관

18 검사소에서 검사를 받아야 할 건설기계 중 해당 건설기계가 위치한 장소에서 검사를 할 수 있는 경우가 아닌 것은?

① 도서지역에 있는 경우

② 자체중량이 40톤을 초과하거나 축중이 10톤을 초과하는 경우

③ 너비가 2.5미터에 미달하는 경우

④ 최고속도가 시간당 35km 미만인 경우

19 다음 중 건설기계의 구조 또는 장치를 변경하는 것과 관련이 없는 설명은?

① 건설기계정비업소에서 구조 또는 장치의 변경 작업을 한다.

② 관할 시·도지사에게 구조변경 승인을 받아야 한다.

③ 구조변경 검사를 받아야 한다.

④ 구조변경 검사는 주요구조를 변경 또는 개조한 날부터 20일 이내에 신청하여야 한다.

20 건설기계 조종사 면허에 관한 사항 중 틀린 것은?

① 면허를 받고자 하는 국가기술자격을 취득하여야 한다.

② 면허의 발급권자는 시장·군수 또는 구청장이다.

③ 특수건설기계 조종은 국토교통부장관이 지정하는 면허를 소지하여야 한다.

④ 특수건설기계 조종은 특수조종면허를 받아야 한다.

21 건설기계조종사 면허가 취소되었을 경우, 그 사유가 발생한 날로부터 며칠 이내에 면허증을 반납해야 하는가?

① 10일 이내   ② 30일 이내

③ 14일 이내   ④ 7일 이내

22 건설기계 조종사 면허 적성검사 기준으로 틀린 것은?

① 두 눈의 시력이 각각 0.3 이상

② 시각은 150도 이상

③ 청력은 10m의 거리에서 60데시벨을 들을 수 있을 것

④ 두 눈을 동시에 뜨고 잰 시력이 0.7 이상

23 건설기계관리법상 건설기계의 조종 중 고의로 사람을 다치게 한 경우 면처처분 기준은?

① 취소

② 면허효력 정지 30일

③ 면허효력 정지 20일

④ 면허효력 정지 10일

24 건설기계 조종사의 면허 취소 사유 설명으로 맞는 것은(단, 산업안전보건법에 따른 중대재해가 아닌 경우이다.)

① 과실로 인하여 1명을 사망하게 하였을 때

② 면허정지 처분을 받은 자가 그 기간 중에 건설기계를 조종한 때

③ 과실로 인하여 10명에게 경상을 입힌 때

④ 건설기계로 1천만원 이상의 재산 피해를 냈을 때

---

2. 도로교통법

01 도로교통법에 위반되는 행위는?

① 주간에 방향을 전환할 때 방향 지시등을 켰다.

② 야간에 교행할 때 전조등의 광도를 감하였다.

③ 도로 모퉁이 부근에서 앞지르기하였다.

④ 건널목 바로 전에 일시 정지하였다.

02 편도 4차로인 일반도로에서 건설기계의 주행 차로는?

① 3차로와 4차로

② 1차로와 2차로

③ 2차로와 3차로

④ 모든 차로

03 교통정리가 행하여지고 있지 않은 교차로에서 우선 순위가 같은 차량이 동시에 교차로에 진입한 때의 우선순위로 맞는 것은?

① 소형 차량이 우선한다.

② 우측도로의 차가 우선한다.

③ 좌측도로의 차가 우선한다.

④ 중량이 큰 차량이 우선한다.

04 주행 중 진로를 변경하고자 할 때 운전자가 지켜야 할 사항으로 틀린 것은?

① 후사경 등으로 주위의 교통상황을 확인한다.

② 신호를 실시하여 뒷차에게 알린다.

③ 진로를 변경할 때에는 뒷차에 주의할 필요가 없다.

④ 뒷차와 충돌을 피할 수 있는 거리를 확보할 수 없을 때는 진로를 변경하지 않는다.

 16 ③ **17** ③ **18** ③ **19** ② **20** ④ **21** ① **22** ③ **23** ① **24** ②
[도로교통법] **01** ③ **02** ① **03** ② **04** ③

05 비보호 좌회전 교차로에서의 통행방법으로 가장 적절한 것은?

① 황색 신호시 반대방향의 교통에 유의하면서 서행한다.
② 황색 신호시에만 좌회전할 수 있다.
③ 녹색 신호시 반대방향의 교통에 방해되지 않게 좌회전할 수 있다.
④ 녹색 신호시에는 언제나 좌회전할 수 있다.

06 제한 외의 적재 및 승차 허가를 할 수 있는 관청은?

① 출발지를 관할하는 경찰청
② 시, 읍면 사무소
③ 관할 시, 군청
④ 출발지를 관할하는 경찰서

07 안전기준을 초과하는 화물의 적재허가를 받은 자는 그 길이 또는 폭의 양끝에 너비 및 길이를 각각 몇 cm 이상의 빨간 헝겊으로 된 표지를 달아야 하는가?

① 30(너비), 40(길이)
② 40(너비), 50(길이)
③ 30(너비), 50(길이)
④ 60(너비), 50(길이)

08 최고속도의 100분의 50을 줄인 속도로 운행하여야 할 경우와 관계가 없는 것은?

① 눈이 20mm이상 쌓인 때
② 비가 내려 노면에 습기가 있을 때
③ 노면이 얼어붙은 때
④ 폭우, 폭설, 안개 등으로 가시거리가 100m 이내인 때

09 도로를 통행하는 자동차가 야간에 켜야하는 등화의 구분 중 견인되는 자동차가 켜야 할 등화는?

① 전조등, 차폭등, 미등
② 차폭등, 미등, 번호등
③ 전조등, 미등, 번호등
④ 전조등, 미등

10 고속도로 운행시 안전운전상 특별 준수사항은?

① 정기점검을 실시 후 운행하여야 한다.
② 연료량을 점검하여야 한다.
③ 월간 정비점검을 하여야 한다.
④ 모든 승차자는 좌석 안전띠를 매도록 하여야 한다.

11 그림의 교통안전표지는?

① 우로 이중 굽은 도로
② 좌우로 이중 굽은 도로
③ 좌로 굽은 도로
④ 회전형 교차로

12 보기에서 도로교통법상 어린이보호와 관련하여 위험성이 큰 놀이기구로 정하여 운전자가 특별히 주의하여야 할 놀이기구로 지정한 것을 모두 조합한 것은?

㉠ 킥보드   ㉡ 롤러스케이트
㉢ 인라인스케이트   ㉣ 스케이트보드
㉤ 스노우보드

① ㉠, ㉡
② ㉠, ㉡, ㉢
③ ㉠, ㉡, ㉢, ㉣
④ ㉠, ㉡, ㉢, ㉣, ㉤

13 앞지르기 금지 장소가 아닌 것은?

① 교차로, 도로의 구부러진 곳
② 버스 정류장 부근, 주차금지 구역
③ 터널 내, 앞지르기 금지표지 설치장소
④ 경사로의 정상 부근, 급경사로의 내리막

14 도로교통법상 정차 및 주차의 금지 장소가 아닌 곳은?

① 건널목의 가장자리
② 교차로의 가장자리
③ 횡단보도로부터 10m 이내의 곳
④ 버스정류장 표시판으로부터 20m 이내의 장소

15 도로에서 정차를 하고자 하는 때 방법으로 옳은 것은?

① 차체의 전단부를 도로 중앙을 향하도록 비스듬히 정차한다.
② 진행방향의 반대방향으로 정차한다.
③ 차도의 우측 가장 자리에 정차한다.
④ 일방 통행로에서 좌측 가장 자리에 정차한다.

16 1년간 누산점수가 몇 점 이상이면 면허가 취소되는가?

① 271
② 201
③ 121
④ 190

17 운전면허 취소 처분에 해당되는 것은?

① 과속운전
② 중앙선 침범
③ 면허정지 기간에 운전한 경우
④ 신호 위반

정답: 05 ③ 06 ④ 07 ③ 08 ② 09 ② 10 ④ 11 ② 12 ③ 13 ② 14 ④
15 ③ 16 ③ 17 ③

18 신호기가 표시하고 있는 내용과 경찰관의 수신호가 다른 경우 통행방법으로 옳은 것은?

① 경찰관 수신호를 우선적으로 따른다.
② 신호기 신호를 우선적으로 따른다.
③ 자기가 판단하여 위험이 없다고 생각되면 아무 신호에 따라도 좋다.
④ 수신호는 보조 신호이므로 따르지 않아도 좋다.

19 다음 중 도로교통법상 술에 취한 상태의 기준은?

① 혈중 알코올농도 0.03% 이상
② 혈중 알코올농도 0.05% 이상
③ 혈중 알코올농도 0.08% 이상
④ 혈중 알코올농도 0.1% 이상

20 교차로 또는 그 부근에서 긴급자동차가 접근하였을 때 피양 방법으로 가장 적절한 것은?

① 그 자리에 즉시 정지한다.
② 교차로를 피하여 도로의 우측 가장자리에 일시 정지한다.
③ 서행하면서 앞지르기하라는 신호를 한다.
④ 그대로 진행방향으로 진행을 계속한다.

21 일시정지를 하지 않고도 철길건널목을 통과할 수 있는 경우는?

① 차단기가 올려져 있을 때
② 경보기가 울리지 않을 때
③ 앞차가 진행하고 있을 때
④ 신호등이 진행신호 표시일 때

22 교통 사고시 운전자가 해야 할 조치사항으로 가장 올바른 것은?

① 사고 원인을 제공한 운전자가 신고한다.
② 사고 즉시 사상자를 구호하고 경찰관에게 신고한다.
③ 신고할 필요없다.
④ 재물 손괴의 사고도 반드시 신고하여야 한다.

23 사고로 인하여 위급한 환자가 발생하였다. 의사의 치료를 받기 전까지의 응급처치를 실시할 때, 응급처치 실시자의 준수사항으로서 가장 거리가 먼 것은?

① 의식 확인이 불가능하여도 생사를 임의로 판정은 하지 않는다.
② 사고현장 조사를 실시한다.
③ 원칙적으로 의약품의 사용은 피한다.
④ 정확한 방법으로 응급처치를 한 후에 반드시 의사의 치료를 받도록 한다.

✏ **3. 산업안전일반**

01 안전 표지 종류가 아닌 것은?

① 안내표지　　　　　② 허가표지
③ 지시표지　　　　　④ 금지표지

02 산업안전 · 보건 표지에서 그림이 나타내는 것으로 맞는 것은?

① 녹십자 표지　　　　② 출입금지
③ 인화성 물질경고　　④ 보안경 착용

03 산업안전 · 보건 표지에서 그림이 나타내는 것으로 맞는 것은?

① 독극물 경고　　　　② 폭발물 경고
③ 고압전기 경고　　　④ 낙하물 경고

04 산업안전 · 보건 표지에서 그림이 나타내는 것으로 맞는 것은?

① 비상구 없음 표지　　② 방사선 위험 표지
③ 탑승 금지 표지　　　④ 보행금지 표지

05 다음의 산업안전 · 보건 표지는 어떠한 표지에 해당되는가?

① 지시표지　　　　　② 금지표지
③ 경고표지　　　　　④ 안내표지

06 다음의 산업안전 · 보건표지는 무엇을 나타내는가?

① 비상구　　　　　　② 출입금지
③ 인화성 물질 경고　　④ 보안경 착용

정답 **18** ① **19** ① **20** ② **21** ④ **22** ② **23** ② **[3. 산업안전일반] 01** ②
02 ① **03** ③ **04** ④ **05** ① **06** ②

07 다음은 재해 발생시 조치요령이다. 조치순서로 맞는 것은?

> ① 운전정지 ② 2차 재해방지
> ③ 피해자 구조 ④ 응급처치

① ①-③-②-④ ② ①-③-④-②
③ ③-④-①-② ④ ③-④-②-①

4. 전기공사

01 건설기계가 고압전선에 근접 또는 접촉으로 가장 많이 발생될 수 있는 사고유형은?

① 감전 ② 화재
③ 화상 ④ 휴전

02 전기는 전압이 높을수록 위험한데 가공 전선로의 위험 정도를 판별하는 방법으로 가장 올바른 것은?

① 애자의 개수 ② 지지물과 지지물의 간격
③ 지지물의 높이 ④ 전선의 굵기

03 가공 송전선로 주변에서 건설기계 작업을 위해 지지하는 현수 애자를 확인하니 한 줄에 10개로 되어 있었다. 예측 가능한 전압은 몇 [kV]인가?

① 22.9[kV] ② 66.0[kV]
③ 154[kV] ④ 345[kV]

04 차도에서 전력케이블은 지표면 아래 약 몇 m의 깊이에 매설되어 있는가?

① 0.5~0.8m ② 2~3m
③ 0.3~0.5m ④ 1.2~1.5m

05 다음은 시가지에서 시설한 고압 전선로에서 자가용 수용가에 구내 전주를 경유하여 옥외 수전설비에 이르는 전선로 및 시설의 실체도이다. ⓗ에서 지중 전선로의 차도 부분의 매설 깊이는 몇 m인가?

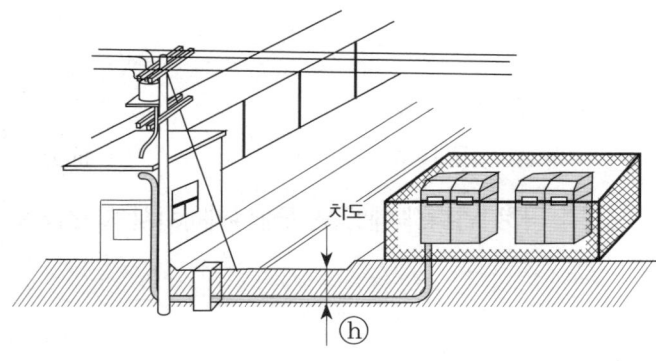

① 1.2m ② 1m
③ 1.75m ④ 0.5m

06 굴착장비를 이용하여 도로 굴착작업 중 "고압선 위험" 표지시트가 발견되었다. 다음 중 맞는 것은?

① 표지시트 좌측에 전력케이블이 묻혀 있다.
② 표지시트 우측에 전력케이블이 묻혀 있다.
③ 표지시트와 직각방향에 전력케이블이 묻혀 있다.
④ 표지시트 직하에 전력케이블이 묻혀 있다.

07 22.9kV 가공 배전선로에 관한 사항이다. 맞는 것은?

① 높은 전압일수록 전주 상단에 설치되어 있다.
② 낮은 전압일수록 전주 상단에 설치되어 있다.
③ 전압에 관계없이 장소마다 다르다.
④ 배전선로는 전부 절연전선이다.

08 고압선 밑에서 건설기계에 의한 작업 중 안전을 위하여 지표에서부터 고압선까지의 거리를 측정하고자 한다. 다음 중 맞는 것은?

① 메마른 긴 대나무를 이용하여 측정한다.
② 메마른 긴 각목을 이용하여 측정한다.
③ 관할 한전사업소에 협조하여 측정한다.
④ 경찰서에 연락하여 측정한다.

09 고압 전력선 부근의 작업장소에서 크레인의 붐이 고압전력선에 근접할 우려가 있을 때, 조치사항으로 가장 적합한 것은?

① 우선 줄자를 이용하여 전력선과의 거리 측정을 한다.
② 관할 시설물 관리자에게 연락을 취한 후 지시를 받는다.
③ 현장의 작업반장에게 도움을 청한다.
④ 고압전력선에 접촉만 하지 않으면 되므로 주의를 기울이면서 작업을 계속한다.

5. 도시가스

01 도로에 매설된 도시가스배관의 색깔이 적색(중압)이었다. 이 배관이 손상되어 가스가 누출될 경우 가스의 압력은?

① 0.01MPa 이상 0.03MPa 미만
② 0.05MPa 이상 0.1MPa 미만
③ 0.1MPa 이상 1MPa 미만
④ 10MPa 이상

02 일반 도시가스 사업자의 지하배관 설치시 도로 폭 8m 이상인 도로에서는 어느 정도의 깊이에 배관이 설치되어 있는가?

① 1.0m 이상 ② 1.5m 이상
③ 1.2m 이상 ④ 0.6m 이상

정답 07 ② [4. 전기공사] 01 ① 02 ① 03 ③ 04 ④ 05 ① 06 ④ 07 ①
08 ③ 09 ② [5. 도시가스] 01 ③ 02 ③

03 폭 4m 이상, 8m 미만인 도로에 일반 도시가스 배관을 매설시 지면과 도시가스 배관 상부와의 최소 이격거리는?

① 0.6m   ② 1.0m
③ 1.2m   ④ 1.5m

04 도시가스사업법에서 배관 구분에 해당되지 않는 것은?

① 본관   ② 내관
③ 공급관   ④ 가정관

05 도시가스 관련법상 공동주택 등외의 건축물 등에 가스를 공급하는 경우 정압기에서 가스사용자가 소유하거나 점유하고 있는 토지의 경계까지에 이르는 배관을 무엇이라고 하는가?

① 본관   ② 주관
③ 공급관   ④ 내관

06 가스배관이 있을 것으로 예상되는 지점으로부터 ( ) 이내에서 줄파기를 할 때에는 안전관리 전담자의 입회하에 시행하여야 한다. 다음 중 ( )에 맞는 말은?

① 0.5m   ② 1m
③ 1.5m   ④ 2m

07 배관 내부의 압력이 중압인 도시가스 배관이 지하에 매설되어 있다. 배관 표면의 색상은?

① 적색   ② 황색
③ 회색   ④ 녹색

08 도로 굴착시 황색의 도시가스 보호포가 나왔다. 매설된 도시가스 배관의 압력은?

① 고압
② 중압
③ 저압
④ 배관의 압력에 관계없이 보호포의 색상은 황색이다.

09 도시가스가 공급되는 지역에서 굴착공사를 하기 전에 도로부분의 지하에 가스배관의 매설 여부는 누구에게 조회하여야 하는가?

① 시장
② 도지사
③ 해당 도시가스 사업자
④ 경찰서장

10 가스배관 주위를 굴착하고자 할 때에는 가스배관의 좌우 몇 m 이내를 인력으로 굴착을 해야 하는가?

① 0.5m   ② 1m
③ 1.5m   ④ 2m

11 도시가스로 사용하는 LNG(액화천연가스)의 특징에 대한 설명으로 틀린 것은?

① 도시가스 배관을 통하여 각 가정에 공급되는 가스이다.
② 공기보다 가벼워 가스 누출시 위로 올라간다.
③ 공기보다 무거워 소량 누출시 밑으로 가라앉는다.
④ 공기와 혼합되어 폭발범위에 이르면 점화원에 의하여 폭발한다.

---

6. 공구 · 용접 · 기계기구

01 일반공구 사용법에서 안전한 사용법에 적합치 않은 것은?

① 녹이 생긴 볼트나 너트에는 오일을 넣어 스며들게 한 다음 돌린다.
② 렌치에 파이프 등의 연장대를 끼워서 사용하여서는 안된다.
③ 언제나 깨끗한 상태로 보관한다.
④ 렌치의 조정 조에 잡아당기는 힘이 가해져야 한다.

02 작업장에서 수공구 재해예방 대책으로 잘못된 사항은?

① 결함이 없는 안전한 공구 사용
② 공구의 올바른 사용과 취급
③ 공구는 항상 오일을 바른 후 보관
④ 작업에 알맞은 공구 사용

03 수공구인 렌치를 사용할 때 지켜야 할 안전사항으로 옳은 것은?

① 볼트를 조일 때 렌치를 해머로 쳐서 조이면 강하게 조일 수 있다.
② 볼트를 풀 때 렌치를 당겨서 힘을 받도록 한다.
③ 렌치는 연장대를 끼워서 조이면 큰 힘을 조일 수 있다.
④ 볼트를 풀 때 지렛대 원리를 이용하여 렌치를 밀어서 힘이 받도록 한다.

04 렌치 사용시 적합지 않은 것은?

① 너트에 맞는 것을 사용할 것
② 렌치를 몸 밖으로 밀어 움직이게 할 것
③ 해머 대용으로 사용치 말 것
④ 파이프 렌치를 사용할 때는 정지상태를 확실히 할 것

05 스패너, 렌치를 사용할 때의 주의사항으로 적합하지 않는 것은?

① 너트에 맞는 것을 사용한다.
② 스패너 또는 렌치는 뒤로 밀어 돌려야 한다.
③ 해머 대용으로 사용하지 않는다.
④ 무리한 힘을 가하지 않는다.

정답

03 ②   04 ④   05 ③   06 ④   07 ①   08 ③   09 ③   10 ②   11 ③
[6. 공구 · 용접 · 기계기구]   01 ④   02 ③   03 ②   04 ②   05 ②

06 드라이버 사용방법으로 틀린 것은?

① 날 끝이 홈의 폭과 길이에 맞는 것을 사용한다.
② 날 끝이 수평이어야 한다.
③ 전기작업시에는 절연된 자루를 사용한다.
④ 작은 공작물은 가능한 손으로 잡고 작업한다.

07 다음 중 일반 드라이버 사용시 안전수칙으로 틀린 것은?

① 정을 대신할 때는 (−) 드라이버를 사용한다.
② 드라이버에 충격압력을 가하지 말아야 한다.
③ 자루가 쪼개졌거나 또한 허술한 드라이버는 사용하지 않는다.
④ 드라이버의 끝을 항상 양호하게 관리하여야 한다.

08 해머 사용 시 주의사항이 아닌 것은?

① 쐐기를 박아서 자루가 단단한 것을 사용한다.
② 기름이 묻은 손으로 자루를 잡지 않는다.
③ 타격면이 닳아 경사진 것은 사용하지 않는다.
④ 처음에는 크게 휘두르고, 차차 작게 휘두른다.

09 인화성 물질이 아닌 것은?

① 아세틸렌 가스　② 가솔린
③ 프로판 가스　　④ 산소

10 아세틸렌 가스 용기의 취급 방법 중 틀린 것은?

① 용기의 온도는 50℃ 이하로 유지할 것
② 용기는 반드시 세워서 보관할 것
③ 전도, 전락 방지 조치를 할 것
④ 충전용기와 빈 용기는 명확히 구분하여 각각 보관할 것

11 다음에서 산소가스 용접기에 사용되는 용기의 도색으로 모두 맞는 것은?

> ㉠ 산소 – 녹색
> ㉡ 수소 – 흰색
> ㉢ 아세틸렌 – 황색

① ㉠　　　　　　② ㉡, ㉢
③ ㉠, ㉢　　　　④ ㉠, ㉡, ㉢

12 가스누설 검사에 가장 좋고 안전한 것은?

① 아세톤　　② 비눗물
③ 순수한 물　④ 성냥불

13 벨트 취급에 대한 안전사항 중 틀린 것은?

① 벨트 교환시 회전을 완전히 멈춘 상태에서 한다.
② 벨트의 회전을 정지할 때 손으로 잡고서 한다.
③ 벨트의 적당한 장력을 유지하도록 한다.
④ 벨트에 기름이 묻지 않도록 한다.

14 벨트를 풀리에 걸 때는 어떤 상태에서 걸어야 하는가?

① 회전을 정지시킨 후
② 저속으로 회전할 때
③ 중속으로 회전할 때
④ 고속으로 회전할 때

15 기계에 사용되는 방호덮개 장치의 구비 조건으로 틀린 것은?

① 마모나 외부로부터 충격에 쉽게 손상되지 않을 것
② 작업자가 임의로 제거 후 사용할 수 있을 것
③ 검사나 급유조정 등 정비가 용이할 것
④ 최소의 손질로 장시간 사용할 수 있을 것

16 다음 중 보호안경을 끼고 작업해야 하는 사항으로 가장 거리가 먼 것은?

① 산소용접 작업시
② 그라인더 작업시
③ 건설기계 장비 일상점검 작업시
④ 장비의 하부에서 점검 정비 작업시

7. 작업안전 · 화재 · 운반

01 가동하고 있는 원동기에서 화재가 발생하였다. 그 소화작업으로 가장 먼저 취해야 할 안전한 방법은?

① 원인분석을 하고, 모래를 뿌린다.
② 경찰에 신고한다.
③ 점화원을 차단한다.
④ 원동기를 가속하여 팬의 바람으로 끈다.

02 안전적인 측면에서 병 속에 들어 있는 약품을 냄새로 알아보고자 할 때 가장 좋은 방법은?

① 종이로 적셔서 알아본다.
② 숟가락으로 약간 떠내어 냄새를 직접 맡아본다.
③ 내용물을 조금 쏟아서 확인한다.
④ 손바람을 이용하여 확인한다.

03 유류 화재시 소화를 위한 방법으로 가장 거리가 먼 것은?

① 방화커튼을 이용하여 화재 진압
② 모래를 사용하여 화재 진압
③ CO_2 소화기를 이용하여 화재 진압
④ 물을 이용하여 화재 진압

06 ④　07 ①　08 ④　09 ④　10 ①　11 ③　12 ②　13 ②　14 ①　15 ②
16 ③　[7. 작업안전 · 화재 · 운반]　01 ③　02 ④　03 ④

제6장
기중기 작업

제1절_ 기중기(Crane)

기중기 출제예상문제

제1절
기중기 : Crane

01 기중기 일반

(1) 기중기의 정의

기중기란 중화물의 기중작업, 토사굴토 및 굴착, 화물의 적재 및 적하, 기둥박기 및 기타 특수 작업을 수행하는 우수한 장비이며, 장비보다 높은 지역의 토사를 굴착하고자 할 때에는 셔블(shovel)작업, 지역의 토사를 굴착하고자 할 때에는 드래그라인 작업(drag-line), 규격이 일정한 비금속화물은 그래플(grapple)로 작업을 하고 규격이 일정하면서 외형이 매끈한 철물은 마그넷(magnet)으로 접착하여 기중작업을 한다.

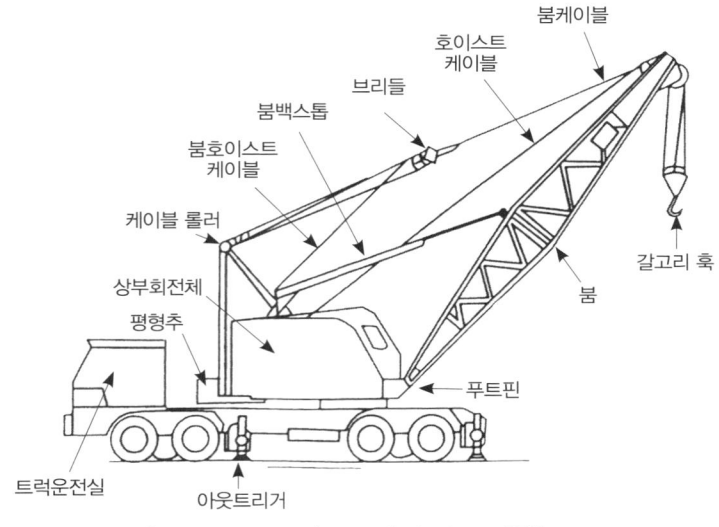

[트럭식 크레인(기중기)의 각부 명칭]

1) 기중기 7개 기본동작
① 짐올리기(Hoist) : 화물 및 버킷을 상승 혹은 하강운동을 하게 하는 것으로 짐을 들면서 붐을 올리면 위험하다.
② 붐 올리기(Boom hoist) : 붐을 상승, 하강시키는 운동을 말하며 적당한 작업 반경을 유지한 다음 짐을 드는 것이 좋다.
③ 돌리기(Swing) : 짐을 들고 상부 선회체를 360°회전(선회)시키는 것을 말하며 짐을 들고 급회전해서는 안된다.
④ 파기(Crowd) : 삽 혹은 버킷에 흙을 퍼 담는 운동을 한다.
⑤ 당기기(Retract) : 삽 장치에서 삽이 상부회전체에서 당겨지는 운동을 말한다.
⑥ 버리기(Dump) : 굴토된 흙을 버리는 운동을 말한다.
⑦ 가기(Travel) : 하부추진체의 전진, 후진 및 조향을 말한다.

2) 기중기의 하중 호칭
① 임계하중 : 좌·우 스윙하지 않고 기중하였을 때 들 수 있는 하중으로, 들 수 없는 하중의 임계점을 말한다.
② 작업하중 : 안전하중이라고도 하며, 작업할 수 있는 하중으로 임계 하중의 85%는 트럭식이고, 75%는 크롤러식이다.
③ 호칭하중 : 최대의 작업 하중을 말한다.

3) 붐의 각(Angle of Boom)
붐의 각이란 붐의 가장 중심선과 푸트핀(foot pin)의 수평선과 사이의 각을 말한다.
① 최대 제한각도 : 78°
② 최소 제한각도 : 20°
③ 작업에 좋은 각도 : 66°30′
④ 셔블붐 : 45°~65°

[참고] 트렌치 붐은 최소 제한 각도가 없다.

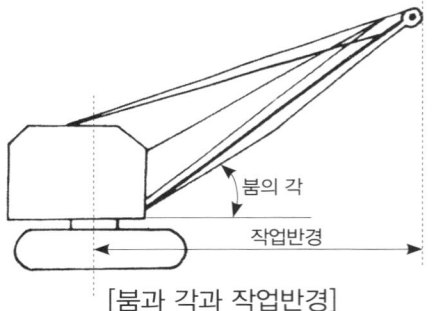

[붐과 각과 작업반경]

4) 작업반경
작업반경이란 선회장치의 회전중심을 지나는 수직선과 혹의 중심을 지나는 수직선 사이의 최단거리를 말하며, 붐의 각과 작업반경은 반비례한다. 또한, 기중기의 작업반경이 커지면 기중능력은 감소한다.

5) 붐의 기복(Boom hoist and lower)
붐의 푸트핀을 지점으로 기복운동을 하는 것을 말하며 경사각이 커지도록 움직이는 경우를 '붐의 올림', 반대인 경우를 '붐의 내림'이라 한다.

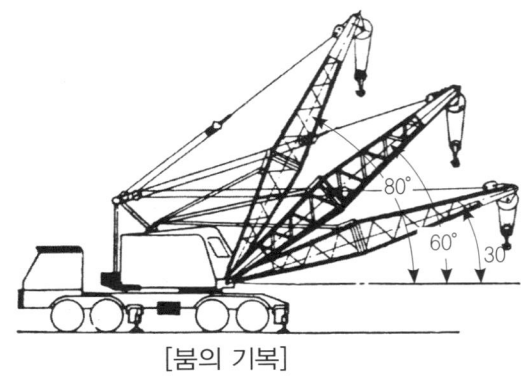

[붐의 기복]

(2) 기중기의 종류

1) 주행장치별 종류
① 트럭탑재식 기중기 : 트럭의 차대 또는 트럭 기중기 전용차체로 제작된 캐리어(carrier) 위에 기중작업장치인 상부선회체를 설치한 것이다. 기동성과 안정성이 좋은 장점이 있으나 습지, 사지, 험한 지역, 협소한 장소에서는 작업이 곤란하다.

② 휠식 기중기 : 고무 타이어용의 견고한 대형차체에 기중작업을 위한 상부회전체가 장치된 것으로 원동기가 한 개로서 주행과 작동을 함께 할 수 있어, 조종자 1명이 한 곳에서 운전조작이 가능하므로 매우 편리하다.

③ 크롤러식 기중기 : 무한궤도 트랙 위에 기중작업을 위한 상부회전체의 전부장치가 설치된 방식의 기중기로 좌우의 크롤러 폭이 넓어 안정성이 좋고, 지반이 고르지 않거나 연약한 지반에서 사용할 수 있는 특징이 있다.

2) 작동방식의 분류
① 기계식 : 작업장치가 기관의 동력을 받아 작동된다.
② 유압식 : 유압에 의해 작업장치를 작동시킨다.

3) 작업장치의 분류
① 훅(갈고리) : 화물의 적재 및 적하작업 등 일반적인 기중기 작업에 많이 사용된다.
② 셔블(삽) : 경사면의 토사굴토, 적재 등의 작업에 많이 사용된다.
③ 드래그라인(긁어내기) : 평면굴토, 수중작업, 제방구축 등의 작업에 많이 사용된다.
④ 트렌치호(도랑파기) : 배수로, 지하실 등의 굴토, 채굴, 매몰 작업에 많이 사용된다.
⑤ 클램쉘(조개작업) : 크레인 붐에 클램쉘 버킷을 장착하여 수직굴토 및 토사적재 작업에 사용된다.
⑥ 파일드라이버(항타 및 항발) : 교주의 항타 및 건물의 기초공사 등에 많이 사용된다.

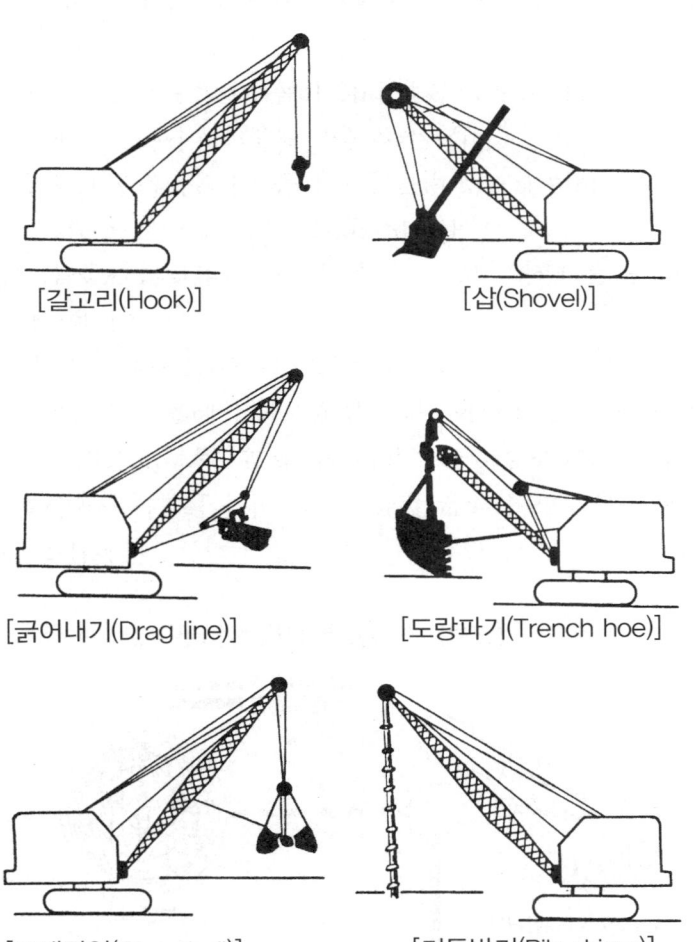

02 기중기의 구성과 작업

(1) 기중기의 구성

기중기는 상부 회전체, 하부 추진체 및 전부 장치의 3부분으로 구성된다.

1) 동력전달과 구조
하부 추진체상의 설치된 형식으로 360° 회전을 하면서 작업을 수행하는 부분으로 상부회전체 전단에 전부장치를 설치하며 동력전달순서는 다음과 같이 된다.

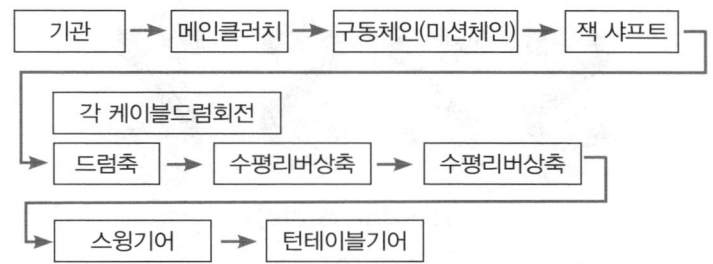

① 기관(Engine) : 가솔린기관은 사용되지 않으며 디젤기관 6~8기통이 사용된다.
② 마스터 클러치(Master clutch) : 마찰식 클러치나 토크 컨버터가 사용된다.
③ 트랜스퍼체인(Transfer chain) : 파워테이크 오프체인이라고도 하며 체인 없이 기어와 축으로 전달되는 장비도 있다.
④ 잭 샤프트(Jack shaft) : 클러치 스프로킷과 잭축 스프로킷 체인에 의해 연결되며, 웜기어로 감속하여 붐호이스트 드럼을 회전시킨다.
⑤ 호이스트 축(Hoist shaft) : 잭 축의 기어에 의해 구동(감속)되어 리트랙트 드럼과 크라우드 드럼을 구동시킨다.
⑥ 수평 리버싱축 : 두 베벨기어와 수직 리버싱축의 피니언 기어가 함께 물리며, 동력을 90° 수직으로 전달한다.
⑦ 수직 리버싱축 : 수평 리버싱 축의 베벨 기어로부터 동력을 전달받아 수직 스윙 축과 수직 프로펠러 축을 구동시킨다.
⑧ 수직 스윙축 : 수직 리버싱 축에서 동력을 받아 스윙기어를 구동하게 하여 좌우 360° 회전을 가능하게 한다.
⑨ 수직 프로펠러축 : 수직 리버싱축에서 동력을 전달받아 수평 프로펠러축이 베벨기어로 전달한다.
⑩ 수평 프로펠러축 : 수직 프로펠러축과 베벨 기어로 치합하여 구동되며, 양쪽의 두 개의 죠클러치가 있어 조향과 추진을 시켜준다.
⑪ 주행장치 : 스티어링 클러치(조클러치) → 구동 스프로킷 → 체인 → 수동 스프로킷 → 트랙 구동 스프로킷 → 트랙 순으로 동력이 전달된다.
⑫ 팽창 클러치 : 마찰 클러치의 일종으로, 이 클러치는 밴드를 반지름 방향으로 벌려서 드럼이나 하우징의 내면에 닿게 하여 그 마찰력으로 동력을 전달한다.

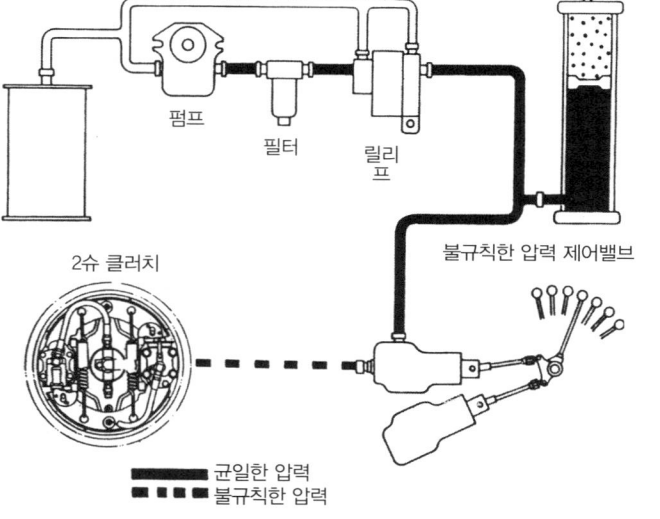

펌프 필터 릴리프

2슈 클러치

불규칙한 입력 제어밸브

━━━ 균일한 압력
┅┅┅ 불규칙한 압력

[유압식 팽창 클러치의 작용도]

2) 하부추진체

① 조향장치(크롤러식의 경우) : 주행 횡축의 도그 클러치(dog clutch)를 단속함으로써 작동되며 좌우 양쪽의 도그 클러치에 전하는 동력 중에서 어느 한쪽을 차단하여 다른 쪽 도그 클러치만을 구동시킴으로써 조향을 하게 된다.

② 안전장치

㉮ 붐전도 방지장치 : 붐의 제한 각도인 70~80°를 벗어나는 전도를 방지하기 위한 안전장치이다.

㉯ 붐과권 방지장치 : 붐이 어떤 규정 각도가 되면 붐이 스토퍼에 닿아서 리프팅을 자동 정지시킨다.

㉰ 붐과권 경보장치 : 붐이 어떤 규정 각도가 되면 부저가 울린다.

㉱ 아웃트리거(outrigger, 아우트리거, 아웃리거) : 안전성을 유지해주고 타이어가 받는 하중을 방지하며 기중 작업을 할 때 전도 되는 것을 방지한다.

3) 전부장치

① 전부장치의 지지

㉮ A프레임(갠트리 프레임) : 붐 기복용의 와이어로프를 지지하는 붐을 취부한 프레임이다.

㉯ 붐취부 브래킷 : 붐을 취부하기 위한 것으로 붐의 하부를 이 브래킷과 푸트핀으로 결합시킨다.

② 붐의 종류

㉮ 기중기붐(크레인붐) : 격자형으로 되어 있으며 이 붐에 달아서 사용되는 작업장치는 갈고리, 조개, 긁어파기, 기둥박기 등이다.

㉯ 셔블붐 : 상자형으로 되어 있으며 셔블장치에 사용된다.

㉰ 트렌치호 붐 : 파이프나 상자형으로 되어 있으며 트렌치호 작업에 사용된다.

③ 활차 : 화물을 매달아 올려서 이동하거나, 힘의 방향을 바꿀 때 또는 힘을 증가시킬 때 사용하는 홈이 있는 바퀴를 말한다.

㉮ 고정활차 : 당긴 힘과 인양된 무게가 같다. 힘을 절약시킬 수는 없으나 힘의 방향을 바꿀 수 있다.(P=W)

㉯ 동활차 : 로프를 당기는 힘 P=W/2가 되어 힘이 절약되나 인양되는 양이 반으로 줄어든다.

㉰ 차동활차 : 동활차의 원리를 이용하여 도르래를 조합한 것이다.

4) 로프

재질은 양질의 탄소강으로, 강도는 150~80kg/mm2(도금종 : 150kg/mm2, A종 : 165kg/mm2, B종 : 180kg/mm2이다)로서 와이어로프의 직경은 외접원의 직경(mm)으로 호칭하며 제조시 와이어로프 직경의 허용오차는 0~+7%까지이며 마모된 와이어로프의 사용한도는 -7%까지다.

① 와이어로프의 취급 및 정비

㉮ 킹크(kink)되지 않도록 조심해서 사용하며 오물이 묻지 않도록 한다.

㉯ 한끝과 다른 한 끝을 주기적으로 서로 교환해서 사용한다.

㉰ 케이블의 고정은 확실히 하고 규격에 맞는 것을 사용한다.

㉱ 킹크된 것을 보수하지 않은 와이얼 로프는 사용하지 않는다.

㉲ 직경이 본래 로프 직경의 75% 이하가 되면 교환하여야 한다.

㉳ 플리트 각은 1°~2° 정도를 유지한다.

㉴ 보통 사용시에는 EO 또는 묽은 GO를 주유하며 보관시에는 CW를 사용한다.

㉵ 휘발유를 주입하여서는 안 된다.

㉶ CG 또는 GAA를 사용하지 않는다.

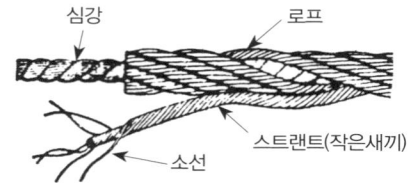

가닥
코어
와이어

심강
로프
스트랜트(작은새끼)
소선

[와이어 로프의 구성]　　　[로프의 구조]

② 와이어로프의 연결법 : 와이어로프의 고정법에 따라 권상 능력의 차이가 생기며, 고정법에는 합금 고정, 클립 고정, 쐐기 고정, 심블(thimble) 붙임, 스플라이스(splice) 고정 등이 있으나 완전을 기하기 위해서 합금 고정이 가장 안전하고, 클립 고정은 공작이 간단하기 때문에 가장 널리 쓰이는 방법이다.

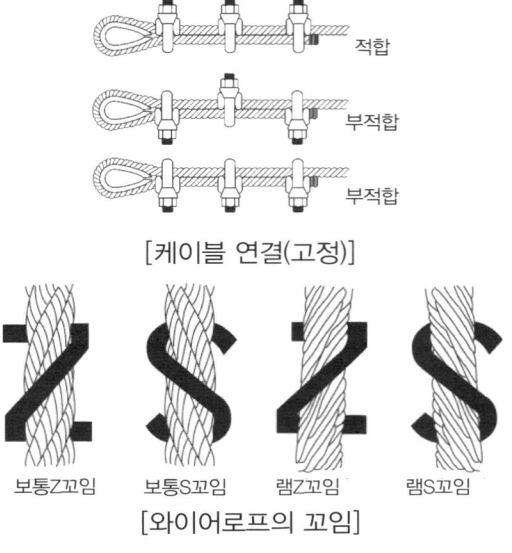

적합
부적합
부적합

[케이블 연결(고정)]

보통Z꼬임　보통S꼬임　램Z꼬임　램S꼬임

[와이어로프의 꼬임]

(2) 기중기의 작업

1) 훅 작업(갈고리 작업)

갈고리에 집게, 마그넷, 특수훅, 슬링 등을 장착하여 일반화물의 적재 및 적하작업, 통나무·드럼·고철 등의 권상작업 등을 한다.

2) 셔블작업(삽 작업)

박스형 붐에 디퍼 버킷을 사용하며 장비보다 높은 곳의 토사굴착, 경사면 굴토, 차량에 토사적재 등의 작업을 한다.
① 새들블록 : 디퍼 스틱을 지지, 유도하며 마모판과 접촉하여 움직이게 되고, 디퍼 스틱과 새들 블록 간극은 3mm 정도다.
② 디퍼스틱 : 셔블 디퍼가 설치되는 일종의 파이프 모양의 막대다.
③ 크라우드체인 : 체인유격은 13~38mm 정도이며, 덱아이들러로 조정한다.

3) 클램쉘 작업(조개 작업)

크레인 붐에 클램쉘 버킷을 달아 수직굴토·토사적재 작업을 한다.

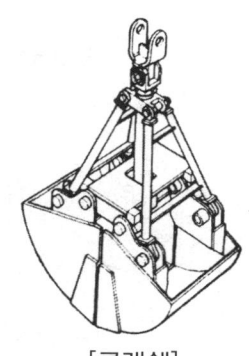
[클램쉘]

① 태그라인 : 작업 중 버킷이 회전되어 꼬이는 것을 전후로 요동되지 않도록 태그라인 드럼에 의해 적당한 장력을 유지하게 된다.
② 버킷 : 좌우로 분할되어 있으며, 굴착 시에는 열고 끝난 후에는 닫으며, 버킷을 들어올린 상태에서 클로징 케이블을 풀면 흙이 쏟아진다.
③ 홀딩 케이블(로프) : 버킷 위에 설치되어 버킷을 당긴다. 한 끝은 붐활차를 통해 움직인다.
④ 클로징 케이블(로프) : 버킷과 한쪽은 활차로 연결되어 작동되며, 버킷을 닫아주는 역할을 한다.

[참고] 한 사이클을 완성하는 시간은 보통 30~40초 정도이다.

4) 파일 드라이브 작업(항타 및 항발 작업)

크레인붐 끝에 리드레일을 핀에 의해 설치하여 증기해머, 드롭해머, 디젤해머, 전기해머 등으로 파일에 타격력을 가하여 지면에 박는 작업을 하며, 건물 기초공사, 지하도 건설 등에 적합하다.

[파일드라이브]

① 드롭해머(drop hammer)
㉮ 와이어로프 끝에 매어 단 철재의 중추(monkey)를 윈치에 의해 끌어 올리고 이를 적당한 높이에서 낙하시켜 얻는 타격에너지에 의해 각종 말뚝을 박는 항타기로 해머의 타격력은 540~1500kg 정도이며, 타격 횟수(타격 속도)는 분당 6~8회로 매우 느리다.
㉯ 드롭해머의 크기는 추의 무게로 나타내며, 말뚝중량의 1~3배 정도가 좋지만, 최근에는 거의 찾아볼 수 없다.

② 증기해머(steam hammer)
㉮ 작동유체인 증기에 의한 램(ram)의 타격력으로 항타하는 항타기로 보일러, 호스, 해머장치 등으로 구성되며 매분당 타격 횟수는 20~40회 정도이다.
㉯ 작동유체의 작용에 따라 단동식과 복동식으로 구분하며, 단동식은 실린더 내에 수증기를 유입시켜 피스톤 로드(piston rod) 하단에 무거운 램(ram)이 장착된 피스톤을 상승시킨 후, 피스톤의 상사점에서 작동유체를 배출시킴으로써 자중에 의해 하강하는 램의 타격력으로 항타하며, 복동식은 피스톤이 상승할 때는 물론 하강할 때도 작동유체를 유입시켜 램의 타격력을 상승시키도록 한 것이다.

③ 디젤해머(diesel hammer)
㉮ 기동해머의 결점을 보완하기 위하여 1938년 독일에서 발명한 것으로 2사이클 디젤엔진의 작동원리를 해머 내부에 도입한 것이다.
㉯ 보일러나 공기압축기(air compressor)와 같은 부속설비를 필요로 하지 않고 피스톤인 램이 낙하하는 하중과 경유의 폭발력이 함께 타격력이 되므로 타입능률이 좋아 건설현장에서 많이 사용되어 왔으나, 소음이 크고 배기가스의 공해가 있어 요즈음 시가지에서는 거의 사용이 제한되고 있다.

④ 유압해머(hydraulic hammer)
㉮ 기동해머와 같은 원리로 작동되는 항타기로 작동유체로는 유압유를 사용하며 유압실린더(hydraulic cylinder) 내에 유압유를 유입시켜 피스톤을 상승시킨 후, 적당한 위치에서 유압유를 배출시킴으로써 피스톤 로드에 연결된 램을 자유 낙하시켜 그 타격력으로 항타한다.
㉯ 단동식과 복동식으로 구분되며, 보통 램(ram)의 중량으로 규격이 표시되는데 국내에서는 4~13톤급이 제작되고 있다.
㉰ 유압해머는 디젤해머에 비해 타격력이 크며, 램의 낙하 조절이 가능하고, 폭발소음과 배기가스의 배출이 없을 뿐 아니라 연약한 지반에서도 항타가 가능하다는 장점이 있다.

⑤ 진동해머(vibro hammer)
㉮ 소련에서 개발되어 1950년경부터 실용화된 항타·항발기로 바이브로(vibro)라고도 불리운다.
㉯ 말뚝에 진동을 가하여 자중과 해머의 중량에 의해 항타하기 때문에 선단의 관입저항이 작은 강시판(steel sheet pile)이나 강관 또는 H형강말뚝(H-steal pile)을 타입하거나 인발할 때 매우 유효하게 사용되고 있다.
㉰ 진동해머의 크기는 모터의 출력(kW), 또는 기진력(톤)으로 규격을 표시하며, 본체는 완충장치, 기진기, 척(chuck) 등으로 구성된다.

5) 트렌치호 작업(도랑파기)

① 일명 백호(back hoe)라고 부르고 작업은 호이스팅과 리트랙팅 작업을 병행하며 붐의 하중을 이용하여 지면보다 낮은 곳을 주로 채굴한다.
② 작업 사이클은 셔블과 같이 로딩(호이스팅, 크라우딩), 호이스팅, 스윙, 덤핑이며 한 사이클당 20~30초 정도 소요된다.

6) 드래그라인 작업

붐, 버킷, 페어리드로 구성되어 땅을 긁어 파는 동작의 평면굴토, 수중굴토, 배수로 구축, 차량에 토사적재 등의 작업에 용이하다.

[참고] 페어리드 : 케이블이 드럼에 잘 감기도록 안내한다.

7) 어스드릴 및 오거 작업

어스오거는 나사모양의 드릴을 이용하여 지면에 원통홈을 파며, 어스 드릴은 드릴버킷을 이용하여 원통구멍을 내고 그곳에 철근, 콘크리트를 투입하여 파일을 만드는 작업을 한다.

(3) 기중기 인양작업 시 안전

1) 지반의 안전 확인

기중기 작업에 지반이 구조물의 압력을 견뎌내는 정도가 확인되면 받침판을 설치하여야 하는데 기중기 상부의 하중을 균등하게 전달할 수 있도록 받침판을 설치한다.

① 타이어식 기중기는 아웃트리거(outrigger) 플로트 하부 받침이 균일하게 지표면에 전달하여 안정성이 유지되도록 한다. 아웃트리거 하부에 설치하는 받침은 작업 하중을 충분히 견딜 수 있는 목재나 철판 등을 사용한다.

② 무한궤도식 기중기는 철판 사용 시 작용 하중에 견딜 수 있는 충분한 강도를 지니고 있는 부재를 사용하여야 한다.

2) 장비 수평 확인

기중기 설치 완료시 전방 및 측방에서 양중라인이 붐과 수직으로 있어야 한다. 기중기 설치 후 수평 및 수직도는 작업 반경에 영향을 주고 인양 능력을 감소시키므로 균형을 잡는다.

3) 작업장 주변 안전 확인

기중기 작업 시 장애물과의 안전거리는 최소 60cm 이상 떨어져서 작업을 하여야 구조물의 손상 방지할 수 있다. 또한 기중기 작업 시 에는 작업장 주변에 안전 펜스를 설치하여 다른 작업자의 출입을 통제한다.

① 현장 조사 : 기중기 작업 전 현장 조사를 실시하여, 작업장 주변에 매설된 지장물, 가스관, 송유관, 고압선 등은 사전에 답사하여 확인하여 작업 시 주의한다. 작업 현장의 고압가스 관련시설, 공항 인근 및 철도 인근 양중 작업은 사전에 철저한 조사와 대책을 강구한다.

② 안전 펜스 설치

㉮ 기중기 작업 반경을 기준으로 작업 구역을 정리한다.

㉯ 지반은 평편하게 하고 각종 장애물을 제거한다.

4) 신호수 확인

① 신호는 운전자가 잘 보이는 곳에서 정해진 신호 방법으로 신호한다.

② 무전기를 사용할 때는 복병, 복창을 한다.

③ 운전자는 신호수의 신호를 학인하고 작업을 수행한다.

5) 인양물 확인

물체는 중력의 작용에 의해 물체의 중량이 결정되는데 이를 물체의 무게중심이라 한다. 화물의 양중시 무게 중심과 훅의 위치는 안전 관리상 매우 중요하다.

6) 화물의 형태 및 결속 확인

화물의 결속은 양중 각도와 줄걸이 방법의 적용 기준에 맞게 체결하며, 양중물과 줄걸이가 견고하게 고정되어 움직이지 않도록 한다.

> [참고] 줄걸이의 종류
> ① 와이어로프 슬링   ② 웹슬링   ③ 라운드슬링
> ④ 로프슬링   ⑤ 체인슬링

7) 중량물 운반방법

① 중량물 운반 3원칙

㉮ 중량물을 들어올린다.

㉯ 중량물을 나른다.

㉰ 중량물을 안전하게 놓는다.

② 중량물 취급 방법

㉮ 인력에 의한 방법

㉯ 운반구에 의한 방법

㉰ 동력기계, 기구에 의한 방법

8) 작업장소 위치 선정

기중기의 인양 능력에 맞는 위치를 선정한다. 기중기의 인양 능력은 기중기의 강도, 기중기의 안정도 및 윈치 용량에 의해 결정된다.

9) 정격 용량 확인

작업 전 양중 계획서에 명기된 양중물의 규격과 중량, 줄걸이 방법 등을 확인한다.

10) 인양 후 학인

양중물 인양 후에는 지면에서 30cm 들어 충격하중과 측면하중을 확인 후 아래사항을 확인 하면서 작업한다.

① 와이어로프가 훅 중심에 위치하고 있는지 확인한다.

② 훅은 화물의 중심에 위치하고 있는지 확인한다.

③ 양중물을 지면에서 30cm 들어 줄걸이 상태를 확인한다.

④ 줄걸이 및 유도줄에 이상이 있는지 확인한다.

⑤ 양중물이 수평으로 올라가고 있는지 확인한다.

⑥ 와이어로프가 빠지지는 않는지 확인한다.

11) 하역 위치 이동시 확인

양중물을 매달고 경사면을 내려올 때는 기중기의 붐을 올리고, 경사면을 올라갈 때는 기중기의 붐을 낮추어서 기중기의 무게 중심을 조정하여 안정성을 확보토록 한다.

12) 하역 시 확인

양중물을 하역할 위치를 확인한다.

① 하역 장소 선정 확인

㉮ 하역 장소는 인양 화물의 종류와 특성에 따라 하역 장소가 상이하므로 주의한다.

㉯ 작업 장소의 지반은 기중기의 무게 및 양중물의 작용 하중에 견딜 수 있는 충분한 강도를 지니고 있어야 한다.

㉰ 화물 하역 장소는 지면의 경사가 없어야 하며 기초 지반이 불균등하게 침하되거나, 화물 하역 시 무너지지 않아야 한다.

㉱ 자연 재해를 피할 수 있는 장소여야 한다.

② 하역 시 주의사항 : 화물 하역 시에는 화물의 형상이나 무게 및 접지압 등을 고려하여 지반이 평탄하고 안정된 장소에 하역하여야한다.
  ㉮ 양중물 하역 시 에는 일단 정지하여 와이어로프의 흔들림 상태를 확인한다.
  ㉯ 하역할 장소의 받침대 위치를 확인한다.
  ㉰ 원형의 화물은 쐐기 고임대 등을 사용하여 고정한다.
  ㉱ 훅 작업 시 직경이 큰 와이어로프는 회전하거나 흔들림이 심하므로 주의한다.
  ㉲ 기중기로 와이어로프를 잡아당겨 빼지 않도록 한다.

[근로자 탑승금지]

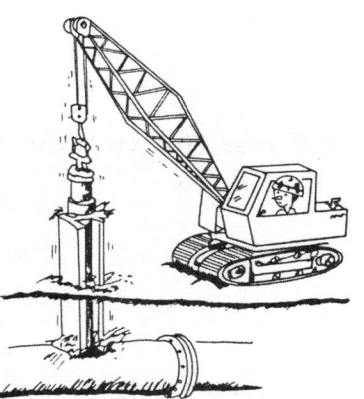
[수도 또는 가스배관주의]

[안전장치활용]

[작업반경내 출입금지]

제6장 기중기 작업 출제예상문제

01 트럭탑재식 기중기의 장점이 아닌 것은?

① 기동성이 좋다.
② 장거리 이동에 유리하다.
③ 기중작업시 안전성이 좋다.
④ 습지, 사지, 활지에서 작업이 가능하다.

> **해설** 트럭탑재식 기중기는 기동성과 안정성의 좋은 장점이 있으나 습지, 사지, 험한 지역, 협소한 장소에서는 작업이 곤란하다.

02 크롤러형 크레인의 특징이 아닌 것은?

① 습지, 사지에서 작업이 가능하다.
② 험난하고 협소한 곳에서도 작업이 가능하다.
③ 굳은 땅 또는 포장도로에서 작업이 불리하다.
④ 기동성이 좋다.

> **해설** 크롤러형 크레인은 무한궤도 트랙 위에 기중작업을 위한 상부회전체의 전부 장치가 설치된 방식으로 기동성은 떨어지지만, 안정성이 좋다.

03 트럭 탑재 크레인을 장거리 운행할 때 붐의 방향은 어느 쪽으로 향하게 하는가?

① 진행 방향 뒤쪽으로 향하게 한다.
② 진행 방향으로 향하게 한다.
③ 진행 방향 옆쪽으로 향하게 한다.
④ 될 수 있는 한 붐을 높인다.

04 기중기의 주행 중 점검 사항으로 가장 거리가 먼 것은?

① 훅의 걸림 상태는 정상인가?
② 주행시 붐의 최고 높이는 어떤가?
③ 종감속기어 오일량은 적당한가?
④ 붐과 캐리어의 간격은 정상인가?

> **해설** 종감속기어는 굴착기의 동력전달 계통에서 최종적으로 구동력 증가를 위해 사용된다.

05 크롤러 주행식 기중기에서 트랙 긴도조정은 어느 곳에서 하는가?

① 스프로킷의 조정 볼트로 한다.
② 유도륜의 조정 볼트로 한다.
③ 상부 롤러 베어링으로 한다.
④ 하부 롤러의 심을 조정한다.

06 기중 작업에서 물체의 무게가 무거울수록 붐 길이와 각도는 어떻게 하는 것이 좋은가?

① 붐 길이는 길게, 각도는 크게
② 붐 길이는 짧게, 각도는 그대로
③ 붐 길이는 짧게, 각도는 작게
④ 붐 길이는 짧게, 각도는 크게

07 고무 타이어형 기중기는 작업 중에 무엇으로 안전성을 유지하는가?

① 아웃트리거   ② 평형추
③ 디퍼스틱   ④ 새들 블록

> **해설** 아웃트리거(outrigger)는 기중기의 안전성을 유지해주고 타이어가 받는 하중을 방지하며 기중 작업을 할 때 전도 되는 것을 방지한다.

08 크레인의 안전하중에 대한 설명 중 맞는 것은?

① 크레인이 최대로 들어 올릴 수 있는 하중
② 붐의 최대 제한 각도에서 안전하게 리프팅 할 수 있는 하중
③ 회전하며 작업할 수 있는 하중
④ 붐 각도에 따라 안전하게 작업할 수 있는 하중

09 크레인의 전방 안전도는 정격하중의 몇 배를 걸고 시험하는가?

① 1.27배   ② 2.37배
③ 5배   ④ 6배

10 크롤러형 크레인은 작업 중에 무엇으로 안전성을 유지하는가?

① 붐   ② 트랙우트
③ 평형추   ④ 아웃트리거

> **해설** 크롤러형 크레인은 평형추, 타이어형 기중기는 아웃트리거(outrigger)를 통해 작업 중 안전성을 유지한다.

11 크레인의 작업반경에 대한 설명 중 맞는 것은?

① 붐의 최대 높이의 거리
② 화물 중심선과 회전체 중심까지의 거리
③ 크레인의 차대폭
④ 안전하게 작업할 수 있는 붐의 각도

정답 01 ④ 02 ④ 03 ② 04 ③ 05 ② 06 ④ 07 ① 08 ④ 09 ① 10 ③ 11 ②

12 기중기의 붐 길이를 결정하는데 가장 거리가 먼 것은?

① 작업시의 속도
② 이동할 장소
③ 화물의 위치
④ 적재할 높이

13 기중기의 붐 각이 커지면?

① 운전반경이 작아진다.
② 기중능력이 작아진다.
③ 임계하중이 작아진다.
④ 붐의 길이가 짧아진다.

14 크레인에서 최대의 작업하중을 무엇이라 하는가?

① 호칭하중
② 임계하중
③ 작업하중
④ 회전하중

해설
- 임계하중 : 좌·우 스윙하지 않고 기중하였을 때 들 수 있는 하중으로, 들 수 없는 하중의 임계점을 말한다.
- 작업하중 : 안전하중이라고도 하며, 작업할 수 있는 하중으로 임계 하중의 85%는 트럭식이고, 75%는 크롤러식이다.
- 호칭하중 : 최대의 작업 하중을 말한다.

15 클램셸의 안전 작업 용량은 무엇으로 계산하는가?

① 붐 길이와 작업반경
② 붐 각도와 회전속도
③ 차체 중량과 평형추의 무게
④ 트랙의 크기와 훅블록 직경

16 기중기에 대한 다음 설명 중 옳은 것은?

① 붐의 각과 기중 능력은 반비례한다.
② 붐의 길이와 운전반경은 반비례한다.
③ 상부 회전체의 최대 회전각은 270°이다.
④ 마스터 클러치가 연결되면 케이블 드럼에 축이 제일 먼저 회전한다.

17 기중기의 3부 구성체 명칭이 아닌 것은?

① 상부 회전체
② 스윙 장치
③ 하부 추진체
④ 전부 장치

해설 기중기는 상부 회전체와 하부 추진체, 전부 장치로 구성된다.

18 크레인의 기본 동작에 속하지 않는 것은?

① 리트랙트
② 틸트
③ 크라우드
④ 스윙

해설 기중기의 7개 기본동작은 짐올리기(Hoist), 붐 올리기(Boom hoist), 돌리기(Swing), 파기(Crowd), 당기기(Retract), 버리기(Dump), 가기(Travel) 이다.

19 기중기의 기본 동작 중 크라우드 작업이란?

① 짐 부리기 작업
② 흙파기 작업
③ 셔블을 당기는 작업
④ 붐의 상하운동

해설 크라우드(Crowd) 동작은 흙파는 작업을 말한다.

20 기중기의 사용 용도와 가장 거리가 먼 것은?

① 철도 교량 설치작업
② 경지정리 작업
③ 파일 항타 작업
④ 차량의 화물적재 및 적하작업

21 기중기의 작업 용도와 가장 거리가 먼 것은?

① 기중 작업
② 굴토 작업
③ 지균 작업
④ 항타 작업

22 콘크리트 기둥을 세운 구멍파기 전부장치는?

① 파일 해머
② 항발기
③ 훅
④ 어스드릴

23 태그 라인이 장치된 기중기는?

① 동력 크레인
② 클램셸
③ 백호
④ 드래그 라인

해설 클램셸 작업 시 태그 라인이 장착된다.

24 페어리드가 설치된 크레인은?

① 동력 크레인
② 클램셸
③ 백호
④ 드래그 라인

해설 드래그라인 작업은 붐, 버킷, 페어리드로 구성되며 이들 중 페어리드는 케이블에 드럼에 잘 감기도록 안내한다.

25 드래그 라인 작업 장치에서 케이블을 드럼에 잘 감기도록 안내하는 것은?

① 새들 블록
② 페어리드
③ 태그라인 와인더
④ 브리들

12 ① 13 ① 14 ① 15 ① 16 ④ 17 ② 18 ② 19 ② 20 ② 21 ③ 22 ④
23 ② 24 ④ 25 ②

26 클램셸 어태치먼트로 작업하기 어려운 것은?

① 토사 적재작업　　　② 오물 제거작업
③ 수직 굴토작업　　　④ 일반 기중작업

해설 크레인 붐에 클램셀 버킷을 달아 수직굴토 및 토사적재, 오물제거 작업을 한다.

27 클램셸의 구성품이 아닌 것은?

① 태그라인　　　② 홀딩케이블
③ 새들 블록　　　④ 클로징 케이블

해설 클램셸의 구성품은 태그라인, 버킷, 홀딩 케이블(로프), 클로징 케이블(로프)이다.

28 드래그 라인 부착 크래인에서 페어리드의 역할은?

① 버킷이 요동되지 않게 하는 장치
② 케이블이 드럼에 잘 감기도록 하는 장치
③ 호이스트, 크라우드 케이블이 꼬이는 것을 방지하는 장치
④ 작업 중에 오는 충격을 완화시켜 주는 장치

29 기중기 부착물에서 태그라인 와인더의 역할은?

① 작업반경을 계산한다.
② 태그라인에 장력을 제어한다.
③ 태그라인의 세척작용을 돕는다.
④ 기중시 안전성을 유지한다.

30 기중기에서 훅(hook)을 너무 많이 상승시키면 경보음이 작동되는데 이 경보장치는?

① 과부하 경보장치
② 전도 방지 경보장치
③ 붐 과권 방지 경보장치
④ 권상 과권 방지 경보장치

31 기중기 작업 전 점검사항이 아닌 것은?

① 작업반경 내에 장애물은 없는가
② 급유는 골고루 되어 있는가
③ 전원스위치는 잘 차단되어 있는가
④ 운전실 조정 레버, 스위치류는 정위치에 있는가

32 기중기에서 상부 회전체를 선회시키는 축은 어느 것인가?

① 수직 프로펠러 샤프트
② 수직 스윙 샤프트
③ 수평 스윙 샤프트
④ 수직 리버싱 샤프트

33 기중기에서 작업 레버를 당겨도 짐이 올라오지 않는 고장의 원인은?

① 유압 펌프의 압력과대
② 클러치면의 오일 부착
③ 스프로킷의 마모
④ 브레이크가 풀림

34 기중기에서 훅(hook) 전부장치는 어떤 작업에 효과적인가?

① 수직굴토 작업
② 토사적재 작업
③ 일반기중 작업
④ 오물제거 작업

35 크레인의 새들 블록이 하는 역할은?

① 케이블의 꼬임을 방지한다.
② 시브 붐을 보조한다.
③ 디퍼 핸들을 유도한다.
④ 디퍼의 오손을 방지한다.

36 백호에 있어서 채굴 깊이에 제한되는데 그 사항이 아닌 것은?

① 붐의 길이　　　② 평형추의 중량
③ 디퍼스틱의 길이　　　④ 버킷의 크기

37 항타기 작업에서 바운싱(bouncing)이 일어나는 원인은?

① 무거운 해머를 사용했을 때
② 가벼운 해머를 사용할 때
③ 파일이 만곡되었을 때
④ 파일이 수직으로 박히지 않았을 때

38 항타기에서 측면 진동이 일어나는 사항이 아닌 것은?

① 파일이 만곡되었을 때
② 버트가 직각되지 않았을 때
③ 파일과 해머가 일직선이 아닐 때
④ 파일이 수직으로 박힐 때

39 항타기 작업에서 바운싱이 일어나는 원인이 아닌 것은?

① 파일이 장애물과 접촉할 때
② 파일의 비트가 파손되었을 때
③ 파일이 수직이 아닐 때
④ 가벼운 해머를 사용할 때

정답
26 ④ 27 ③ 28 ② 29 ② 30 ④ 31 ③ 32 ② 33 ② 34 ③ 35 ③ 36 ②
37 ② 38 ④ 39 ③

40 기중기의 붐이 하강하지 않는다. 그 원인에 해당되는 것은?
① 붐과 호이스트 레버를 하강방향으로 같이 작용시켰기 때문이다.
② 붐에 큰 하중이 걸려있기 때문이다.
③ 붐에 너무 낮은 하중이 걸려 있기 때문이다.
④ 붐 호이스트 브레이크가 풀리지 않는다.

41 항타기 작업 중 스프링잉(springing)은 무엇을 뜻하는가?
① 해머의 작동
② 스프링 장치의 서징 현상
③ 파일의 과대한 측면 진동
④ 붐의 흔들림

42 크레인 붐의 최대 제한 각도는?
① 45°
② 66°
③ 78°
④ 93°

해설 붐의 최대 제한 각도는 78°이고 최소 제한 각도는 20°이다.

43 기중기의 붐이 올라가지 않는 원인은?
① 붐 오퍼레이터의 드럼 브레이크가 풀리지 않는다.
② 폴이 래칫 휠에서 떨어지지 않는다.
③ 붐의 로어링 장치가 차단된 상태로 있다.
④ 붐의 호이스트용 클러치가 연결된 상태로 떨어지지 않는다.

44 크레인에서 붐을 교환하는 가장 좋은 방법은?
① 트레일러를 이용한다.
② 포크레인을 이용한다.
③ 크레인을 이용한다.
④ 붐 교환대를 이용한다.

45 크레인 붐의 최소 제한 각도는?
① 20°
② 35°
③ 45°
④ 78°

해설 붐의 최대 제한 각도는 78°이고 최소 제한 각도는 20°이다.

46 와이어로프를 시브와 드럼에 연결하는데 고려할 사항은 어느 것인가?
① 틸트각
② 앵글각
③ 플레이트각
④ 수평각

47 유연성이 좋은 와이어로프는?
① 작은 와이어의 적은 수로 만든 와이어로프
② 작은 와이어의 많은 수로 만든 와이어로프
③ 큰 와이어의 많은 수로 만든 와이어로프
④ 큰 와이어의 작은 수로 만든 와이어로프

48 와이어로프 취급상 주의사항으로 틀린 것은?
① 케이블의 끝을 확실히 고정하고 규정에 맞는 것을 사용할 것
② 정비시는 엔진 오일을 주유하고 휘발유나 경유를 사용하여 세척할 것
③ 로프가 꼬이지 않도록 할 것
④ 케이블 양끝을 주기적으로 교환하여 사용할 것

해설 와이어로프에는 엔진오일이나 기어오일을 주유하며, 경유나 석유 등으로 세척해서는 안 된다.

49 와이어로프식 크레인의 굴착 로크의 풀림을 막기 위하여 할 일은?
① 레버 기구를 바르게 조정한다.
② 작업 부하를 경감한다.
③ 조향 클러치를 헐겁게 한다.
④ 유량을 규정대로 보충한다.

50 다음은 갠트리 프레임(ganty frame)을 설명한 것이다. 맞지 않는 것은?
① A 프레임이라고도 한다.
② 지브 기복용 와이어로프를 지지하는 지브를 취부한 프레임이다.
③ 운반할 때는 낮게 세트한다.
④ 작업시는 낮게 세트하여 안정되게 한다.

51 기중기 작업장치에서 적재작업을 할 수 없는 것은 어느 것인가?
① 훅 작업
② 클램셸 작업
③ 파일드라이브 작업
④ 셔블 작업

해설 파일 드라이브는 항타 및 항발 작업에 사용한다.

52 다음 중 기중기의 작업 장치에 해당되지 않는 것은?
① 드래그라인
② 파일 드라이버
③ 블레이드
④ 클램셸

해설 블레이드는 삽날로 불도에 사용되는 작업 장치이다.

53 다음 중 기중기 붐에 설치하여 작업을 할 수 없는 것은?
① 파일 드라이버
② 클램셸
③ 훅
④ 스캐리 파이어

해설 스캐리 파이어는 그레이더에 사용되는 작업 장치이다.

정답 40 ④ 41 ③ 42 ③ 43 ① 44 ③ 45 ① 46 ② 47 ② 48 ② 49 ① 50 ④ 51 ③ 52 ③ 53 ④

54 다음 중 기중기의 인양 능력과 관계가 없는 것은?

① 기중기의 강도
② 기중기의 안정도
③ 윈치 용량
④ 양중물의 비중

55 기중 작업 시 안정성 있는 작업을 위한 붐의 위치는?

① 붐 길이를 짧게 한다.
② 조인트 붐을 사용한다.
③ 지브 붐을 사용한다.
④ 붐 길이를 길게 한다.

해설 안정성 있는 기중 작업은 붐 길이를 짧게 작업 한다.

56 다음 중 기중기의 지브 붐에 대한 설명으로 맞는 것은?

① 붐 중간을 연결하는 붐이다.
② 붐 끝단에 전장을 연결하는 붐이다.
③ 붐 하단에 연결하는 붐이다.
④ 활차 1개를 사용하기 위한 붐이다.

해설 지브 붐은 훅 작업 시 붐 끝단에 연결하는 붐이다.

57 다음 중 기중기에 지브 붐을 설치하여 작업 할 수 있는 장치는?

① 훅 장치
② 셔블 장치
③ 드래그라인 장치
④ 클램쉘 장치

58 일반적으로 기중기의 드럼 클러치로 사용하는 것은?

① 외부 확장식
② 외부 수축식
③ 내부 확장식
④ 내부 수축식

해설 드럼 클러치는 내부 확장식을 사용한다.

59 기계식 기중기의 붐 호이스트에 일반적으로 사용하는 브레이크 형식은?

① 내부 수축식
② 내부 확장식
③ 외부 확장식
④ 외부 수축식

해설 붐 호이스트에 사용하는 작업 브레이크는 외부 수축식을 사용한다.

60 다음 중 기중기의 작업에 대한 설명으로 맞는 것은?

① 기중기의 감아올리는 속도는 드래그라인 보다 빠르다.
② 클램쉘은 좁은 면적에서 깊은 굴착을 하는 경우나 높은 위치에서의 적재에 적합하다.
③ 드래그라인은 굴착력이 강하므로 주로 견고한 지반의 굴착에 사용된다.
④ 파워 셔블은 지면보다 낮은 지면 굴착에 사용된다.

61 기중기 훅 장치가 가장 효과적인 작업은?

① 일반 굴토작업
② 수직 굴토작업
③ 경사면 굴토작업
④ 일반적인 기중작업

62 기중기의 붐 길이 결정 시 해당 되지 않는 것은?

① 화물의 무게
② 이동할 장소
③ 붐 각도
④ 적상할 속도

63 다음 중 기중기의 클램쉘 장치에서 태그라인의 역할로 맞는 것은?

① 전달을 안전하게 연장하는 로프이다.
② 지브 붐이 휘는 것을 방지한다.
③ 드래그 로프가 드럼에 잘 감기도록 안내한다.
④ 와이어 케이블이 꼬이고 버킷이 요동 되는 것을 방지한다.

64 선회 시 버킷이 흔들리거나 와이어로프가 꼬이는 것을 방지하기 위하여 와이어로프로 버킷을 가볍게 당겨주는 장치는?

① 태그라인
② 페어리드
③ 시브
④ 그래브 버킷

65 기중기 붐의 길이가 길어지면 작업 반경은 어떻게 변하는가?

① 작업 반경이 변함없다.
② 작업 반경이 높아진다.
③ 작업 반경이 짧아진다.
④ 작업 반경이 길어진다.

해설 붐 길이가 길어지면 작업 반경이 길어진다.

66 기중기의 작업 반경이 커지면 기중능력의 변화로 맞는 것은?

① 기중능력은 감소한다.
② 기중능력은 증가된다.
③ 기중능력은 변함없다.
④ 기중능력은 경우에 따라 변화한다.

해설 기중기의 작업 반경이 커지면 기중능력은 감소한다.

67 다음 중 기중기 붐의 최대와 최소 제한 각도로 맞는 것은?

① 최대 50°, 최소 30°
② 최대 66°, 최소 20°
③ 최대 78°, 최소 20°
④ 최대 98°, 최소 55°

해설 기중기 붐의 최대 제한 각도는 78°, 최소 제한 각도는 20°이다.

54 ④ 55 ① 56 ② 57 ① 58 ③ 59 ④ 60 ② 61 ④ 62 ④ 63 ④ 64 ①
65 ④ 66 ① 67 ③

68 다음 중 기중기의 붐 각도가 커질 경우에 대한 설명으로 맞는 것은?

① 기중능력은 증가한다. ② 기중능력은 감소한다.
③ 작업반경은 변함이 없다. ④ 작업반경은 커진다.

해설 기중기의 붐 각도가 커지면 기중능력은 증가한다.

69 기중기 선회장치에 대한 설명으로 맞지 않는 것은?

① 상부 선회체는 종축을 중심으로 선회한다.
② 상부 선회체의 회전 각도는 270°까지이다.
③ 상부 선회체는 하부 주행체 위에 선회 지지체를 설치 한 것이다.
④ 선회 록 장치는 장비 이동 중 선회체를 고정하는 장치이다.

해설 상부 선회체의 회전 각도는 360°이다.

70 타이어식 기중기 훅 작업 시 안전 사항으로 맞지 않는 것은?

① 붐은 최소 20° 이하로 하지 않는다.
② 붐은 최대 78° 이상으로 하지 않는다.
③ 운전 반경 내에는 다른 작업자의 접근을 금지 시킨다.
④ 가벼운 화물은 아웃트리거를 설치하지 않는다.

해설 타이어식 기중기 작업 시에는 반드시 아웃트리거(outrigger)를 설치하여야 한다.

71 기중기 작업 시 화물 적재 후 붐이 상승하지 않는 원인으로 맞지 않는 것은?

① 붐 호이스트 레버가 작동하지 않는다.
② 붐 호이스트 클러치가 미끄러진다.
③ 붐 호이스트 브레이크가 풀리지 않는다.
④ 붐에 하중이 걸려있다.

72 기중기 작업 시 호이스트 레버를 당겼는데 붐이 상승하지 않을 경우 고장 원인으로 맞는 것은?

① 붐 호이스트 브레이크가 풀려있다.
② 붐 호이스트 클러치에 오일이 부착 되었다.
③ 유압 펌프의 토출량이 과대하다.
④ 붐에 하중이 걸려 있다.

73 다음 중 와이어로프의 구성요소로 맞지 않는 것은?

① 심 ② 스트랜드
③ 소선 ④ 윤활

해설 와이어로프 구성은 심(심강), 스트랜드(가닥) 및 소선으로 구성된다.

74 다음 중 와이어로프 호칭과 관계가 없는 것은?

① 구성기호 ② 꼬임방법
③ 로프 지름 ④ 재질

해설 와이어로프의 표시방법은 명칭, 구성기호, 꼬임방법, 종류, 로프의 직경으로 한다.

75 와이어로프 꼬임 방법 중 수명은 길지만 킹크가 생기기 쉬운 꼬임은?

① 보통 꼬임
② S 꼬임
③ Z 꼬임
④ 랭 꼬임

해설 킹크란 반듯했던 것이 구부러지거나 뒤틀린 상태가 되는 것으로 보통 꼬임은 킹크 발생이 적고, 랭 꼬임에서 킹크가 생기기 쉽다.

76 와이어로프 취급에 관한 사항으로 맞지 않는 것은?

① 와이어로프도 기계의 한 부품처럼 소중히 취급한다.
② 와이어로프를 풀거나 감을 때 킹크가 생기지 않도록 한다.
③ 와이어로프 보관 시 에는 와이어로프용 윤활유를 충분히 급유하여 보관한다.
④ 와이어로프를 운송 차량에서 하역 시 에는 차량으로부터 굴려서 내린다.

해설 와이어로프를 운송 차량에서 하역 시 크레인이나 지게차를 이용한다.

77 줄 걸이 작업 시 확인 할 사항으로 맞지 않는 것은?

① 로프의 각도가 올바른지 확인한다.
② 중심 위치가 올바른지 확인한다.
③ 중심이 높아지도록 작업하고 있는지 확인한다.
④ 화물을 매달아 올린 후 수평상태를 유지하는지 확인한다.

해설 줄걸이 작업시 중심을 낮게 유지하여야 한다.

78 절단한 와이어로프의 손질법으로 옳은 것은?

① 절단한 와이어로프 끝에 그리스를 도포한다.
② 절단한 와이어로프는 솔벤트로 잘 닦는다.
③ 절단한 와이어로프 끝을 용접한다.
④ 절단한 와이어로프 끝의 철사를 모두 풀어둔다.

79 다음 중 와이어로프 선정 방법으로 맞지 않는 것은?

① 와이어로프는 하중에 따라 굵기가 다르므로 하중과 굵기를 명시한다.
② 녹이 슬기 쉬운 작업장은 아연 도금한 와이어로프를 사용한다.
③ 마찰이 큰 작업장에서는 보통 꼬임의 와이어로프를 사용한다.
④ 고열물을 운반하는 작업장 에서는 강심 와이어로프를 사용한다.

해설 마찰이 큰 작업장에서는 소선과 외부 접촉 면적이 길어서 마모가 적은 랭꼬임의 와이어로프를 사용한다.

정답
68 ① 69 ② 70 ④ 71 ④ 72 ④ 73 ④ 74 ④ 75 ④ 76 ④ 77 ③ 78 ③
79 ③

80 다음 중 기중기에 사용하는 와이어로프의 윤활로 맞는 것은?

① 경유로 윤활 한다.
② 그리스로 윤활 한다.
③ 엔진오일로 윤활 한다.
④ 윤활하지 않는다.

해설 와이어로프의 윤활은 엔진오일을 주유한다.

81 기중기 붐에 설치된 와이어로프 중 기중 작업 시 하중이 직접적으로 작용하지 않는 것은?

① 익스텐션 케이블
② 호이스트 케이블
③ 붐 호이스트 케이블
④ 붐 백스톱 케이블

82 기중기 작업 시 새로운 와이어로프로 교환 후 고르기 운전을 할 때 전체하중의 얼마로 운전을 하는 것이 좋은가?

① 150%
② 100%
③ 50%
④ 30%

해설 새로운 와이어로프로 교환 후 고르기 운전을 할 때 전체하중의 50%로 운전을 하여야한다.

83 기중기 작업 현장에서 와이어로프 설치 시 가장 간편한 고정법으로 맞는 것은?

① 전기 용접법
② 묶음법
③ 쐐기 고정법
④ 합금 고정법

84 다음 중 기중기에 설치된 안전장치로 맞지 않는 것은?

① 로드 브레이크
② 권과 방지장치
③ 선회 감속장치
④ 과부하 방지장치

해설 기중기 안전장치에는 권상 과하중 방지장치(로드 브레이크), 권과 방지장치, 과부하 방지장치, 훅 해지장치, 붐 전도 방지장치 및 아웃트리거 등이 있다.

85 무한궤도식 기중기에 설치된 안전장치로 맞지 않는 것은?

① 경보장치
② 과속 방지장치
③ 권상 과하중 방지장치
④ 붐 전도 방지장치

86 무한궤도식 기중기의 안전성을 유지하는 장치로 맞는 것은?

① 평형추
② 붐
③ 트랙
④ 아웃트리거

해설 평형추는 기중기 뒷부분에 설치되며 작업 시 장비 뒤쪽이 들리는 것을 방지하며 카운터 웨이트 라고도 한다.

87 타이어식 기중기의 안전장치 중 옆방향의 전도 방지를 위해 설치한 것은?

① 붐 스톱장치
② 아웃트리거
③ 스윙 로크 장치
④ 파워 로킹 장치

88 기중기의 지브가 뒤로 넘어가는 것을 방지하기 위한 장치는?

① 블라이들 프레임
② 지브 전도 방지장치
③ 지브 백 스톱
④ A 프레임

89 기중기에 승·하차 시 주의할 사항으로 맞지 않는 것은?

① 오르고 내릴 때 항상 장비를 마주보고 양손을 사용한다.
② 이동 중인 장비에 뛰어 오르거나 내리지 않는다.
③ 항상 계단과 손잡이를 깨끗이 닦는다.
④ 오르고 내릴 때 운전실 내의 각종 작업 조종 장치를 손잡이로 사용한다.

90 기중기 작업 전 확인해야 할 안전 사항으로 맞지 않는 것은?

① 작업 대상물의 무게를 파악한다.
② 최대 작업 반경을 확인한다.
③ 지브는 필요한 범위 내에서 가능한 길게 한다.
④ 작업 반경에 맞추어 정격하중의 범위를 지킨다.

해설 지브는 필요한 범위 내에서 가능한 짧게 한다.

91 기중기 훅 작업 시 안전 사항으로 맞는 것은?

① 측면에서 작업한다.
② 저속으로 천천히 작업하다 와이어로프가 인장력을 받기 시작하면 빨리 상승한다.
③ 가벼운 화물을 들어 올릴 때 에는 붐 각을 안전각도 이하로 작업한다.
④ 지면에서 30cm 들어 올려 안전을 확인한 후 상승한다.

해설 훅 작업 시 안전 사항은 화물을 지면에서 30cm 들어 올려 안전을 확인한 후 작업한다.

92 기중기 작업 시 안전 사항으로 맞지 않는 것은?

① 측면에서 작업을 한다.
② 제한 하중 이상은 작업 하지 않는다.
③ 지정된 신호수의 신호에 따라 작업을 한다.
④ 화물의 훅 위치는 무게 중심에 걸리도록 한다.

해설 기중기 작업 시 제한 하중 이상은 작업 하지 않는다.

정답 80 ③ 81 ④ 82 ③ 83 ③ 84 ③ 85 ② 86 ① 87 ② 88 ② 89 ④ 90 ③ 91 ④ 92 ①

93 기중기로 작업을 할 때 안전 수칙으로 맞지 않는 것은?

① 선회 작업 시 작업 반경 내에 장애물이 있는지 확인한다.
② 운전석을 떠날 때에는 기관을 정지 시키고 키는 지정된 장소에 보관한다.
③ 붐은 운전석 위로 선회 시킨다.
④ 흙이나 모래가 묻은 와이어로프는 세척 후 보관한다.

94 기중기 양중 작업 중 급선회를 하게 될 경우 인양력의 변화로 맞는 것은?

① 인양이 정지된다.
② 인양력이 증가한다.
③ 인양력이 감소한다.
④ 인양력에 영향이 없다.

해설 양중 작업 중 급선회를 하게 되면 인양력이 감소한다.

95 기중기 양중 작업 전 점검해야 할 현장의 환경 사항으로 맞지 않는 것은?

① 카운터 웨이트의 중량
② 장비 조립 및 설치 장소
③ 작업장 주변의 장애물 이상 유무
④ 작업 현장의 반입성 및 반출성

96 타이어식 기중기로 인양 작업 시 고려 할 사항으로 맞지 않는 것은?

① 기중기의 수평균형을 맞춘다.
② 아웃트리거는 모두 확장시키고 안전핀으로 고정 시킨다.
③ 타이어는 지면과 닿도록 한다.
④ 선회 시 각종 장애물과는 최소 60cm 이상 이격 시켜 접촉되지 않도록 한다.

97 건설기계의 안전수칙에 관한 설명으로 맞지 않는 것은?

① 운전석을 떠날 때에는 엔진을 정지 시킨다.
② 하중을 달아 올린 채로 브레이크를 걸지 않는다.
③ 무거운 하중은 지면으로부터 10cm 정도 들어 올려 안전을 확인한 후 작업한다.
④ 장비를 다른 곳으로 이동 시에는 반드시 브레이크를 풀어놓고 내려온다.

98 다음 중 파일박기가 가능한 건설기계는?

① 기중기
② 모터 그레이더
③ 불도저
④ 롤러

99 기중기로 항타 작업 시 지켜야 할 안전 수칙에 해당하지 않는 것은?

① 붐의 각을 적게 한다.
② 작업 시 붐을 상승 시키지 않는다.
③ 항타 할 때 반드시 우드캡을 씌운다.
④ 호이스트 케이블의 고정 상태를 수시로 점검한다.

해설 항타 작업 시 붐의 각은 크게 한다.

100 기중기로 항타 작업 시 바운싱이 발생하는 원인으로 맞지 않는 것은?

① 파일이 장애물과 접촉할 때
② 증기 또는 공기량을 약하게 사용할 때
③ 2중 작동 해머를 사용할 때
④ 가벼운 해머를 사용할 때

해설 증기 또는 공기량을 많이 사용할 때 바운싱이 일어난다.

101 기중기에 사용하는 와이어로프의 마모가 빠른 이유로서 가장 거리가 먼 것은?

① 로프 자체에 급유 부족
② 시브의 베어링 급유 불충분으로 마모가 심할 때
③ 드럼에 흐트러져 감길 때
④ 로프를 감는 드럼을 회전시키는 클러치가 슬립이 많을 때

102 양중기에 해당되지 않는 것은?

① 곤돌라
② 리프트
③ 지게차
④ 크레인

해설 지게차는 적재기계에 해당한다.

103 기중 작업 시 물체의 무게가 무거울수록 붐 길이와 각도는 어떻게 하는 것이 좋은가?

① 붐 길이는 길게, 각도는 크게
② 붐 길이는 짧게, 각도는 그대로
③ 붐 길이는 짧게, 각도는 작게
④ 붐 길이는 짧게, 각도는 크게

104 기중기에 사용되는 로프의 안전계수를 구하는 식은?

① $\dfrac{\text{로프의 파단 하중}}{\text{로프의 최저사용 하중}}$

② $\dfrac{\text{로프의 최대 하중}}{\text{로프의 파단 하중}}$

③ $\dfrac{\text{로프의 최저사용 하중}}{\text{로프의 파단 하중}}$

④ $\dfrac{\text{로프의 파단 하중}}{\text{로프의 최대사용 하중}}$

해설 로프의 안전계수는 $\dfrac{\text{로프의 파단 하중}}{\text{로프의 최대사용 하중}}$ 이다.

정답
93 ③ 94 ③ 95 ① 96 ③ 97 ④ 98 ① 99 ① 100 ② 101 ④ 102 ③
103 ④ 104 ④

105 기중 작업 시 무거운 하중을 들기 전에 반드시 점검 할 사항으로 거리가 먼 것은?

① 와이어로프
② 브레이크
③ 붐의 강도
④ 클러치

해설 기중 작업 시 무거운 하중을 들기 전에 반드시 와이어로프. 브레이크. 클러치 등을 점검한다.

106 기중기의 주행 중 점검 사항으로 거리가 먼 것은?

① 주행 시 붐의 최고 높이
② 훅의 걸림 상태
③ 붐과 캐리어의 간격
④ 종 감속기어 오일 량

107 크레인으로 인양시 물체의 중심을 측정하여 인양하여야 한다. 다음 중 잘못 된 것은?

① 형상이 복잡한 물체의 무게중심을 확인한다.
② 인양 물체를 서서히 올려 지상 약 30cm 지점에서 정지하여 확인한다.
③ 인양 물체의 중심이 높으면 물체가 기울 수 있다.
④ 와이어로프 매달기용 체인이 벗겨질 우려가 있으면 높이 인양한다.

정답 105 ③ 106 ④ 107 ④

제7장

최근 기출 및 CBT 복원문제

제7장

2016년도 기능사 _제1회

01 건설기계 범위에 해당되지 않는 것은?

① 준설선

② 3톤 지게차

③ 항타 및 항발기

④ 자체 중량 1톤 미만의 굴착기

🔍 건설기계관리법상 건설기계의 범위에 해당하는 굴착기는 무한궤도 또는 타이어식으로 굴착장치를 가진 자체중량 1톤 이상인 것을 말한다.

02 건설기계 조종사 면허를 취소하거나 정지시킬 수 있는 사유에 해당하지 않는 것은?

① 면허증을 타인에게 대여한 때

② 조종 중 고의로 인명사고를 일으킨 때

③ 면허를 부정한 방법으로 취득하였음이 밝혀졌을 때

④ 여행을 목적으로 1개월 이상 해외로 출국하였을 때

🔍 보기 ①, ②, ③항은 모두 면허 취소에 해당하는 사항이다.

03 건설기계관리법상 소형건설기계에 포함되지 않는 것은?

① 3톤 미만의 굴착기 　　② 5톤 미만의 불도저

③ 천공기 　　　　　　　④ 공기압축기

🔍 소형건설기계
- 5톤 미만의 불도저
- 5톤 미만의 로더
- 트럭적재식을 제외한 5톤 미만의 천공기
- 3톤 미만의 지게차
- 3톤 미만의 굴착기
- 3톤 미만의 타워크레인
- 공기압축기
- 이동식 콘크리트펌프
- 쇄석기
- 준설선

04 시 · 도지사는 건설기계 등록원부를 건설기계의 등록을 말소한 날 부터 몇 년간 보존하여야 하는가?

① 1년 　　　　　　　② 3년

③ 5년 　　　　　　　④ 10년

🔍 시 · 도지사는 건설기계등록원부를 건설기계의 등록을 말소한 날부터 10년간 보존하여야 한다.

05 정기검사 유효기간이 1년인 건설기계는?(단, 연식 20년 이하인 경우)

① 타이어식 기중기 　　② 모터그레이더

③ 타이어식 로더 　　　④ 1톤 이상의 지게차

🔍 정기검사 유효기간
- 기중기 : 연식 무관 1년
- 모터그레이더 : 20년 이하 2년, 20년 초과 1년
- 타이어식 로더 : 20년 이하 2년, 20년 초과 1년
- 1톤 이상의 지게차 : 20년 이하 2년, 20년 초과 1년

06 건설기계조종사 면허증 발급 신청시 첨부하는 서류와 가장 거리가 먼 것은?

① 신체검사서

② 국가기술자격수첩

③ 주민등록표 등본

④ 소형건설기계 조종교육 이수증

🔍 면허증 발급 신청시 첨부 서류
- 신체검사서
- 소형건설기계조종교육이수증(소형건설기계조종사면허증을 발급신청하는 경우에 한정한다)
- 건설기계조종사면허증(건설기계조종사면허를 받은 자가 면허의 종류를 추가하고자 하는 때에 한한다)
- 6개월 이내에 촬영한 탈모상반신 사진 2매

07 교류 발전기의 유도전류는 어디에서 발생하는가?

① 로터

② 전기자

③ 계자 코일

④ 스테이터

🔍 교류 발전기에서 로터는 회전체, 스테이터는 고정체로 유도전류가 발생된다.

08 전류의 3대 작용이 아닌 것은?

① 발열 작용

② 자기 작용

③ 원심 작용

④ 화학 작용

🔍 전류의 3대 작용 : 발열작용, 화학작용, 자기작용

09 냉각수에 엔진오일이 혼합되는 원인으로 가장 적합한 것은?

① 물 펌프 마모

② 수온 조절기 파손

③ 방열기 코어 파손

④ 헤드 가스킷 파손

🔍 헤드 가스킷은 실린더 블록과 헤드에 설치되어 기밀유지의 역할을 하는 것으로 파손 시 냉각수에 엔진오일이 혼합될 수 있다.

10 기관에서 폭발행정 말기에 배기가스가 실린더 내의 압력에 의해 배기밸브를 통해 배출 되는 현상은?

① 블로바이(blow by)   ② 블로백(blow back)
③ 블로다운(blow down)   ④ 블로업(blow up)

> 용어 설명
> - 블로다운 : 폭발행정 말기에 배기가스가 실린더 내의 압력에 의해 배기밸브를 통해 배출되는 현상
> - 블로바이 : 압축행정시 피스톤 링과 실린더 사이로 혼합가스가 새는 현상
> - 블로백 : 압축행정시 밸브 가이드 사이로 혼합가스가 새는 현상

11 디젤 기관의 연료 여과기에 장착되어 있는 오버플로 밸브의 역할이 아닌 것은?

① 연료 계통의 공기를 배출한다.
② 분사 펌프의 압송 압력을 높인다.
③ 연료압력의 지나친 상승을 방지한다.
④ 연료 공급 펌프의 소음 발생을 방지한다.

> 오버플로 밸브의 기능
> - 회로 내 공기 배출
> - 연료 여과기 보호
> - 연료 탱크 내 기포 발생 방지
> - 분사 펌프의 소음 발생 방지
> - 연료 압력의 지나친 상승을 방지

12 여과기 종류 중 원심력을 이용하여 이물질을 분리시키는 형식은?

① 건식 여과기   ② 오일 여과기
③ 습식 여과기   ④ 원심식 여과기

13 기관의 연료장치에서 희박한 혼합비가 미치는 영향으로 옳은 것은?

① 시동이 쉬워진다.
② 저속 및 공전이 원활하다.
③ 연소속도가 빠르다.
④ 출력(동력)의 감소를 가져온다.

> 혼합비가 희박하다는 것은 공기의 양이 이론공기량 보다 많은 경우로 희박한 혼합비에서는 출력의 감소가 초래된다.

14 기동 전동기에서 마그네틱 스위치는?

① 전자석 스위치이다.   ② 전류 조절기이다.
③ 전압 조절기이다.   ④ 저항 조절기이다.

> 기동 전동기에서 마그네틱 스위치(솔레노이드 스위치)는 배터리에서 기동 전동기로 흐르는 큰 전류를 단속하는 스위치 작용과 기동 전동기 피니언과 엔진 플라이 휠 링 기어를 맞물리도록 하는 역할을 하며, 전자석 스위치이다.

15 24V의 동일한 용량의 축전지 2개를 직렬로 접속하면?

① 전류가 증가한다.   ② 전압이 높아진다.
③ 저항이 감소한다.   ④ 용량이 감소한다.

> 축전지를 직렬로 접속하면 전압이 상승하고, 병렬로 접속하면 전류가 상승한다.

16 윤활장치에 사용되고 있는 오일펌프로 적합하지 않은 것은?

① 기어 펌프   ② 로터리 펌프
③ 베인 펌프   ④ 나사 펌프

> 윤활장치에 사용되고 있는 오일펌프는 기어 펌프, 로터리 펌프, 베인 펌프 등이 있으며, 4행정 사이클 기관에 주로 사용되는 오일펌프는 로터리식과 기어식이다.

17 유압 모터와 연결된 감속기의 오일 수준을 점검할 때의 유의사항으로 틀린 것은?

① 오일이 정상 온도일 때 오일 수준을 점검해야 한다.
② 오일량은 영하(-)의 온도상태에서 가득 채워야 한다.
③ 오일 수준을 점검하기 전에 항상 오일 수준 게이지 주변을 깨끗하게 청소한다.
④ 오일량이 너무 적으면 모터 유닛이 올바르게 작동하지 않거나 손상될 수 있으므로 오일량은 항상 정량유지가 필요하다.

18 유압장치에서 오일의 역류를 방지하기 위한 밸브는?

① 변환 밸브   ② 압력조절 밸브
③ 체크 밸브   ④ 흡기 밸브

> 체크 밸브는 유체의 흐름 방향을 한쪽 방향으로만 흐르게 하는 밸브를 말한다.

19 플런저식 유압펌프의 특징이 아닌 것은?

① 구동축이 회전운동을 한다.
② 플런저가 회전운동을 한다.
③ 가변용량형과 정용량형이 있다.
④ 기어펌프에 비해 최고 압력이 높다.

> 플런저가 실린더 내를 왕복 운동하여 흡입, 송출한다.

20 압력 제어밸브의 종류가 아닌 것은?

① 교축 밸브(throttle valve)
② 릴리프 밸브(relief valve)
③ 시퀀스 밸브(sequence valve)
④ 카운터 밸런스 밸브(counter balance valve)

> 교축 밸브(스로틀 밸브)는 밸브 내의 유로 면적을 외부로부터 바꾸어 줌으로써 오일의 유로에 저항을 부여하는 유량 조정 밸브이다.

21 각종 압력을 설명한 것으로 틀린 것은?

① 계기압력 : 대기압을 기준으로 한 압력
② 절대압력 : 완전진공을 기준으로 한 압력
③ 대기압력 : 절대압력과 계기압력을 곱한 압력
④ 진공압력 : 대기압 이하의 압력, 즉 음(-)의 계기압력

> 대기압이란 공기의 무게에 의해 생기는 대기의 압력을 말한다. 참고로 계기압력과 대기압력의 합을 절대압력이라 한다.

22 기체-오일식 어큐뮬레이터에 가장 많이 사용되는 가스는?

① 산소
② 질소
③ 아세틸렌
④ 이산화탄소

23 가변 용량형 유압펌프의 기호 표시는?

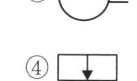

🔍 ① 가변 용량형 유압펌프, ② 정용량형 유압펌프, ③ 스프링

24 기어식 유압펌프에 폐쇄작용이 생기면 어떤 현상이 생길 수 있는가?

① 기름의 토출
② 기포의 발생
③ 기어 진동의 소멸
④ 출력의 증가

25 유압회로에서 호스의 노화 현상이 아닌 것은?

① 호스의 표면에 갈라짐이 발생한 경우
② 코킹 부분에서 오일이 누유 되는 경우
③ 액추에이터의 작동이 원활하지 않을 경우
④ 정상적인 압력상태에서 호스가 파손될 경우

26 유압유의 주요 기능이 아닌 것은?

① 열을 흡수한다.
② 동력을 전달한다.
③ 필요한 요소 사이를 밀봉한다.
④ 움직이는 기계요소를 마모시킨다.

🔍 유압유의 주요 기능
• 동력을 전달한다.
• 움직이는 부분에 대한 효율을 증대시킨다.
• 맞물린 부위의 간극을 밀봉한다.
• 열을 흡수한다.

27 보기에서 작업자의 올바른 안전 자세로 모두 짝지어진 것은?

[보기]
a. 자신의 안전과 타인의 안전을 고려한다.
b. 작업에 임해서는 아무런 생각 없이 작업한다.
c. 작업장 환경 조성을 위해 노력한다.
d. 작업 안전 사항을 준수한다.

① a, b, c
② a, c, d
③ a, b, d
④ a, b, c, d

28 작업장에서 작업복을 착용하는 주된 이유는?

① 작업 속도를 높이기 위해서
② 작업자의 복장 통일을 위해서
③ 작업장의 질서를 확립시키기 위해서
④ 재해로부터 작업자의 몸을 보호하기 위해서

🔍 작업복을 착용하는 주된 이유는 재해로부터 작업자의 몸을 보호하기 위한 것이 첫 번째이다.

29 스패너 사용 시 주의사항으로 잘못된 것은?

① 스패너의 입이 너트 폭과 맞는 것을 사용한다.
② 필요시 두 개를 이어서 사용할 수 있다.
③ 스패너를 너트에 정확히 장착하여 사용한다.
④ 스패너의 입이 변형된 것은 폐기한다.

🔍 스패너에 파이프 등 연장대를 끼우거나, 두 개를 이어서 사용해서는 안 된다.

30 재해 발생원인 중 직접원인이 아닌 것은?

① 기계 배치의 결함
② 교육 훈련 미숙
③ 불량 공구 사용
④ 작업 조명의 불량

🔍 직접원인이란 직접적으로 사고를 일으키는 불안전 행동이나 불안전한 기계적 상태를 포함한다. 보기 중 ②항은 간접원인 중 교육적 원인에 속한다.

31 안전제일에서 가장 먼저 선행되어야 하는 이념으로 맞는 것은?

① 재산 보호
② 생산성 향상
③ 신뢰성 향상
④ 인명 보호

🔍 안전관리란 재해로부터 인간의 생명과 재산을 보존하기 위한 계획적이고 체계적인 제반 활동을 의미한다.

32 동력공구 사용 시 주의사항으로 틀린 것은?

① 보호구는 사용 안 해도 무방하다.
② 에어 그라인더는 회전수에 유의한다.
③ 규정 공기압력을 유지한다.
④ 압축공기 중의 수분을 제거하여 준다.

🔍 보호구는 해당 작업에 적합한 것을 항상 사용해야 한다.

33 연삭기에서 연삭칩의 비산을 막기 위한 안전 방호 장치는?

① 안전 덮개
② 광전식 안전 방호장치
③ 급정지 장치
④ 양수 조작식 방호장치

🔍 연삭기에서 연삭 칩의 비산을 막기 위한 방호장치는 덮개이다.

34 점검주기에 따른 안전점검의 종류에 해당되지 않는 것은?

① 수시점검
② 정기점검
③ 특별점검
④ 구조점검

🔍 점검주기에 따른 안전점검의 종류에는 수시점검, 정기점검, 특별점검 및 임시점검이 있다.

35 작업장에서 지킬 안전사항 중 틀린 것은?

① 안전모는 반드시 착용한다.
② 고압전기, 유해가스 등에 적색 표지판을 부착한다.
③ 해머작업을 할 때는 장갑을 착용한다.
④ 기계의 주유시는 동력을 차단한다.

🔍 해머작업 시에는 미끄러질 위험이 있으므로 장갑을 착용해서는 안 된다.

36 B급 화재에 대한 설명으로 옳은 것은?

① 목재, 섬유류 등의 화재로서 일반적으로 냉각 소화를 한다.
② 유류 등의 화재로서 일반적으로 질식 효과(공기차단)로 소화한다.
③ 전기기기의 화재로서 일반적으로 전기 절연성을 갖는 소화제로 소화한다.
④ 금속나트륨 등의 화재로서 일반적으로 건조사를 이용한 질식효과로 소화한다.

🔍 화재의 종류
• A급 화재 : 일반 가연물 화재
• B급 화재 : 유류 화재
• C급 화재 : 전기 화재
• D급 화재 : 금속 화재

37 와이어로프를 이용하여 화물을 매다는 방법에 대한 설명으로 틀린 것은?

① 화물을 매달 때 경사지게 해서는 안 된다.
② 가능한 총 걸림각이 60도 이내가 되도록 한다.
③ 화물을 들 때 지상 30cm 정도 들어서 안전한지 확인해야 한다.
④ 수직하중이 작용하도록 가능한 적은 수의 로프를 사용하여야 한다.

38 기중기의 작업 반경이 커지면 기중능력의 변화로 맞는 것은?

① 기중능력은 감소한다.
② 기중능력은 증가된다.
③ 기중능력은 변함없다.
④ 기중능력은 경우에 따라 변화한다.

🔍 기중기의 작업 반경이 커지면 기중능력은 감소한다.

39 기중기 양중작업 중 급선회를 하게 되면 인양력은 어떻게 변하는가?

① 인양을 멈춘다.
② 인양력이 감소한다.
③ 인양력이 증가한다.
④ 인양력에 영향을 주지 않는다.

🔍 양중 작업 중 급선회를 하게 되면 인양력이 감소한다.

40 기중기의 작업 용도와 가장 거리가 먼 것은?

① 기중 작업　　② 굴토 작업
③ 지균 작업　　④ 항타 작업

🔍 기중기란 중화물의 기중작업, 토사굴토 및 굴착, 화물의 적재 및 적하, 기동박기 및 기타 특수 작업을 수행하는 장비이다.

41 기중기의 "작업 반경"에 대한 설명으로 맞는 것은?

① 운전석 중심을 지나는 수직선과 폭의 중심을 지나는 수직선 사이의 최단거리
② 무한궤도 전면을 지나는 수직선과 폭의 중심을 지나는 수직선 사이의 최단거리
③ 선회 장치의 회전 중심을 지나는 수직선과 훅의 중심을 지나는 수직선 사이의 최단거리
④ 무한궤도의 스프로켓 중심을 지나는 수직선과 훅의 중심을 지나는 수직선 사이의 최단거리

🔍 기중기의 "작업반경"이란 선회장치의 회전중심을 지나는 수직선과 훅의 중심을 지나는 수직선 사이의 최단거리를 말하며, 붐의 각과 작업반경은 반비례한다.

42 기중기 선회동작에 대한 설명으로 틀린 것은?

① 상부 선회체는 종축을 중심으로 선회한다.
② 기중기 형식에 따라 선회 작업영역의 범위가 다르다.
③ 선회체(상부)의 회전각도는 최대 180도까지 가능하다.
④ 선회 록(lock)은 필요 시 선회체를 고정하는 장치이다.

🔍 선회체(상부)의 회전각도는 360도 회전이 가능하다.

43 타이어식 기중기의 아웃트리거(outrigger)에 대한 설명으로 틀린 것은?

① 기중 작업 시 장비를 안정시킨다.
② 평탄하고 단단한 지면에 설치한다.
③ 빔을 완전히 펴서 바퀴가 지면에서 뜨도록 한다.
④ 유압식은 여러 개의 레버를 동시에 조작하여야 한다.

🔍 아웃트리거는 타이어식 기중기에서 전후, 좌우 방향에 안전성을 주어서 기중 작업을 할 때 전도되는 것을 방지하는 장치로 빔을 완전히 펴서 바퀴가 지면에서 뜨도록 하고 평탄하고 굳은 지면에 설치해야 한다.

44 기중기로 항타 작업 시 바운싱이 발생하는 원인으로 맞지 않는 것은?

① 파일이 장애물과 접촉할 때
② 가벼운 해머를 사용할 때
③ 2중 작동 해머를 사용할 때
④ 증기 또는 공기량이 너무 적을 때

🔍 증기 또는 공기량을 많이 사용할 때 바운싱이 일어난다.

45 기중기의 구성 장치가 아닌 것은?

① 붐
② 마스트
③ 선회장치
④ 호이스트 케이블

🔍 마스트는 지게차의 작업장치이다.

46 기중기 양중작업 계획 시, 점검해야할 현장의 환경사항이 아닌 것은?

① 장비조립 및 설치장소
② 카운터 웨이트의 중량
③ 작업장 주변의 장애물 유무
④ 크레인의 현장 반입성 및 반출성

47 트럭탑재형 기중기의 작업 하중은 임계 하중의 몇 % 인가?

① 75%
② 80%
③ 85%
④ 90%

🔍 작업하중은 안전하중이라고도 하며 트럭식은 임계하중의 85%, 크롤러식은 임계하중의 75%이다.

48 아웃트리거(outrigger)를 작동시켜 장비를 받치고 있는 동안에 호스나 파이프가 터져도 장비가 기울어지지 않도록 안정성을 유지해주는 것은?

① 릴리프 밸브(relief valve)
② 리듀싱 밸브(reducing valve)
③ 솔레노이드 밸브(solenoid valve)
④ 파일럿 체크 밸브(pilot check valve)

🔍 파일럿 체크 밸브는 파일럿으로서 작용되는 유체 압력에 의해 그 기능을 변화시키는 것이 가능한 체크 밸브를 말하며, 기중기에서는 아웃트리거를 작동시켜 장비를 받치고 있는 동안에 호스나 파이프가 터져도 장비가 기울어지지 않도록 안정성을 유지해준다.

49 기계식 기중기에서 붐의 최대 안정각은 얼마인가?

① 30° 30′
② 40° 30′
③ 66° 30′
④ 82° 30′

🔍 붐의 각
  • 최대 제한각도 : 78°
  • 최소 제한각도 : 20°
  • 작업에 좋은 각도(최대 안정각) : 66° 30′
  • 셔블붐 : 45°~65°

50 인양작업을 위해 기중기를 설치할 때 고려하여야 할 사항으로 틀린 것은?

① 기중기의 수평균형을 맞춘다.
② 타이어는 지면과 닿도록 하여야 한다.
③ 아웃트리거(outrigger)는 모두 확장시키고 핀으로 고정한다.
④ 선회 시 접촉되지 않도록 장애물과 최소 60cm 이상 이격시킨다.

🔍 인양작업을 위해 기중기를 설치할 때 타이어가 받는 하중을 방지하고, 안정성을 유지하기 위해 아웃트리거(outrigger)를 설치한다.

51 기중기에 적용되는 작업장치에 대한 설명으로 틀린 것은?

① 콘크리트 펌핑(concrete pumping) 작업 : 콘크리트를 펌핑하여 타설 장소까지 이송하는 작업
② 마그넷(magnet) 작업 : 마그넷을 사용하여 철 등을 자석에 부착해 들어 올려 이동시키는 작업
③ 드래그라인(dragline) 작업 : 기중기에서 늘어뜨린 바가지 모양의 기구를 윈치에 의해서 끌어당겨 땅을 파내는 작업
④ 클램셸(clamshell) 작업 : 우물 공사 등 수직으로 깊이 파는 굴토 작업, 토사를 적재하는 작업으로, 선박 또는 무게 화차에서 화물 또는 오물 제거 작업 등에 주로 사용

🔍 기중기의 작업장치
  • 훅(갈고리) : 화물의 적재 및 적하작업 등 일반적인 기중기 작업에 많이 사용된다.
  • 셔블(삽) : 경사면의 토사굴토, 적재 등의 작업에 많이 사용된다.
  • 드래그라인(긁어파기) : 평면굴토, 수중작업, 제방구축 등의 작업에 많이 사용된다.
  • 트렌치호(도랑파기) : 배수로, 지하실 등의 굴토, 채굴, 매몰작업에 많이 사용된다.
  • 클램셸(조개작업) : 교주의 항타 및 건물의 기초 공사 등에 많이 사용된다.
  • 파일드라이버(항타 및 항발) : 교주의 항타 및 건물의 기초공사 등에 많이 사용된다.

52 줄걸이 작업 시 확인 할 사항으로 맞지 않는 것은?

① 중심 위치가 올바른지 확인한다.
② 로프의 각도가 올바른지 확인한다.
③ 중심이 높아지도록 작업하고 있는지 확인한다.
④ 양중물을 매달아 올린 후 수평상태를 유지하는지 확인한다.

🔍 줄걸이 작업시 중심은 낮게 유지하여야 한다.

53 와이어 로프 취급에 관한 사항으로 맞지 않는 것은?

① 와이어 로프도 기계의 한 부품처럼 소중하게 취급한다.
② 와이어 로프를 풀거나 감을 때 킹크가 생기지 않도록 한다.
③ 와이어 로프를 운송 차량에서 하역할 때 차량으로 부터 굴려서 내린다.
④ 와이어 로프를 보관할 때 로프용 오일을 충분히 급유하여 보관한다.

🔍 와이어 로프를 운송 차량에서 하역할 때는 크레인이나 지게차를 이용한다.

54 기중기로 항타(pile driver)작업을 할 때 지켜야할 안전수칙이 아닌 것은?

① 붐의 각을 적게 한다.
② 작업 시 붐을 상승시키지 않는다.
③ 항타할 때 반드시 우드 캡을 씌운다.
④ 호이스트 케이블의 고정 상태를 점검한다.

🔍 항타 작업 시 붐의 각은 크게 한다.

55 기중기 양중 작업 중 급선회를 하게 될 경우 인양력의 변화로 맞는 것은?

① 인양이 정지된다.
② 인양력이 증가한다.
③ 인양력이 감소한다.
④ 인양력에 영향이 없다.

🔍 양중 작업 중 급선회를 하게 되면 인양력이 감소한다.

56 기중기에 오르고 내릴 때 주의해야할 사항으로 틀린 것은?

① 이동 중인 장비에 뛰어 오르거나 내리지 않는다.
② 오르고 내릴 때는 항상 장비를 마주보고 양손을 이용한다.
③ 오르고 내리기 전에 계단과 난간 손잡이 등을 깨끗이 닦는다.
④ 오르고 내릴 때는 운전실내의 각종 조종장치를 손잡이로 이용한다.

🔍 오르고 내릴 때 운전실 내의 각종 작업 조종 장치를 손잡이로 사용해서는 안 된다.

57 다음 교통안전 표지에 대한 설명으로 맞는 것은?

① 최고 중량 제한표지
② 차간거리 최저 30m 제한표지
③ 최고 시속 30km 속도 제한표지
④ 최저 시속 30km 속도 제한표지

🔍 밑줄이 있으면 최저 속도 제한, 밑줄이 없으면 최고 속도 제한 표지이다.

58 신호등이 없는 철길건널목 통과방법 중 옳은 것은?

① 차단기가 올라가 있으면 그대로 통과해도 된다.
② 반드시 일시정지를 한 후 안전을 확인하고 통과한다.
③ 신호등이 진행 신호일 경우에도 반드시 일시정지를 하여야 한다.
④ 일시정지를 하지 않아도 좌우를 살피면서 서행으로 통과하면 된다.

🔍 모든 차는 신호등이 없는 철길 건널목을 통과하고자 하는 때에는 그 건널목 앞에서 반드시 일단 정지를 하여 안전함을 확인한 후에 통과하여야 한다.

59 도로교통법상에서 차마가 도로의 중앙이나 좌측 부분을 통행할 수 있도록 허용한 것은 도로 우측 부분의 폭이 얼마 이하 일 때인가?

① 2미터
② 3미터
③ 5미터
④ 6미터

🔍 도로 우측 부분의 폭이 6미터가 되지 아니하는 도로에서 다른 차를 앞지르려는 경우에는 도로의 중앙이나 좌측 부분을 통행할 수 있다. 단, 도로의 좌측 부분을 확인할 수 없는 경우, 반대 방향의 교통을 방해할 우려가 있는 경우, 안전표지 등으로 앞지르기를 금지하거나 제한하고 있는 경우에는 그러하지 아니하다.

60 교통사고가 발생하였을 때 운전자가 가장 먼저 취해야 할 조치로 적절한 것은?

① 즉시 보험회사에 신고한다.
② 모범운전자에게 신고한다.
③ 즉시 피해자 가족에게 알린다.
④ 즉시 사상자를 구호하고 경찰에 연락한다.

🔍 사상자 구호는 사고 시의 최우선 조치 사항이다.

[2016년 1회 시행]

01 ④ 02 ④ 03 ② 04 ③ 05 ① 06 ③ 07 ④ 08 ③ 09 ④ 10 ③
11 ② 12 ④ 13 ④ 14 ① 15 ② 16 ④ 17 ② 18 ③ 19 ② 20 ①
21 ③ 22 ② 23 ① 24 ② 25 ② 26 ④ 27 ② 28 ④ 29 ② 30 ②
31 ② 32 ① 33 ① 34 ④ 35 ③ 36 ② 37 ④ 38 ① 39 ② 40 ③
41 ③ 42 ③ 43 ④ 44 ④ 45 ② 46 ② 47 ③ 48 ④ 49 ③ 50 ②
51 ① 52 ③ 53 ③ 54 ① 55 ③ 56 ④ 57 ③ 58 ② 59 ④ 60 ④

제7장
2016년도 기능사 _제2회

01 건설기계관리법상 건설기계를 검사유효기간이 끝난 후에 계속 운행하고자 할 때는 어느 검사를 받아야 하는가?

① 신규등록검사
② 계속검사
③ 수시검사
④ 정기검사

🔍 **건설기계의 검사**
- 신규 등록검사 : 건설기계를 신규로 등록할 때 실시하는 검사
- 정기검사 : 건설공사용 건설기계로서 검사유효기간이 끝난 후에 계속하여 운행하려는 경우에 실시하는 검사와 운행차의 정기검사
- 구조변경검사 : 건설기계의 주요 구조를 변경하거나 개조한 경우 실시하는 검사
- 수시검사 : 성능이 불량하거나 사고가 자주 발생하는 건설기계의 안전성 등을 점검하기 위하여 수시로 실시하는 검사와 건설기계 소유자의 신청을 받아 실시하는 검사

02 도로교통법상 규정한 운전면허를 받아 조종할 수 있는 건설기계가 아닌 것은?

① 타워크레인
② 덤프트럭
③ 콘크리트펌프
④ 콘크리트믹서트럭

🔍 덤프트럭, 콘크리트펌프, 콘크리트믹서트럭은 운전면허 중 제1종 대형면허를 취득하면 운전이 가능한 건설기계이다.

03 건설기계관리법상 건설기계의 정기검사를 받지 아니한 자에 대한 과태료는?

① 10만원 이하
② 50만원 이하
③ 100만원 이하
④ 300만원 이하

🔍 **300만원 이하의 과태료(주요 사항)**
- 등록번호표를 부착하지 아니하거나 봉인하지 아니한 건설기계를 운행한 자
- 건설기계의 정기검사를 받지 아니한 자
- 건설기계임대차 등에 관한 계약서를 작성하지 아니한 자
- 건설기계조종사의 정기적성검사 또는 수시적성검사를 받지 아니한 자
- 시설 또는 업무에 관한 보고를 하지 아니하거나 거짓으로 보고한 자

04 보기의 ( )안에 알맞은 것은?

> 건설기계소유자가 부득이한 사유로 검사신청기간 내에 검사를 받을 수 없는 경우에는 검사연기사유 증명서류를 시·도지사에게 제출하여야 한다.
> 검사연기를 허가받으면 검사 유효기간은 ( )월 이내로 연장된다.

① 1
② 2
③ 3
④ 6

🔍 **검사의 연기**
- 건설기계소유자는 천재지변, 건설기계의 도난, 사고발생, 압류, 1월 이상에 걸친 정비 그 밖의 부득이 한 사유로 검사신청기간 내에 검사를 신청할 수 없는 경우에는 검사신청기간 만료일까지 검사연기신청서에 연기사유를 증명할 수 있는 서류를 첨부하여 시·도지사에게 제출하여야 한다.
- 검사연기신청을 받은 시·도지사 또는 검사대행자는 그 신청일부터 5일 이내에 검사연기여부를 결정하여 신청인에게 통지하여야 한다. 이 경우 검사연기 불허통지를 받은 자는 검사신청기간 만료일부터 10일 이내에 검사신청을 하여야 한다.
- 검사를 연기하는 경우에는 그 연기기간을 6월 이내로 한다. 이 경우 그 연기기간동안 검사유효기간이 연장된 것으로 본다.

05 건설기계의 소유자는 건설기계등록사항에 변경이 있는 때에 그 변경이 있는 날부터 며칠 이내에 건설기계등록사항변경신고서를 시·도지사에게 제출하여야 하는가?(단, 상속의 경우를 제외한다.)

① 15일
② 20일
③ 25일
④ 30일

🔍 건설기계의 소유자는 건설기계등록사항에 변경(주소지 또는 사용본거지가 변경된 경우를 제외)이 있는 때에는 그 변경이 있는 날부터 30일(상속의 경우에는 상속개시일부터 3개월) 이내에 건설기계등록사항변경신고서에 필요한 서류를 첨부하여 등록을 한 시·도지사에게 제출하여야 한다. 다만, 전시·사변 기타 이에 준하는 국가비상사태 하에 있어서는 5일 이내에 하여야 한다.

06 건설기계관리법상 건설기계 운전자의 과실로 경상 6명의 인명피해를 입혔을 때 처분기준은?

① 면허효력정지 10일
② 면허효력정지 20일
③ 면허효력정지 30일
④ 면허효력정지 60일

🔍 **인명피해를 입힌 때의 처분기준**
- 사망 1명마다 : 면허효력정지 45일
- 중상 1명마다 : 면허효력정지 15일
- 경상 1명마다 : 면허효력정지 5일

07 기관의 피스톤이 고착되는 원인으로 틀린 것은?

① 냉각수 량이 부족할 때
② 기관오일이 부족하였을 때
③ 기관이 과열되었을 때
④ 압축 압력이 정상일 때

🔍 **피스톤의 고착 원인**
- 냉각수 량이 부족할 때
- 기관오일이 부족하였을 때
- 기관이 과열되었을 때
- 피스톤 간극이 적을 때

08 기관의 운전 상태를 감시하고 고장진단 할 수 있는 기능은?

① 윤활 기능
② 제동 기능
③ 조향 기능
④ 자기진단 기능

09 납축전지 터미널에 녹이 발생했을 때의 조치방법으로 가장 적합한 것은?

① 물걸레로 닦아내고 더 조인다.
② 녹을 닦은 후 고정시키고 소량의 그리스를 상부에 도포한다.
③ (+)와 (-)터미널을 서로 교환한다.
④ 녹슬지 않게 엔진오일을 도포하고 확실히 더 조인다.

> 납축전지 터미널에 녹이 발생하면 녹을 닦은 후 고정시키고 소량의 그리스를 상부에 도포한다.

10 기관 윤활유의 구비 조건이 아닌 것은?

① 점도가 적당 할 것
② 청정력이 클 것
③ 비중이 적당 할 것
④ 응고점이 높을 것

> 기관 윤활유는 인화점은 높고, 응고점은 낮은 것이 좋다.

11 직류직권 전동기에 대한 설명 중 틀린 것은?

① 기동 회전력이 분권 전동기에 비해 크다.
② 부하에 따른 회전 속도의 변화가 크다.
③ 부하를 크게 하면 회전속도가 낮아진다.
④ 부하에 관계없이 회전속도가 일정하다.

> 전동기의 특성
>
> | 구분 | 장점 | 단점 |
> | --- | --- | --- |
> | 직권 전동기 | 기동회전력이 크다. | 회전속도의 변화가 크다. |
> | 분권 전동기 | 회전속도의 변화가 없다. | 회전력이 비교적 작다. |
> | 복권 전동기 | 직권과 분권의 양쪽 특성을 갖는다. | 구조가 복잡하다. |

12 소음기나 배기관 내부에 많은 양의 카본이 부착되면 배압은 어떻게 되는가?

① 낮아진다.
② 저속에는 높아졌다가 고속에는 낮아진다.
③ 높아진다.
④ 영향을 미치지 않는다.

> 소음기나 배기관 내부에 많은 양의 카본이 부착되면 배압은 높아지고 이에 따라 기관 과열, 기관의 출력 감소, 냉각수 온도 과열이 초래된다.

13 보기에 나타낸 것은 기관에서 어느 구성품을 형태에 따라 구분한 것인가?

[보기]
직접분사식, 예연소실식, 와류실식, 공기실식

① 연료분사장치
② 연소실
③ 점화장치
④ 동력전달장치

> 보기는 연소실을 형태에 따라 구분한 것으로 디젤기관은 압축열에 의한 자연착화기관이므로 공기와 연료가 잘 혼합될 수 있는 구조여야 하며, 특히 압축행정에서 와류를 일어나게 하여 혼합을 돕는 등 여러 가지 구비 조건을 갖추어야 한다.

14 냉각장치에 사용되는 라디에이터의 구성품이 아닌 것은?

① 냉각수 주입구
② 냉각핀
③ 코어
④ 물재킷

> 물재킷은 습식라이너의 바깥 둘레를 구성하는 것으로 냉각수와 직접 접촉한다.

15 충전장치에서 발전기는 어떤 축과 연동되어 구동되는가?

① 크랭크축
② 캠축
③ 추진축
④ 변속기 입력축

> 직류 발전기는 계자 코일과 철심으로 된 전자석의 N극과 S극 사이에 둥근형의 아마추어 코일을 넣고, 코일A와 B를 정류자의 정류자편 E와 F에 접속한 다음 크랭크축 폴리와 팬 벨트로 회전시키면 코일 A와 B가 함께 회전하는 도체는 자력선을 끊어 전자 유도 작용에 의한 전압을 발생시키는 일종의 자려자식이다.

16 디젤기관에서 인젝터간 연료 분사량이 일정하지 않을 때 나타나는 현상은?

① 연료 분사량에 관계없이 기관은 순조로운 회전을 한다.
② 연료 소비에는 관계가 있으나 기관 회전에는 영향을 미치지 않는다.
③ 연소 폭발음의 차이가 있으며 기관은 부조를 하게 된다.
④ 출력은 향상되나 기관은 부조를 하게 된다.

> 인젝터에서 각 실린더 별로 분사량이 달리하여 분사하면 폭발상태가 달라지므로 부조상태가 된다.

17 유압펌프에서 발생된 유체에너지를 이용하여 직선운동이나 회전운동을 하는 유압기기는?

① 오일 쿨러
② 제어 밸브
③ 액추에이터
④ 어큐뮬레이터

> 액추에이터(actuator)는 유압의 에너지를 기계적 에너지로 변화시키는 장치로 유압의 에너지에 의해서 직선 왕복 운동을 하는 유압 실린더와 유압의 에너지에 의해서 회전 운동을 하는 유압 모터가 있다.

18 유압장치에서 방향제어 밸브에 해당하는 것은?

① 셔틀 밸브
② 릴리프 밸브
③ 시퀀스 밸브
④ 언로더 밸브

> 유압밸브
> - 압력제어 밸브 : 일의 크기 조정(릴리프 밸브, 감압 밸브, 시퀀스 밸브, 언로더 밸브, 카운터 밸런스 밸브 등)
> - 유량제어 밸브 : 일의 속도 제어(스로틀 밸브, 압력보상 유량제어 밸브 등)
> - 방향제어 밸브 : 일의 방향을 변환(체크 밸브, 스풀 밸브, 감속 밸브, 셔틀 밸브 등)

19 압력제어 밸브의 종류가 아닌 것은?

① 언로더 밸브
② 스로틀 밸브
③ 시퀀스 밸브
④ 릴리프 밸브

> 문제 18번 해설 참조

20 유압유의 점검사항과 관계없는 것은?

① 점도
② 마멸성
③ 소포성
④ 윤활성

🔍 유압유의 점검사항 : 점도, 소포성, 윤활성

21 그림의 유압 기호는 무엇을 표시하는가?

① 유압실린더
② 어큐뮬레이터
③ 오일 탱크
④ 유압실린더 로드

🔍 그림의 유압 기호는 어큐뮬레이터(축압기)이며, 축압기는 유압 에너지의 저장, 충격흡수 등에 이용된다.

22 그림과 같이 2개의 기어와 케이싱으로 구성되어 오일을 토출하는 펌프는?

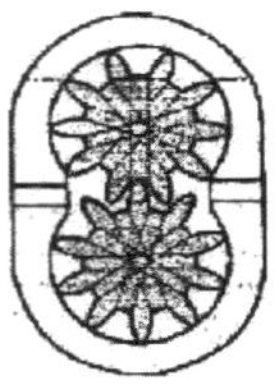

① 내접 기어 펌프
② 외접 기어 펌프
③ 스크루 기어 펌프
④ 트로코이드 기어 펌프

🔍 내접 기어 펌프와 외접 기어 펌프

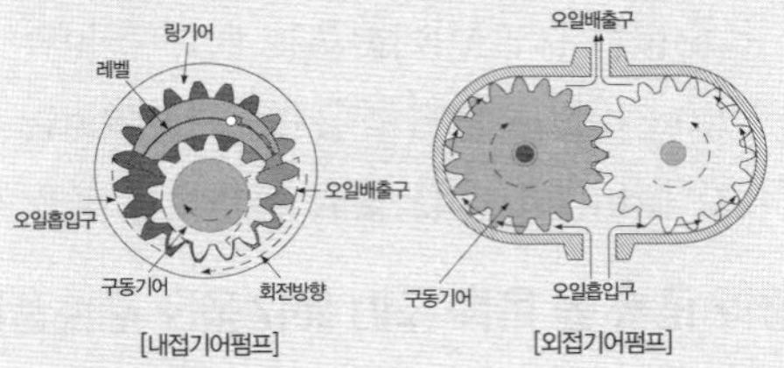

23 작업 중에 유압펌프로 부터 토출유량이 필요하지 않게 되었을 때, 토출유를 탱크에 저압으로 귀환 시키는 회로는?

① 시퀀스 회로
② 어큐뮬레이터 회로
③ 블리드 오프 회로
④ 언로더 회로

🔍 회로의 용어 정의
• 시퀀스 회로 : 실린더를 순차적으로 작동시키기 위한 회로
• 어큐뮬레이터 회로 : 유압 펌프 토출구 가까이에 어큐뮬레이터를 설치하고 밸브 변환 시에 발생하는 서지 압력을 흡수하여 펌프의 순간적인 과부하 방지 및 회로에서의 진동, 소음, 배관의 느슨함에 의해서 발생하는 누유 및 파손 등을 방지하는 회로
• 블리드 오프 회로 : 유량조절 밸브를 바이패스 회로에 설치하고 유압 실린더를 송유하는 작동유 이외의 작동유를 탱크로 복귀시키는 회로

24 유압모터를 선택할 때의 고려사항과 가장 거리가 먼 것은?

① 동력
② 부하
③ 효율
④ 점도

🔍 점도는 유압유와 관련이 있는 것으로 유압모터 선택 시 고려사항에는 해당되지 않는다.

25 유압유에 요구되는 성질이 아닌 것은?

① 산화 안정성이 있을 것
② 윤활성과 방청성이 있을 것
③ 보관 중에 성분의 분리가 있을 것
④ 넓은 온도범위에서 점도변화가 적을 것

🔍 유압유의 구비조건
• 넓은 온도 범위에서 점도의 변화가 적을 것
• 점도 지수가 높을 것
• 산화에 대한 안정성이 있을 것
• 윤활성와 방청성이 있을 것
• 착화점이 높을 것
• 적당한 유동성이 있을 것
• 물리적, 화학적인 변화가 없고 비압축성일 것
• 유압장치에 사용되는 재료에 대하여 불활성일 것

26 유압유에 포함된 불순물을 제거하기 위해 유압펌프 흡입관에 설치하는 것은?

① 부스터
② 스트레이너
③ 공기 청정기
④ 어큐뮬레이터

🔍 스트레이너는 유압탱크에 설치되어 유압 펌프로 유압유를 유도하고 유압유 속의 불순물을 여과한다.

27 수공구 사용시 안전수칙으로 바르지 못한 것은?

① 톱 작업은 밀 때 절삭되게 작업한다.
② 줄 작업으로 생긴 쇳가루는 브러시로 털어 낸다.
③ 해머작업은 미끄러짐을 방지하기 위해서 반드시 면장갑을 끼고 작업한다.
④ 조정 렌치는 조정조가 있는 부분에 힘을 받지 않게 하여 사용한다.

🔍 해머작업시 장갑을 끼면 미끄러지기 쉬워 위험하다.

28 화재 발생시 초기 진화를 위해 소화기를 사용하고자 할 때, 다음 보기에서 소화기 사용방법에 따른 순서로 맞는 것은?

a. 안전핀을 뽑는다.
b. 안전핀 걸림 장치를 제거한다.
c. 손잡이를 움켜잡아 분사한다.
d. 노즐을 불이 있는 곳으로 향하게 한다.

① a → b → c → d
② c → a → b → d
③ d → b → c → a
④ b → a → d → c

29 크레인으로 인양 시 물체의 중심을 측정하여 인양하여야 한다. 다음 중 잘못된 것은?

① 형상이 복잡한 물체의 무게 중심을 확인한다.
② 인양 물체를 서서히 올려 지상 약 30cm 지점에서 정지하여 확인한다.
③ 인양 물체의 중심이 높으면 물체가 기울 수 있다.
④ 와이어로프나 매달기용 체인이 벗겨질 우려가 있으면 되도록 높이 인양한다.

🔍 인양 물체의 중심이 높으면 물체가 기울거나 와이어로프나 매달기용 체인이 벗겨질 우려가 있으므로 중심은 될 수 있는 한 낮게 하여 매달도록 하여야 한다.

30 작업 중 기계에 손이 끼어 들어가는 안전사고가 발생했을 경우 우선적으로 해야 할 것은?

① 신고부터 한다.
② 응급처치를 한다.
③ 기계의 전원을 끈다.
④ 신경 쓰지 않고 계속 작업한다.

🔍 먼저 기계의 전원을 꺼서 정지시키고 응급처치를 한다.

31 렌치의 사용이 적합하지 않는 것은?

① 둥근 파이프를 죌 때 파이프 렌치를 사용하였다.
② 렌치는 적당한 힘으로 볼트, 너트를 죄고 풀어야 한다.
③ 오픈 렌치로 파이프 피팅 작업에 사용하였다.
④ 토크 렌치의 용도는 큰 토크를 요할 때만 사용한다.

🔍 토크 렌치는 볼트, 너트, 스크루 등을 규정된 값으로 조일 때 사용하는 정밀 측정 공구로 다수의 볼트에 토크를 주어 나사산의 파손이나 탈락을 방지하는 용도로 사용된다.

32 감전되거나 전기화상을 입을 위험이 있는 곳에서 작업시 작업자가 착용해야 할 것은?

① 구명구
② 보호구
③ 구명조끼
④ 비상벨

33 다음 중 안전의 제일 이념에 해당하는 것은?

① 품질 향상
② 재산 보호
③ 인간 존중
④ 생산성 향상

🔍 안전관리란 재해로부터 인간의 생명과 재산을 보존하기 위한 계획적이고 체계적인 제반 활동을 의미한다.

34 안전관리상 장갑을 끼고 작업할 경우 위험할 수 있는 것은?

① 드릴 작업
② 줄 작업
③ 용접 작업
④ 판금 작업

🔍 드릴 작업 시 장갑을 끼면 손이 말려들 위험이 있다.

35 위험기계·기구에 설치하는 방호장치가 아닌 것은?

① 하중측정장치
② 급정지장치
③ 역화방지장치
④ 자동전격방지장치

🔍 하중측정장치는 하중을 측정하는 장치로 방호장치와는 거리가 멀다.

36 전기 감전위험이 생기는 경우로 가장 거리가 먼 것은?

① 몸에 땀이 배어 있을 때
② 옷이 비에 젖어 있을 때
③ 앞치마를 하지 않았을 때
④ 발밑에 물이 있을 때

🔍 물 및 습기 등은 도전성이 높은 액체로 습윤 장소에서는 감전의 위험이 커진다.

37 기중기 차륜의 바깥쪽으로 다리를 빼내어 차대를 떠받쳐 작업 시 안정성을 좋게 하는 장치는?

① 아웃트리거
② 붐 호이스트
③ 카운터 웨이트
④ 붐 기복 방지장치

🔍 아웃트리거(outrigger)는 타이어식 기중기에서 전·후·좌·우 방향에 안정성을 주어 작업 시 전도되는 것을 방지하는 안전장치이다.

38 인양작업 전 점검사항으로 옳지 않은 것은?

① 인양물의 중량 확인은 필요시에만 한다.
② 아웃트리거 설치를 위해 지반을 확인한다.
③ 안전 작업공간을 확보하기 위해 바리케이트를 설치한다.
④ 기중기가 수평을 유지할 수 있도록 지반의 경사도를 확인한다.

🔍 물체는 중력의 작용에 의해 물체의 중량이 결정되는데 이를 물체의 무게중심이라 한다. 화물의 양중 시 무게 중심과 훅의 위치는 안전 관리상 매우 중요하다.

39 기중기 붐의 길이에 대한 올바른 설명은?

① 폭의 중심에서 턴테이블 중심까지의 길이
② 붐의 톱 시브 중심에서 붐의 푸트 핀 중심까지의 길이
③ 붐의 톱 시브 중심에서 턴테이블 중심까지의 길이
④ 붐의 톱 시브 중심에서 겐트리 시브 중심까지의 길이

🔍 기중기 붐의 길이 : 하부 지점인 붐의 푸트 핀 중심에서 상부의 붐 포인트 핀까지의 수평거리를 말한다.

40 호이스트 와이어 로프의 점검사항으로 가장 적절하지 못한 것은?

① 킹크 발생
② 길이 수축
③ 절단된 소선의 수
④ 공칭지름의 감소

🔍 와이어로프의 교환 시기
• 킹크된 것
• 현저하게 변형되거나 부식된 것
• 직경이 공칭 직경의 7% 이상 감소된 것
• 한 선의 소선이 10% 이상 절단된 것
• 꼬인 것
• 압축이음새가 풀어져 있는 것
• 압축이음새의 와이어로프가 약해진 것

41 기중기의 주행 중 점검 사항으로 가장 거리가 먼 것은?

① 훅의 걸림 상태는 정상인가?
② 주행시 붐의 최고 높이는 어떤가?
③ 종감속기어 오일량은 적당한가?
④ 붐과 캐리어의 간격은 정상인가?

🔍 종감속기어는 굴착기의 동력전달 계통에서 최종적으로 구동력 증가를 위해 사용된다.

42 주행 장치에 따른 기중기의 분류가 아닌 것은?

① 트럭식
② 타이어식
③ 로터리식
④ 무한궤도식

🔍 주행장치에 따른 기중기의 분류
• 트럭탑재식 기중기 : 트럭의 차대 또는 트럭 기중기 전용차체로 제작된 캐리어(carrier) 위에 기중작업장치인 상부선회체를 설치한 것이다.기동성과 안정성의 좋은 장점이 있으나 습지, 사지, 험한 지역, 협소한 장소에서는 작업이 곤란하다.
• 휠식(타이어식) 기중기 : 고무 타이어용의 견고한 대형차체에 기중작업을 위한 상부회전체가 장치된 것으로 원동기가 한 개로서 주행과 작동을 함께 할 수 있어, 조종자 1명이 한 곳에서 운전조작이 가능하므로 매우 편리하다.
• 크롤러식(무한궤도식) 기중기 : 무한궤도 트랙 위에 기중작업을 위한 상부회전체의 전부장치가 설치된 식의 기중기로서, 좌우의 크롤러 폭이 넓어 안정성이 좋고, 지반이 고르지 않거나 연약한 지반에서 사용할 수 있는 특징이 있다.

43 환향장치가 하는 역할은?

① 제동을 쉽게 하는 장치이다.
② 분사압력 증대 장치이다.
③ 분사시기를 조정하는 장치이다.
④ 장비의 진행 방향을 바꾸는 장치이다.

🔍 조향(환향) 장치는 건설기계의 주행방향을 바꾸기 위한 조종장치로 조향핸들(steering wheel)을 회전시켜 앞바퀴를 조향하는 구조로 되어 있다.

44 기중기로 양중작업을 할 때 확인해야 할 사항이 아닌 것은?

① 정비지침서
② 양중능력표
③ 작업계획서
④ 장비매뉴얼

45 와이어 로프를 기중기 작업의 고리걸이 용구로 사용하는데 가장 적절치 못한 것은?

① 와이어 로프 끝에 훅을 부착한 것
② 와이어 로프 끝에 링을 부착한 것
③ 와이어 로프 끝에 샤클을 부착한 것
④ 와이어 로프를 서로 맞대어 소선을 끼워서 짠 것

46 기중기에 크램셀을 설치하면 어떤 작업을 하는데 가장 적합한가?

① 배수로 굴토 작업
② 수평 평삭 작업
③ 경사지 구축 작업
④ 수직 굴토 작업

🔍 기중기의 작업장치
• 훅(갈고리) : 화물의 적재 및 적하작업 등 일반적인 기중기 작업에 많이 사용된다.
• 셔블(샵) : 경사면의 토사굴토, 적재 등의 작업에 많이 사용된다.
• 드래그라인(긁어파기) : 평면굴토, 수중작업, 제방구축 등의 작업에 많이 사용된다.
• 트렌치호(도랑파기) : 배수로, 지하실 등의 굴토, 채굴, 매몰작업에 많이 사용된다.
• 클램셀(조개작업) : 교주의 항타 및 건물의 기초 공사 등에 많이 사용된다.
• 파일드라이버(항타 및 항발) : 교주의 항타 및 건물의 기초공사 등에 많이 사용된다.

47 붐의 각도에 따라 물건을 들어 올려서 안전하게 작업할 수 있는 하중은?

① 기중하중
② 작업하중
③ 안전하중
④ 권상하중

🔍 작업하중은 안전하중이라고도 하며, 트럭식은 임계하중의 85%, 크롤러식(무한궤도식)은 임계하중의 75%이다.

48 기중기의 정격하중과 작업반경에 관한 설명 중 옳은 것은?

① 정격하중과 작업반경은 비례한다.
② 정격하중과 작업반경은 반비례한다.
③ 정격하중과 작업반경은 제곱에 비례한다.
④ 정격하중과 작업반경은 제곱에 반비례한다.

🔍 기중기의 "작업반경"이란 선회장치의 회전중심을 지나는 수직선과 훅의 중심을 지나는 수직선 사이의 최단거리를 말하며, 작업반경은 붐의 각과 정격하중에 반비례한다.

49 크레인의 기본 동작에 속하지 않는 것은?

① 리트랙트(Retract)
② 스윙(Swing)
③ 크라우드(Crowd)
④ 틸트(Tilt)

🔍 기중기의 7개 기본동작은 짐올리기(Hoist), 붐 올리기(Boom hoist), 돌리기(Swing), 파기(Crowd), 당기기(Retract), 버리기(Dump), 가기(Travel) 이다.

50 기중기의 작업장치 종류에 포함하지 않는 것은?

① 크램셀
② 드래그라인
③ 스캐리파이어
④ 파일드라이버

🔍 스캐리파이어는 그레이더에 사용되는 작업장치이다.

51 와이어 로프를 많이 감아 인양물이나 훅이 붐의 끝단과 충돌하는 것을 방지하기 위한 안전장치는?

① 브레이크 장치
② 권과 방지장치
③ 비상 정지 장치
④ 과부하 방지장치

🔍 기중기 안전장치에는 권상 과하중 방지장치(로드 브레이크), 권과 방지장치, 과부하 방지장치, 훅 해지장치, 붐 전도 방지장치 및 아웃트리거 등이 있으며, 그 중 권과 방지장치는 와이어 로프를 많이 감아 인양물이나 훅이 붐의 끝단과 충돌하는 것을 방지하기 위한 안전장치이다.

52 기중기의 시동 전 일상점검 사항으로 가장 거리가 먼 것은?

① 변속기 기어 마모 상태
② 연료탱크 유량
③ 엔진오일 유량
④ 라디에이터 수량

53 항타기 작업 중 스프링잉(springing)은 무엇을 뜻하는가?

① 해머의 작동
② 스프링 장치의 서징 현상
③ 파일의 과대한 측면 진동
④ 붐의 흔들림

🔍 스프링잉(파일의 측면 진동)의 원인
- 파일이 만곡되었을 때
- 파일과 해머의 정렬이 불량할 때
- 버트가 직각이 아닐 때

54 기중기로 작업물을 양중 운반할 때 유의사항으로 틀린 것은?

① 붐을 가능한 짧게 한다.
② 이동방향과 붐의 방향을 일치시킨다.
③ 지면에서 가깝게 양중 상태를 유지하며 이동한다.
④ 붐을 낮게 하고 차체와 중량물의 사이를 멀게 한다.

🔍 차체와 중량물의 사이는 가깝게 한다.

55 기중기 신호수가 하여야 할 직무가 아닌 것은?

① 명확한 작업내용 이해
② 장비정비 및 보수일지 점검
③ 무전기, 깃발, 호루라기 등으로 신호
④ 운전수 및 작업자가 잘 보이는 위치에서 신호

🔍 장비정비 및 보수일지 점검은 신호수의 직무와 관련이 없다.

56 기중기 로드 차트에 포함되어 있는 정보가 아닌 것은?

① 작업 반경
② 실 작업 중량
③ 기중기 구성 내용
④ 기중기 본체 형식

🔍 로드 차트 정보
- 기중기 본체 형식
- 기중기 구성 내용
- 사분면 운전
- 붐 길이
- 붐 각도
- 작업 반경
- 공제 무게

57 도로교통법상 4차로 이상 고속도로에서 건설기계의 최저속도는?

① 30 km/h
② 40 km/h
③ 50 km/h
④ 60 km/h

🔍 건설기계의 속도 규정(고속도로)

도로구분		최고속도	최저속도
편도1차로		80km/h	50km/h
편도2차로 이상	모든 고속도로	80km/h	50km/h
	지정·고시한 노선 또는 구간	90km/h	50km/h

58 도로교통법상 술에 취한 상태의 기준으로 옳은 것은?

① 혈중 알콜농도 0.01 % 이상
② 혈중 알콜농도 0.02 % 이상
③ 혈중 알콜농도 0.03 % 이상
④ 혈중 알콜농도 0.1 % 이상

🔍 음주 기준
- 술에 취한 상태 : 혈중 알코올농도 0.03% 이상 0.08% 미만
- 만취 상태 : 혈중 알코올농도 0.08% 이상

59 도로교통법상 교통안전시설이나 교통정리요원의 신호가 서로 다른 경우에 우선시 되어야 하는 지시는?

① 신호등의 신호
② 안전표시의 지시
③ 경찰공무원의 수신호
④ 경비업체 관계자의 수신호

🔍 도로를 통행하는 보행자와 모든 차마의 운전자는 교통안전시설이 표시하는 신호 또는 지시와 교통정리를 하는 국가경찰공무원·자치경찰공무원 또는 경찰보조자의 신호 또는 지시가 서로 다른 경우에는 경찰공무원등의 신호 또는 지시에 따라야 한다.

60 도로공사를 하고 있는 공사 구역의 양쪽 가장자리로부터 몇 미터 이내에는 주차가 금지되는가?

① 10m 이내
② 7m 이내
③ 5m 이내
④ 3m 이내

🔍 주차 금지 장소
- 터널 안 또는 다리 위
- 도로공사를 하고 있는 경우에는 그 공사 구역의 양쪽 가장자리로부터 5m 이내인 곳
- 다중이용소의 영업장이 속한 건축물로 소방본부장의 요청에 의하여 시·도경찰청장이 지정한 곳으로부터 5m 이내인 곳
- 시·도경찰청장이 지정한 곳

[2016년 2회 시행]

01 ④	02 ①	03 ④	04 ④	05 ④	06 ③	07 ④	08 ④	09 ②	10 ④
11 ④	12 ③	13 ②	14 ④	15 ①	16 ③	17 ③	18 ①	19 ②	20 ②
21 ②	22 ②	23 ④	24 ④	25 ③	26 ②	27 ②	28 ④	29 ④	30 ③
31 ④	32 ④	33 ②	34 ①	35 ①	36 ②	37 ①	38 ①	39 ②	40 ②
41 ②	42 ④	43 ④	44 ①	45 ④	46 ④	47 ②	48 ②	49 ④	50 ②
51 ②	52 ①	53 ③	54 ④	55 ②	56 ②	57 ③	58 ③	59 ③	60 ③

제7장

2016년도 기능사 _제3회

01 건설기계 운전자가 조종 중 고의로 인명피해를 입히는 사고를 일으켰을 때 면허처분 기준은?

① 면허취소
② 면허효력 정지 30일
③ 면허효력 정지 20일
④ 면허효력 정지 10일

🔍 건설기계조종사의 면허 취소 사유
• 거짓이나 그 밖의 부정한 방법으로 건설기계조종사면허를 받은 경우
• 건설기계조종사면허의 효력정지기간 중 건설기계를 조종한 경우
• 건설기계조종사면허의 결격사유에 해당하게 된 경우
• 건설기계 조종 중 고의로 사망, 중상, 경상 등을 입힌 경우
• 건설기계 조종 중 과실로 산업안전보건법에 따른 중대재해가 발생한 경우

02 건설기계 등록번호표의 표시내용이 아닌 것은?

① 기종   ② 등록 번호
③ 등록 관청   ④ 장비 연식

🔍 건설기계등록번호표에는 등록관청 · 용도 · 기종 및 등록번호를 표시하여야 하며, 압형으로 제작한다.

03 건설기계의 구조 변경 가능 범위에 속하지 않는 것은?

① 수상작업용 건설기계 선체의 형식변경
② 적재함의 용량 증가를 위한 변경
③ 건설기계의 길이, 너비, 높이 변경
④ 조종장치의 형식 변경

🔍 구조의 변경 및 개조의 범위
• 원동기 · 동력전달장치 · 제동장치 · 주행장치 · 유압장치 · 조종장치 · 조향장치 · 작업장치의 형식변경. 다만, 가공작업을 수반하지 아니하고 작업장치를 선택부착하는 경우에는 작업장치의 형식변경으로 보지 아니한다.
• 건설기계의 길이 · 너비 · 높이 등의 변경
• 수상작업용 건설기계의 선체의 형식변경
※다만, 건설기계의 기종변경, 육상작업용 건설기계규격의 증가 또는 적재함의 용량증가를 위한 구조변경은 이를 할 수 없다.

04 특별표지판 부착 대상인 대형 건설기계가 아닌 것은?

① 길이가 15m인 건설기계
② 너비가 2.8m인 건설기계
③ 높이가 6m인 건설기계
④ 총중량 45톤인 건설기계

🔍 특별표지판 부착 대상 대형 건설기계
• 길이가 16.7m를 초과하는 건설기계
• 너비가 2.5m를 초과하는 건설기계
• 높이가 4.0m를 초과하는 건설기계
• 최소회전반경이 12m를 초과하는 건설기계
• 총중량이 40톤을 초과하는 건설기계
• 총중량 상태에서 축하중이 10톤을 초과하는 건설기계

05 성능이 불량하거나 사고가 자주 발생하는 건설기계의 안전성 등을 점검하기 위하여 실시하는 검사는?

① 예비검사
② 구조변경검사
③ 수시검사
④ 정기검사

🔍 건설기계의 검사
• 신규 등록검사 : 건설기계를 신규로 등록할 때 실시하는 검사
• 정기검사 : 건설공사용 건설기계로서 검사유효기간이 끝난 후에 계속하여 운행하려는 경우에 실시하는 검사와 운행차의 정기검사
• 구조변경검사 : 건설기계의 주요 구조를 변경하거나 개조한 경우 실시하는 검사
• 수시검사 : 성능이 불량하거나 사고가 자주 발생하는 건설기계의 안전성 등을 점검하기 위하여 수시로 실시하는 검사와 건설기계 소유자의 신청을 받아 실시하는 검사

06 건설기계의 등록 전에 임시운행 사유에 해당되지 않는 것은?

① 장비 구입 전 이상유무 확인을 위해 1일간 예비 운행을 하는 경우
② 등록신청을 하기 위하여 건설기계를 등록지로 운행하는 경우
③ 수출을 하기 위하여 건설기계를 선적지로 운행하는 경우
④ 신개발 건설기계를 시험 · 연구의 목적으로 운행하는 경우

🔍 임시운행 사유
• 등록신청을 하기 위하여 건설기계를 등록지로 운행하는 경우
• 신규등록검사 및 확인검사를 받기 위하여 건설기계를 검사장소로 운행하는 경우
• 수출을 하기 위하여 건설기계를 선적지로 운행하는 경우
• 신개발 건설기계를 시험 · 연구의 목적으로 운행하는 경우
• 판매 또는 전시를 위하여 건설기계를 일시적으로 운행하는 경우

07 디젤기관의 예열 장치에서 코일형 예열 플러그와 비교한 실드형 예열 플러그의 설명 중 틀린 것은?

① 발열량이 크고 열용량도 크다.
② 예열 플러그들 사이의 회로는 병렬로 결선되어 있다.
③ 기계적 강도 및 가스에 의한 부식에 약하다.
④ 예열 플러그 하나가 단선되어도 나머지는 작동된다.

🔍 코일형 예열 플러그는 히트 코일이 노출되어 있어 적열 상태는 좋으나 가스 부식에 약하며 배선은 직렬로 되어 있다.

08 디젤기관의 연소실중 연료 소비율이 낮으며 연소 압력이 가장 높은 연소실 형식은?

① 예연소실식   ② 와류실식
③ 직접분사실식   ④ 공기실식

🔍 직접분사실식은 연소실이 피스톤 헤드나 실린더 헤드에 있어 이곳에 연료를 분사하는 방식으로 연료 소비율은 낮고, 열효율이 높으며 시동이 쉽다.

09 기동 전동기 구성품 중 자력선을 형성하는 것은?

① 전기자 ② 계자 코일
③ 슬립링 ④ 브러시

🔍 기동 전동기는 축전지의 전류가 브러시, 정류자, 전기자 코일을 통해 계자 코일을 통과하므로 계자 철심에는 강력한 자력선이 생기게 되므로 전자력의 방향이 정해지고 전기자는 회전하게 된다.

10 라디에이터(Radiator)에 대한 설명으로 틀린 것은?

① 라디에이터의 재료 대부분은 알루미늄 합금이 사용된다.
② 단위 면적당 방열량이 커야한다.
③ 냉각 효율을 높이기 위해 방열판이 설치된다.
④ 공기 흐름 저항이 커야 냉각 효율이 높다.

🔍 라디에이터의 구비 조건 중 하나는 공기 흐름 저항이 적어야 한다는 점이다. 이는 공기 흐름 저항이 적어야 냉각 효율이 높기 때문이다.

11 커먼레일 디젤기관의 연료장치 시스템에서 출력요소는?

① 공기 유량 센서
② 인젝터
③ 엔진 ECU
④ 브레이크 스위치

🔍 커먼레일 연료 분사장치는 분사펌프를 사용하지 않고 연료를 1,350bar 정도로 압축하여 인젝터를 사용하여 연소실 내에 직접 분사하는 전자제어식 디젤기관이다. 따라서 출력요소는 고압의 연료를 연소실에 미립자 형태로 분사하는 인젝터가 된다.

12 디젤기관 연료여과기에 설치된 오버플로 밸브(overflow valve)의 기능이 아닌 것은?

① 여과기 각 부분 보호
② 연료공급펌프 소음발생 억제
③ 운전 중 공기 배출 작용
④ 인젝터의 연료분사시기 제어

🔍 오버플로 밸브의 기능
 • 회로 내 공기 배출   • 연료 여과기 보호
 • 연료 탱크 내 기포 발생 방지   • 분사 펌프의 소음 발생 방지

13 4행정 기관에서 1 사이클을 완료할 때 크랭크축은 몇 회전 하는가?

① 1회전 ② 2회전
③ 3회전 ④ 4회전

🔍 4행정 기관에서는 크랭크축 2회전에 모든 실린더가 1회씩 폭발한다.

14 엔진오일이 연소실로 올라오는 주된 이유는?

① 피스톤 링 마모 ② 피스톤 핀 마모
③ 커넥팅로드 마모 ④ 크랭크축 마모

🔍 피스톤링이 마모되면 실린더벽에 뿌려진 오일을 긁어내리지 못하며 연소실로 오일이 올라가 연소된다.

15 교류발전기의 다이오드가 하는 역할은?

① 전류를 조정하고, 교류를 정류한다.
② 전압을 조정하고, 교류를 정류한다.
③ 교류를 정류하고, 역류를 방지한다.
④ 여자전류를 조정하고, 역류를 방지한다.

🔍 교류발전기에 설치된 다이오드는 스테이터에서 발생된 교류 전류를 직류로 정류하고 배터리의 전류가 발전기로 역류되는 것을 방지한다.

16 축전지의 전해액으로 알맞은 것은?

① 순수한 물 ② 과산화납
③ 해면상납 ④ 묽은 황산

🔍 납산축전지의 전해액은 묽은 황산이다.

17 다음 유압기호가 나타내는 것은?

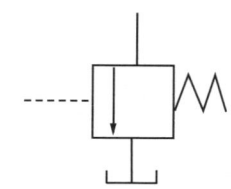

① 릴리프 밸브 ② 감압 밸브
③ 순차 밸브 ④ 무부하 밸브

🔍 유압기호

구분	릴리프 밸브	감압(리듀싱) 밸브	순차(시퀀스)밸브	무부하 밸브
유압기호	⊡	⊡	⊡	⊡

18 유압장치에서 방향제어밸브에 대한 설명으로 틀린 것은?

① 유체의 흐름 방향을 변환한다.
② 액추에이터의 속도를 제어한다.
③ 유체의 흐름 방향을 한쪽으로 허용한다.
④ 유압실린더나 유압모터의 작동 방향을 바꾸는데 사용된다.

🔍 속도를 제어하는 것은 유량제어밸브의 역할이다.

19 유압장치에서 작동 및 움직임이 있는 곳의 연결관으로 적합한 것은?

① 플렉시블 호스 ② 구리 파이프
③ 강 파이프 ④ PVC 호스

🔍 유압식 조작기구의 브레이크 파이프 및 호스는 방청 처리된 3~8mm 강파이프 사용하며, 요동이 심한 곳은 플렉시블 호스를 사용한다.

20 유압계통에 사용되는 오일의 점도가 너무 낮을 경우 나타날 수 있는 현상이 아닌 것은?

① 시동 저항 증가
② 펌프 효율 저하
③ 오일 누설 증가
④ 유압회로 내 압력 저하

🔍 오일 점도가 낮을 경우 나타나는 현상
 • 펌프 효율 저하
 • 액추에이터의 효율 저하
 • 회로 내의 누유
 • 유압 저하
 • 유압장치 각 부의 누유

21 유압펌프가 작동 중 소음이 발생할 때의 원인으로 틀린 것은?

① 펌프 축의 편심 오차가 크다.
② 펌프 흡입관 접합부로부터 공기가 유입된다.
③ 릴리프 밸브 출구에서 오일이 배출되고 있다.
④ 스트레이너가 막혀 흡입용량이 너무 작아졌다.

🔍 유압펌프 작동 중 소음 발생 원인
 • 스트레이너(strainer) 용량이 너무 작다.
 • 기관과 펌프축 사이의 편심 오차가 크다.
 • 흡입관 접합부분으로부터 공기가 유입된다.

22 유압장치에 사용되는 오일 실(seal)의 종류 중류 중 O-링이 갖추어야 할 조건은?

① 체결력이 작을 것
② 압축변형이 적을 것
③ 작동 시 마모가 클 것
④ 오일의 입·출입이 가능할 것

🔍 O-링은 오일 실(seal)의 한 종류로 내열성, 내탄성, 내구성, 내마모성 등이 좋아야 한다.

23 건설기계의 유압장치를 가장 적절히 표현한 것은?

① 오일을 이용하여 전기를 생산하는 것
② 기체를 액체로 전환시키기 위해 압축하는 것
③ 오일의 연소에너지를 통해 동력을 생산하는 것
④ 오일의 유체에너지를 이용하여 기계적인 일을 하는 것

🔍 유압 액추에이터는 유압을 기계적 에너지로 바꾸는 것으로 유압 모터와 실린더를 말한다.

24 자체중량에 의한 자유낙하 등을 방지하기 위하여 회로에 배압을 유지하는 밸브는?

① 감압 밸브
② 체크 밸브
③ 릴리프 밸브
④ 카운터 밸런스 밸브

🔍 카운터 밸런스 밸브(counter balance valve)는 유압 실린더 등이 자유 낙하되는 것을 방지하기 위하여 배압을 유지시키는 역할을 한다.

25 제동 유압장치의 작동원리는 어느 이론에 바탕을 둔 것인가?

① 열역학 제1법칙
② 보일의 법칙
③ 파스칼의 원리
④ 가속도 법칙

🔍 모든 유압의 원리는 파스칼의 원리를 응용한 것이다.

26 유압 모터의 종류에 포함되지 않는 것은?

① 기어형
② 베인형
③ 플런저형
④ 터빈형

🔍 유압 모터는 기어형, 베인형, 액시얼 플런저형, 레이디얼 플런저형, 멀티 스트로크형이 있다.

27 밀폐된 공간에서 엔진을 가동할 때 가장 주의해야 할 사항은?

① 소음으로 인한 추락
② 배출가스 중독
③ 진동으로 인한 직업병
④ 작업 시간

🔍 엔진 가동시 배출가스는 밀폐된 공간에서 인체에 치명적인 영향을 끼칠 수 있다. 참고로 디젤기관에서 규제하는 배출가스는 매연이다.

28 해머 작업 시 틀린 것은?

① 장갑을 끼지 않는다.
② 작업에 알맞은 무게의 해머를 사용한다.
③ 해머는 처음부터 힘차게 때린다.
④ 자루가 단단한 것을 사용한다.

🔍 해머 작업 시에는 작게 시작하여 차차 큰 행정으로 작업하는 것이 좋다.

29 크레인으로 무거운 물건을 위로 달아 올릴 때 주의할 점이 아닌 것은?

① 달아 올릴 화물의 무게를 파악하여 제한하중 이하에서 작업한다.
② 매달린 화물이 불안전하다고 생각될 때는 작업을 중지한다.
③ 신호의 규정이 없으므로 작업자가 적절히 한다.
④ 신호자의 신호에 따라 작업한다.

30 전기 기기에 의한 감전 사고를 막기 위하여 필요한 설비로 가장 중요한 것은?

① 접지 설비
② 방폭등 설비
③ 고압계 설비
④ 대지 전위 상승 설비

🔍 접지설비란 외부 낙뢰 또는 전기설비 지락 사고로부터 접지전위와 접촉전압의 상승을 허용치 이내로 억제하여 인체를 보호하기 위한 설비를 말한다.

31 진동 장애의 예방대책이 아닌 것은?

① 실외작업을 한다.
② 저진동 공구를 사용한다.
③ 진동업무를 자동화 한다.
④ 방진장갑과 귀마개를 착용 한다.

> 진동 장애 예방대책
> • 충격 완충장치 설치   • 진동 흡수 장갑 착용
> • 진동 경감 공구의 설계 등

32 벨트를 교체 할 때 기관의 상태는?

① 고속상태   ② 중속상태
③ 저속상태   ④ 정지상태

> 벨트를 걸 때나 교체할 때는 엔진을 정지한 후에 작업해야 한다.

33 다음 중 드라이버 사용방법으로 틀린 것은?

① 날 끝 홈의 폭과 깊이가 같은 것을 사용한다.
② 전기 작업 시 자루는 모두 금속으로 되어 있는 것을 사용한다.
③ 날 끝이 수평이어야 하며 둥글거나 빠진 것은 사용하지 않는다.
④ 작은 공작물이라도 한손으로 잡지 않고 바이스 등으로 고정하고 사용한다.

> 전기 작업 시 자루가 모두 금속으로 되어 있는 경우 감전의 위험이 있다. 따라서, 자루는 절연체로 되어 있는 것을 사용해야 한다.

34 화재 및 폭발의 우려가 있는 가스발생장치 작업장에서 지켜야 할 사항으로 맞지 않는 것은?

① 불연성 재료 사용금지
② 화기 사용금지
③ 인화성 물질 사용금지
④ 점화원이 될 수 있는 기계 사용금지

> 불연성 재료는 불에 타지 않는 재료를 말하며 불연재료, 준불연재료, 난연재료를 모두 포함한다.

35 소화 작업의 기본요소가 아닌 것은?

① 가연물질을 제거하면 된다.
② 산소를 차단하면 된다.
③ 점화원을 제거시키면 된다.
④ 연료를 기화시키면 된다.

> 연소는 3요소인 가연물, 산소공급원, 점화원이 반드시 구비되어야 일어나며, 이 중 하나라도 구비되지 않으면 연소는 일어나지 않는다.

36 유류 화재시 소화방법으로 부적절한 것은?

① 모래를 뿌린다.
② 다량의 물을 부어 끈다.
③ ABC소화기를 사용한다.
④ B급 화재 소화기를 사용한다.

> 유류 화재는 B급 화재에 해당되며 탄산가스 소화기, 이산화탄소 소화기 등의 질식소화를 통해 불길을 잡아야 한다.

37 기중기의 주행 중 유의사항으로 틀린 것은?

① 언덕길을 올라갈 때는 가능한 붐을 세운다.
② 기중기를 주행할 때는 선회 록(lock)을 고정 시킨다.
③ 타이어식 기중기를 주차할 경우 반드시 주차 브레이크를 걸어 둔다.
④ 고압선 아래를 통과할 때는 충분한 간격을 두고 신호자의 지시에 따른다.

38 기중기에서 와이어로프 드럼에 주로 쓰이는 작업 브레이크의 형식은?

① 내부 수축식   ② 내부 확장식
③ 외부 확장식   ④ 외부 수축식

> 기중기의 붐이 하강하지 않는 원인은 붐 호이스트의 브레이크가 풀리지 않았기 때문이며, 기계식 기중기에서 붐 호이스트의 일반적인 브레이크 형식은 외부 수축식이다.

39 그림과 같이 기중기에 부착된 작업 장치는?

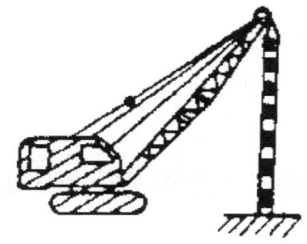

① 클램셸   ② 백호
③ 파일 드라이버   ④ 훅

> 항타 및 항발 작업에 사용되는 기중기 작업장치는 파일 드라이버이다.

40 와이어로프의 구성요소 중 심강(core)의 역할에 해당하지 않는 것은?

① 충격 흡수   ② 마멸 방지
③ 부식 방지   ④ 풀림 방지

> 심강이란 중심선을 말하며 사용목적으로는 충격하중의 흡수, 부식방지, 소선끼리 마찰에 의한 마모방지, 스트랜드의 위치를 올바르게 하는데 있다.

41 화물의 하중을 직접 지지하는 와이어로프의 안전계수는?

① 4 이상   ② 5 이상
③ 8 이상   ④ 10 이상

> 화물의 하중을 직접 지지하는 권상용 와이어로프의 안전계수 5 이상이어야 한다.

42 권상용 드럼에 플리트(Fleet) 각도를 두는 이유는?

① 드럼의 균열 방지
② 드럼의 역회전 방지
③ 와이어로프의 부식 방지
④ 와이어로프가 엇갈려서 겹쳐 감김을 방지

43 다음 중 기중기의 작업 시 후방전도 위험상황으로 가장 거리가 먼 것은?

① 급경사로를 내려올 때
② 붐의 기복각도가 큰 상태에서 기중기를 앞으로 이동할 때
③ 붐의 기복각도가 큰 상태에서 급가속으로 양중할 때
④ 양중물을 갑자기 해제하여 반력이 붐의 후방으로 발생할 경우

44 장비가 있는 장소보다 높은 곳의 굴착에 적합한 기중기의 작업 장치는?

① 훅
② 셔블
③ 드래그라인
④ 파일 드라이버

🔎 셔블(삽)은 장비가 있는 장소보다 높은 곳 예를 들면 경사면의 토사굴토, 적재 등의 작업에 많이 사용된다.

45 기중기의 드래그라인 작업방법으로 틀린 것은?

① 도랑을 팔 때 경사면이 크레인 앞쪽에 위치하도록 한다.
② 굴착력을 높이기 위해 버킷 투스를 날카롭게 연마한다.
③ 기중기 앞에 작업한 토사를 쌓아 놓지 않는다.
④ 드래그 베일 소켓을 페어리드 쪽으로 당긴다.

🔎 페어리드(fair lead)는 드래그 로프가 드럼에 잘 감기도록 안내를 해주는 장치로 드래그라인 작업 시에는 드래그 베일 소켓을 페어리드 쪽으로 당기지 않도록 하여야 한다.

46 기중기의 작업 전 점검해야 할 안전장치가 아닌 것은?

① 과부하 방지장치
② 붐 과권장치
③ 훅 과권장치
④ 어큐뮬레이터

🔎 축압기(어큐뮬레이터)는 유압 에너지의 저장, 충격흡수 등에 이용되는 유압장치이다.

47 기중기 작업장치 중 디젤해머로 할 수 있는 작업은?

① 파일 항타
② 수중 굴착
③ 수직 굴토
④ 와이어로프 감기

48 기중기를 트레일러에 상차하는 방법을 설명한 것으로 틀린 것은?

① 흔들리거나 미끄러져 전도되지 않도록 고정한다.
② 붐을 분리시키기 어려운 경우 낮고 짧게 유지시킨다.
③ 최대한 무거운 카운터웨이트를 부착하여 상차한다.
④ 아웃트리거는 완전히 집어넣고 상차한다.

49 화물 인양 시 줄걸이용 와이어로프에 장력이 걸리면 일단 정지하여 점검해야 할 내용이 아닌 것은?

① 장력의 배분은 맞는지 확인한다.
② 와이어로프의 종류와 규격을 확인한다.
③ 화물이 파손될 우려는 없는지 확인한다.
④ 장력이 걸리지 않는 로프는 없는지 확인한다.

50 기중기에서 선회 장치의 회전 중심을 지나는 수직선과 훅의 중심을 지나는 수직선 사이의 최단거리를 무엇이라 하는가?

① 붐의 각
② 붐의 중심축
③ 작업 반경
④ 선회 중심축

51 기중기에 아웃트리거(outrigger)를 설치 시 가장 나중에 해야 하는 일은?

① 아웃트리거 고정 핀을 빼낸다.
② 모든 아웃트리거 실린더를 확장한다.
③ 기중기가 수평이 되도록 정렬시킨다.
④ 모든 아웃트리거 빔을 원하는 폭이 되도록 연장시킨다.

52 와이어로프가 이탈되는 것을 방지하기 위해 훅에 설치된 안전장치는?

① 해지장치
② 걸림장치
③ 이송장치
④ 스위블장치

🔎 훅걸이용 와이어로프 등이 훅으로부터 벗겨지는 것을 방지하기 위한 장치를 해지장치라 한다.

53 기중기에 대한 설명 중 틀린 것을 모두 고른 것은?

> A : 붐의 각과 기중능력은 반비례한다.
> B : 붐의 길이와 작업반경은 반비례한다.
> C : 상부회전체의 최대 회전각은 270°이다.

① A, B
② A, C
③ B, C
④ A, B, C

🔎 기중기
• 붐의 각과 기중 능력은 비례한다.
• 붐의 길이와 운전 반경은 비례한다.
• 상부 회전체의 최대 회전각은 360°이다.
• 작업 반경이 커지면 기중 능력은 감소한다.

54 기중기의 붐 각을 40°에서 60°로 조작하였을 때의 설명으로 옳은 것은?

① 붐의 길이가 짧아진다.
② 임계 하중이 작아진다.
③ 작업 반경이 작아진다.
④ 기중 능력이 작아진다.

🔎 붐의 각과 작업 반경은 반비례한다.

55 타이어식 기중기에서 브레이크 장치의 유압회로에 베이퍼록이 생기는 원인이 아닌 것은?

① 마스터 실린더 내의 잔압 저하
② 비점이 높은 브레이크 오일 사용
③ 드럼과 라이닝의 끌림에 의한 가열
④ 긴 내리막길에서 과도한 브레이크 사용

🔍 오일의 변질에 의해 비등점이 저하되면 베이퍼록 현상이 발생할 수 있다.

56 과권방지장치의 설치 위치 중 맞는 것은?

① 붐 끝단 시브와 훅 블록 사이
② 메인윈치와 붐 끝단 시브 사이
③ 겐트리시브와 붐 끝단 시브 사이
④ 붐 하부 푸트핀과 상부선회체 사이

🔍 과권방지장치는 붐 끝단 시브와 훅 블록 사이에 설치한다.

57 도로교통법상 모든 차의 운전자가 서행하여야 하는 장소에 해당하지 않는 것은?

① 도로가 구부러진 부근
② 비탈길의 고개 마루 부근
③ 편도 2차로 이상의 다리 위
④ 가파른 비탈길의 내리막

🔍 서행하여야 하는 장소
- 교통정리를 하고 있지 아니하는 교차로
- 도로가 구부러진 부근
- 비탈길의 고갯마루 부근
- 가파른 비탈길의 내리막
- 지방경찰청장이 도로에서의 위험을 방지하고 교통의 안전과 원활한 소통을 확보하기 위하여 필요하다고 인정하여 안전표지로 지정한 곳

58 승차 또는 적재의 방법과 제한에서 운행상의 안전 기준을 넘어서 승차 및 적재가 가능한 경우는?

① 도착지를 관할하는 경찰서장의 허가를 받은 때
② 출발지를 관할하는 경찰서장의 허가를 받은 때
③ 관할 시·군수의 허가를 받은 때
④ 동·읍·면장의 허가를 받은 때

🔍 출발지를 관할하는 경찰서장의 허가를 받은 때에는 운행상의 안전 기준을 넘어서 승차 및 적재가 가능하며, 이 경우 특별표지판을 부착하고 운행하여야 한다.

59 도로교통법상에서 정의된 긴급자동차가 아닌 것은?

① 응급 전신·전화 수리공사에 사용되는 자동차
② 긴급한 경찰업무수행에 사용되는 자동차
③ 위독환자의 수혈을 위한 혈액 운송 차량
④ 학생운송 전용버스

🔍 도로교통법상 "긴급자동차"란 소방차, 구급차, 혈액 공급차량 및 응급 전신·전화 수리공사에 사용되는 자동차 등과 같은 자동차로서 그 본래의 긴급한 용도로 사용되고 있는 자동차를 말한다.

60 그림의 교통안전 표지는?

① 좌·우회전 표지
② 좌·우회전 금지표지
③ 양측방 일방 통행표지
④ 양측방 통행 금지표지

[2016년 3회 시행]

01 ①	02 ④	03 ②	04 ①	05 ③	06 ①	07 ③	08 ③	09 ②	10 ④
11 ②	12 ④	13 ②	14 ①	15 ③	16 ④	17 ④	18 ②	19 ①	20 ①
21 ③	22 ②	23 ④	24 ④	25 ③	26 ②	27 ②	28 ③	29 ③	30 ①
31 ①	32 ④	33 ②	34 ①	35 ④	36 ②	37 ①	38 ④	39 ③	40 ④
41 ②	42 ④	43 ①	44 ②	45 ④	46 ④	47 ①	48 ③	49 ②	50 ③
51 ③	52 ①	53 ④	54 ②	55 ②	56 ①	57 ③	58 ②	59 ④	60 ①

제7장

CBT 복원문제 _제1회

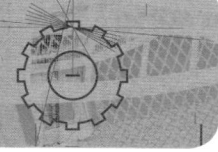

01 건설기계관리법에서 정의한 건설기계 형식을 가장 잘 나타낸 것은?

① 엔진구조 및 성능을 말한다.
② 형식 및 규격을 말한다.
③ 성능 및 용량을 말한다.
④ 구조·규격 및 성능 등에 관하여 일정하게 정한 것을 말한다.

🔍 건설기계관리법에서 정의한 건설기계 형식이란 건설기계의 구조·규격 및 성능 등에 관하여 일정하게 정한 것을 말한다.

02 건설기계관리법상 경상이란?

① 5일 미만의 치료를 요하는 진단이 있을 때
② 3주 이상의 치료를 요하는 진단이 있을 때
③ 3주 미만의 치료를 요하는 진단이 있을 때
④ 7일 이상의 치료를 요하는 진단이 있을 때

🔍 건설기계관리법상 중상은 3주 이상의 치료를 요하는 진단이 있을 때를 말하며, 경상은 3주 미만의 치료를 요하는 진단이 있을 때를 말한다.

03 건설기계등록을 말소한 때에는 등록번호표를 며칠 이내 시·도 시지사에게 반납하여야 하는가?

① 10일
② 15일
③ 20일
④ 30일

🔍 건설기계의 등록이 말소된 경우 해당 건설기계의 소유자는 10일 이내에 등록번호표의 봉인을 떼어낸 후 그 등록번호표를 국토교통부령으로 정하는 바에 따라 시·도지사에게 반납하여야 한다.

04 건설기계사업을 영위하고자 하는 자는 누구에게 등록하여야 하는가?

① 시·도지사
② 전문 건설기계정비업자
③ 국토교통부장관
④ 시장·군수 또는 구청장

🔍 건설기계사업을 하려는 자(지방자치단체는 제외)는 대통령령으로 정하는 바에 따라 사업의 종류별로 시장·군수 또는 구청장(자치구의 구청장)에게 등록하여야 한다.

05 건설기계 조종사의 면허취소 사유가 아닌 것은?

① 거짓 또는 부정한 방법으로 건설기계의 면허를 받은 때
② 면허정지처분을 받은 자가 그 정지기간 중 건설기계를 조종한 때
③ 건설기계의 조종 중 고의로 인명피해를 입힌 때
④ 정기검사를 받지 않은 건설기계를 조종한 때

🔍 건설기계조종사의 면허 취소 사유
• 거짓이나 그 밖의 부정한 방법으로 건설기계조종사면허를 받은 경우
• 건설기계조종사면허의 효력정지기간 중 건설기계를 조종한 경우
• 건설기계조종사면허의 결격사유에 해당하게 된 경우
• 건설기계 조종 중 고의로 사망, 중상, 경상 등을 입힌 경우
• 건설기계 조종 중 과실로 산업안전보건법에 따른 다음의 중대재해가 발생한 경우
  – 사망자가 1명 이상 발생한 재해
  – 3개월 이상의 요양이 필요한 부상자가 동시에 2명 이상 발생한 재해
  – 부상자 또는 직업성질병자가 동시에 10명 이상 발생한 재해

06 건설기계 임시운행 번호표의 도색은?

① 청색 페인트 판에 흰색 문자
② 흰색 페인트 판에 검은색 문자
③ 녹색 페인트 판에 검은색 문자
④ 검은색 페인트 판에 흰색 문자

🔍 건설기계의 임시번호표 및 등록번호표
• 임시번호표(미등록 및 등록된 건설기계) : 흰색 페인트판에 검은색 문자
• 등록번호표
  – 비사업용(관용 또는 자가용) : 흰색 바탕에 검은색 문자
  – 대여사업용 : 주황색 바탕에 검은색 문자

07 디젤기관의 연료계통에서 고압 부분은?

① 탱크와 공급 펌프 사이
② 인젝션 펌프와 탱크 사이
③ 연료필터와 탱크 사이
④ 인젝션 펌프와 노즐 사이

🔍 디젤기관의 고압부분은 인젝션 펌프(분사 펌프)와 분사노즐 사이이다.

08 디젤기관 연료의 구비 조건에 속하지 않는 것은?

① 발열량이 클 것
② 카본의 발생이 적을 것
③ 연소 속도가 느릴 것
④ 착화가 용이할 것

🔍 디젤 연료의 구비조건
• 적당한 점도를 가지며 점도지수가 높을 것
• 발열량이 크고 착화점이 낮을 것
• 유황분 함량이 적을 것
• 세탄가가 높고 카본의 생성이 적을 것

09 디젤기관에만 해당되는 회로는?

① 예열플러그 회로　　　　② 시동 회로
③ 충전 회로　　　　　　　④ 등화 회로

🔍 가솔린기관에는 예열장치가 없다.

10 기관에서 피스톤 링의 작용으로 틀린 것은?

① 기밀 작용
② 완전 연소 억제 작용
③ 오일제어 작용
④ 열전도 작용

> 피스톤 링의 3대 작용
> • 기밀유지 작용
> • 열전도 작용
> • 오일제어 작용

11 냉각팬의 벨트 유격이 너무 클 때 일어나는 현상으로 옳은 것은?

① 베어링의 마모가 심하다.
② 강한 텐션으로 벨트가 절단된다.
③ 기관 과열의 원인이 된다.
④ 점화시기가 빨라진다.

> 팬벨트의 유격이 크다는 것은 벨트가 헐겁다는 것으로 냉각팬의 작동이 원활하지 않아 기관 과열의 원인이 된다.

12 다음 중 교류 발전기의 부품이 아닌 것은?

① 다이오드
② 슬립링
③ 스테이터 코일
④ 전류 조정기

> 직류(DC) 발전기는 조정기로 컷 아웃 릴레이, 전압 조정기, 전류 조정기만 필요하지만, 교류(AC) 발전기는 전압 조정기만 있으면 된다.

13 납산 축전지에서 극판의 수를 많게 하면 어떻게 되는가?

① 전압이 낮아진다.
② 전압이 높아진다.
③ 용량이 커진다.
④ 전해액의 비중이 올라간다.

> 극판의 수를 늘리면 극판이 전해액과 대항하는 면적이 증가하므로 축전지의 용량이 증가하여 이용 전류가 많아진다.

14 무한궤도식 건설기계에서 트랙이 자주 벗겨지는 원인으로 가장 거리가 먼 것은?

① 유격(긴도)이 규정보다 커 트랙이 늘어졌다.
② 트랙의 상·하부 롤러가 마모되었다.
③ 최종 구동기어가 마모되었다.
④ 트랙의 중심 정렬이 맞지 않았다.

> 트랙이 벗겨지는 원인
> • 프런트 아이들러와 스프로킷 및 상부 롤러의 마모가 클 때
> • 고속 주행시 급선회하였을 경우
> • 프런트 아이들러와 스프로킷의 중심이 다를 때
> • 트랙의 유격(긴도)가 너무 클 때(느슨할 때)
> • 리코일 스프링의 장력이 약할 때
> • 측면을 경사시켜 작업할 때

15 브레이크가 잘 작동되지 않을 때의 원인으로 가장 거리가 먼 것은?

① 라이닝에 오일이 묻었을 때
② 휠 실린더 오일이 누출되었을 때
③ 브레이크 페달 자유 간극이 적을 때
④ 브레이크 드럼 간극이 클 때

> 브레이크 페달의 자유 간극이 적으면 브레이크의 작동은 잘 되나 브레이크가 풀리지 않게 된다.

16 라디에이터의 구비 조건으로 틀린 것은?

① 냉각수 흐름에 대한 저항이 적을 것
② 공기 저항이 클 것
③ 강도가 크고, 가볍고 작을 것
④ 단위 면적당 발열량이 많을 것

> 라디에이터의 구비 조건
> • 냉각수 흐름에 대한 저항이 적을 것
> • 공기 저항이 적을 것
> • 가볍고 작을 것
> • 강도가 클 것
> • 단위 면적당 발열량이 많을 것

17 유압장치에서 사용되는 오일의 점도가 너무 낮을 경우 나타날 수 있는 현상이 아닌 것은?

① 펌프 효율 저하
② 오일 누출 현상
③ 계통 내의 압력 저하
④ 시동 시 저항 증가

> 오일 점도가 낮을 경우 나타나는 현상
> • 펌프 효율 저하
> • 액추에이터의 효율 저하
> • 회로 내의 누유
> • 유압 저하
> • 유압장치 각 부의 누유

18 유압기에서 회전 펌프가 아닌 것은?

① 기어 펌프
② 피스톤 펌프
③ 베인 펌프
④ 나사 펌프

> 피스톤 펌프는 플런저 펌프를 말하는 것으로 왕복운동에 의해 오일의 압송이 이루어진다.

19 유압 실린더의 종류가 아닌 것은?

① 단동형
② 복동형
③ 레이디얼형
④ 다단형

> 유압실린더의 종류
> • 단동식(싱글액팅 형식)   • 복동식(더블액팅 형식)
> • 특수 실린더   • 텔레스코핑형(단형, 다단형)
> • 스프링 삽입 실린더   • 스윙 실린더

20 유압 실린더의 구성 부품이 아닌 것은?

① 피스톤 로드
② 피스톤
③ 실린더
④ 커넥팅 로드

> 커넥팅 로드는 엔진의 피스톤과 크랭크축을 연결하는 부품으로 피스톤의 상하 운동을 회전운동으로 바꾸어주는 역할을 한다.

21 유압 모터의 장점이 될 수 없는 것은?

① 소형 경량으로서 큰 출력을 낼 수 있다.
② 공기와 먼지 등이 침투하여도 성능에는 영향이 없다.
③ 변속, 역전의 제어도 용이하다.
④ 속도나 방향의 제어가 용이하다.

> 유압 모터의 특징
> • 무단 변속이 용이하다.
> • 신호 시에 응답성이 빠르다.
> • 관성력이 작으며, 소음이 적다.
> • 출력 당 소형이고 가벼워 큰 출력을 낼 수 있다.
> • 작동이 신속하고 정확하다.
> • 속도나 방향제어가 용이하다.
> • 변속, 역전의 제어가 용이하다.

22 필터의 여과 입도 수(mesh)가 너무 높을 때 발생할 수 있는 현상으로 가장 적절한 것은?

① 블로바이 현상　　② 맥동 현상
③ 베이퍼록 현상　　④ 캐비테이션 현상

> 캐비테이션 현상(공동현상) 방지 대책
> • 한랭 시에는 작동유의 온도를 최소한 20℃ 이상이 되도록 난기 운전을 한다.
> • 적당한 점도의 작동유를 선택한다.
> • 작동유에 수분 등의 이물질이 혼입되는 것을 방지한다.
> • 필터의 여과 입도수를 낮은 것으로 사용한다.

23 다음 중 유압 압력계의 기호는?

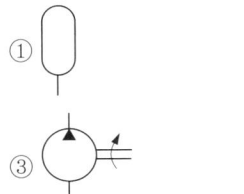

> ① 어큐뮬레이터(축압기), ② 전동기, ③ 유압 펌프, ④ 압력계

24 유압장치 내에 국부적인 높은 압력과 소음 · 진동이 발생하는 현상은?

① 필터링　　② 오버 랩
③ 캐비테이션　　④ 하이드로 록킹

> 캐비테이션(공동현상) : 유압장치에서 오일 속의 용해 공기가 기포로 되어 있는 현상으로 오일의 압력이 국부적으로 저하되어 포화 증기압에 이르면 증기를 발생하거나 용해 공기 등이 분리되어 기포가 발생되며, 이 상태로 오일이 흐르면 기포가 파괴되면서 국부적인 고압이나 소음이 발생하는 현상

25 방향제어 밸브의 종류가 아닌 것은?

① 셔틀 밸브(shuttle valve)
② 교축 밸브(throttle valve)
③ 체크 밸브(check valve)
④ 방향 변환 밸브(direction control valve)

> 교축 밸브(throttle valve)는 밸브 내 오일 통로의 단면적을 외부로부터 변환하여 점도가 달라져도 유량이 변화되지 않도록 설치한 밸브로 유량제어 밸브에 해당한다.

26 유압장치에서 고압 소용량, 저압 대용량 펌프를 조합 운전할 때 작동압이 규정 압력 이상으로 상승 시 동력 절감을 하기 위해 사용하는 밸브는?

① 감압 밸브　　② 릴리프 밸브
③ 시퀀스 밸브　　④ 무부하 밸브

> 언로더 밸브(무부하 밸브) : 유압 회로 내의 압력이 규정 압력에 도달하면 펌프에서 송출되는 모든 유량을 탱크로 리턴(return)시켜 유압 펌프를 무부가가 되도록 하는 역할을 한다.

27 전기 기기에 의한 감전 사고를 막기 위하여 필요한 설비로 가장 중요한 것은?

① 고압계 설비
② 접지 설비
③ 방폭등 설비
④ 대지 전위 상승장치 설비

> 감전사고를 방지하기 위한 가장 중요한 설비는 접지이다.

28 공구 사용 시 주의해야 할 사항으로 틀린 것은?

① 주위 환경에 주의해서 작업할 것
② 강한 충격을 가하지 않을 것
③ 해머 작업 시 보호안경을 쓸 것
④ 손이나 공구에 기름을 바른 다음에 작업할 것

> 작업자의 손이나 공구에 기름이 묻어 있으면 공구 사용 시 미끄러질 수 있으므로 깨끗이 닦아낸 다음 작업에 임하여야 한다.

29 수공구 취급 시 지켜야 될 안전수칙으로 옳은 것은?

① 줄질 후 쇳가루는 입으로 불어 낸다.
② 해머작업 시 손에 장갑을 끼고 한다.
③ 사용 전에 충분한 사용법을 숙지하고 익히도록 한다.
④ 큰 회전력이 필요한 경우 스패너에 파이프를 끼워서 사용한다.

> • 줄질 후 쇳가루의 제거는 붓이나 솔을 이용한다.
> • 해머 작업 시에는 절대로 장갑을 착용하여서는 안 된다.
> • 공구를 사용함에 있어 연장대로 연결 사용해서는 안 된다.

30 볼트나 너트를 죄거나 푸는 데 사용하는 각종 렌치(wrench)에 대한 설명으로 틀린 것은?

① 조정 렌치 : 제한된 범위 내에서 어떠한 규격의 볼트나 너트에도 사용할 수 있다.
② 엘 렌치 : 6각형 봉을 "L"자 모양으로 구부려서 만든 렌치이다.
③ 복스 렌치 : 연료 파이프 피팅 작업에 사용한다.
④ 소켓 렌치 : 다양한 크기의 소켓을 바꿔가며 작업할 수 있도록 만든 렌치이다.

> 연료 파이프의 피팅을 풀고 조일 때에는 오픈엔드 렌치를 사용한다.

기중기운전기능사 총정리　제7장_ 최근 기출 및 CBT 복원문제

31 산업안전보건표지에서 그림이 표시하는 것으로 맞는 것은?

① 독극물 경고 ② 폭발물 경고
③ 고압전기 경고 ④ 낙하물 경고

🔍 안전·보건표지

독극물 경고	폭발물 경고	낙하물 경고

32 보호구의 구비조건으로 틀린 것은?
① 착용이 간편해야 한다.
② 작업에 방해가 안 되어야 한다.
③ 구조와 끝마무리가 양호해야 한다.
④ 유해·위험 요소에 대한 방호성능이 경미해야 한다.

🔍 보호구의 구비조건
- 착용이 간편할 것
- 작업에 방해가 되지 않도록 할 것
- 유해·위험요소에 대한 방호성능이 충분할 것
- 재료의 품질이 양호할 것
- 구조와 끝마무리가 양호할 것
- 외양과 외관이 양호할 것

33 기계 운전 중 안전 측면에서 적합한 것은?
① 빠른 속도로 작업 시는 일시적으로 안전장치를 제거한다.
② 기계장비의 이상으로 정상가동이 어려운 상황에서는 중속 회전 상태로 작업한다.
③ 기계운전 중 이상한 냄새, 소음. 진동이 날 때는 정지하고, 전원을 OFF 한다.
④ 작업의 속도 및 효율을 높이기 위해 작업 범위 이외의 기계도 동시에 작동한다.

🔍 기계작업 중 안전장치를 절대로 제거하여서는 안 되며, 장비에 이상이 발생되면 즉시 작업을 중지하고 이상부위를 점검 수리한 후 작업에 임한다.

34 용접기에서 사용되는 아세틸렌 도관은 어떤 색으로 구별하는가?
① 흑색 ② 청색
③ 녹색 ④ 적색

🔍 도관의 색
- 산소 : 흑색
- 아세틸렌 : 적색

35 유류 화재 시 소화방법으로 가장 부적절한 것은?
① B급 화재 소화기를 사용한다.
② 다량의 물을 부어 끈다.
③ 모래를 뿌린다.
④ ABC소화기를 사용한다.

🔍 유류 화재의 소화재로 물의 사용은 금한다. 이는 물에 기름이 떠 화재를 더욱 키우기 때문이다.

36 작업장에서 일상적인 안전 점검의 가장 주된 목적은?
① 시설 및 장비의 설계 상태를 점검한다.
② 안전작업 표준의 적합 여부를 점검한다.
③ 위험을 사전에 발견하여 시정한다.
④ 관련법에 적합 여부를 점검하는데 있다.

🔍 안전 점검의 주된 목적은 사고를 미연에 방지하기 위하여 실시하는 것이다.

37 기중기의 작업과 가장 거리가 먼 것은?
① 드래그라인(drag line) 작업
② 마그넷(magnet) 작업
③ 스캐리파이어(scarifier) 작업
④ 클램셀(clamshell) 작업

🔍 기중기의 작업 : 드래그라인(drag line) 작업, 마그넷(magnet) 작업, 버킷(bucket) 작업, 클램셀(clamshell) 작업, 파일링(piling) 작업, 해머(hammer) 작업

38 기중기의 인양 능력을 결정하는 요소로 가장 거리가 먼 것은?
① 기중기의 강도 ② 기중기의 안정도
③ 하물의 중량 ④ 원치 용량

🔍 기중기의 인양 능력 결정 3요소
- 기중기 강도(구조물의 파괴 여부)
- 기중기 안정도(크레인 전도)
- 원치 용량(중량물 권상 능력)

39 드래그라인에서 와이어로프를 드럼에 잘 감기도록 안내하는 것은?
① 새들 블록 ② 태그 라인
③ 시브 ④ 페어리드

🔍 드래그라인은 앞부분은 붐, 버킷, 와이어로프, 페어리드(fair lead) 등으로 구성되는데 이 중 페어리드는 와이어로프를 드럼에 잘 감기도록 안내하는 역할을 한다.

40 기중기에 적용하는 권상용 와이어로프의 안전율은 얼마 이상이어야 하는가?
① 2.0 ② 3.0
③ 4.0 ④ 5.0

🔍 와이어로프의 안전율

와이어로프의 종류	안전율
권상용 와이어로프, 지브의 기복용 와이어로프 및 호이스트 로프	5.0 이상
붐 신축용 또는 지지 로프, 지브의 지지용 와이어로프, 보조 로프 및 고정용 와이어로프	4.0 이상

※안전율 = 절단하중 / 정격하중

41 인양 작업을 위한 와이어로프의 기본 관리 항목으로 가장 거리가 먼 것은?

① 마모
② 부식
③ 파단
④ 오염

🔍 와이어로프 기본 관리 항목
 • 마모 : 동시마모, 편심 마모 시 손상부의 지름 측정
 • 부식 : 표면 및 외관 상태는 표준과 비교하여 감소율 점검
 • 파단 : 와이어로프의 단선 여부 파악
 • 붕괴 : 형상의 찌그러짐, 굴곡 변형 등을 확인

42 휠 타입 기중기의 인양 작업 전 점검사항으로 적절하지 않은 것은?

① 아웃트리거 빔을 완전히 펼친다.
② 모든 타이어를 지상에 밀착시킨다.
③ 견고한 지반 위에 패드를 사용한다.
④ 부하의 중량을 확인한다.

🔍 휠 타입 기중기의 경우 아웃트리거(outrigger)를 사용하여 타이어가 받는 중량을 방지하여야 하므로 모든 타이어를 지상으로부터 띄워야 한다.

43 기중기 작업 시 신호수에 대한 설명으로 틀린 것은?

① 신호수는 원활한 작업을 위해 1인 이상으로 한다.
② 신호수의 부근에서 혼동되기 쉬운 경적, 음성, 동작 등이 있어서는 아니 된다.
③ 신호수는 줄걸이 작업자와 긴밀한 연락을 취하여야 한다.
④ 신호수는 기중기 조종사가 잘 볼 수 있는 안전한 위치에 있어야 한다.

🔍 신호수는 작업 책임자가 지명한 사람 이외에는 하여서는 안 되며, 반드시 1인으로 하여 수신호, 경적 등을 정확하게 사용하여야 한다.

44 기중기 작업 시 사용하는 수신호의 일반적인 특징으로 거리가 가장 먼 것은?

① 손의 모양과 움직임으로 의사를 전달하는 신호 방법을 말한다.
② 조종자가 잘 보이는 가까운 거리에서 신호하는 것을 말한다.
③ 호루라기 신호 등과 병행하여 사용하면 보다 효과적이다.
④ 작업장 내 소음이 심한 곳에서 사용하기에는 적합하지 않다.

🔍 작업현장에서의 신호는 수신호, 호루라기 신호, 무전기 신호 등이 있으며 그 중 수신호는 작업장 내 소음이 심한 곳에서 사용하기에 적합하다.

45 기중기를 이용한 인양 작업과 관련하여 줄걸이 시의 유의사항으로 틀린 것은?

① 줄걸이는 하물의 무게 중심에 따라 위치를 정하여 반드시 혹의 중심에 걸도록 한다.
② 로프의 굵기, 꼬임, 걸이각도, 손상의 유무 등을 확인한 후에 줄걸이 작업을 한다.
③ 기중기의 혹을 줄걸이 화물의 무게 중심 위로 유도하고 이를 벗어나지 않도록 한다.

④ 줄걸이 로프의 걸이 각도는 90도(°) 이내가 유지되도록 하는 것이 바람직하다.

🔍 줄걸이 로프의 걸이 각도는 60도(°) 이내가 유지되도록 하는 것이 바람직하며, 줄걸이 작업자는 줄걸이 화물에 올라타지 말아야 한다.

46 유압식 붐 기중기의 지브 조립 및 해체 시 유의사항으로 틀린 것은?

① 조립 및 해체에 필요한 충분한 공간을 확보하여야 한다.
② 견고하고 수평인 상태의 지반에서 시행하여야 한다.
③ 지브의 조립 방향은 전방으로 하여야 한다.
④ 주 붐이 회전하지 않도록 고정된 상태를 유지하여야 한다.

🔍 지브의 조립 방향은 후방으로 하여야 하며, 지브의 조립·해체 시에는 제작사 지침서를 확인하고 그 절차를 준수해야 한다.

47 기중기의 방호장치에 해당되지 않는 것은?

① 과부하방지장치
② 권과방지장치
③ 비상정지장치 및 제동장치
④ 압력방출장치

🔍 압력방출장치는 보일러 등에서 과대한 압력발생 시 정상 압력 범위로 압력을 조절하기 위해 사용되는 방호장치다.

48 드래그라인(drag line)의 작업 사이클의 순서로 맞는 것은?

① 굴착 → 선회 → 흙 쏟기 → 선회 → 굴착
② 굴착 → 흙 쏟기 → 선회 → 굴착 → 선회
③ 굴착 → 선회 → 굴착 → 흙 쏟기 → 선회
④ 굴착 → 흙 쏟기 → 굴착 → 선회 → 굴착

🔍 드래그라인(drag line)의 작업 사이클은 굴착 → 선회 → 흙 쏟기 → 선회 → 굴착 위치 순서로, 작업할 때 붐의 각은 30~40° 정도가 적당하다.

49 기중기의 혹 작업에서 가장 안정적인 붐의 작업각도는?

① 78° 30′
② 55° 30′
③ 66° 30′
④ 20° 30′

🔍 붐의 각도
 • 안정적인 작업각도 : 66° 30′
 • 최대 제한각도 : 78°
 • 최소 제한각도 : 20°

50 기중기의 파일링 작업 시 해머의 작동을 안내하는 것은?

① 리더(leader)
② 스트랩(strap)
③ 붐(boom)
④ 와이어로프(wire rope)

🔍 파일링 작업
 • 리더(leader) : 어댑터에 의해 붐 포인트에 연결되어 수직으로 설치되어 있으며, 해머의 작동을 안내한다.
 • 스트랩(strap) : 리더의 진동을 방지하며, 리더의 수직 상태를 유지시킨다.

51 클램셸 기중기에서 버킷의 상승 및 하강과 관련 있는 것은?

① 붐 호이스트 케이블 ② 홀딩 케이블
③ 클로징 케이블 ④ 태그 라인

> 클램셸 기중기의 케이블
> • 붐 호이스트 케이블 : 붐의 상승 및 하강
> • 홀딩 케이블 : 버킷의 상승 및 하강
> • 클로징 케이블 : 버킷의 개폐
> • 태그 라인 : 버킷이 공중에서 회전하는 것을 방지

52 기중기의 아웃트리거(outrigger)에 대한 설명으로 틀린 것은?

① 차륜의 바깥쪽으로 다리를 빼내어 차대를 떠받쳐 작업시의 안정성을 좋게 하는 장치이다.
② 기중기 안정장치의 일종으로 기계식과 유압식이 있다.
③ 타이어식 이동식 크레인은 장비 무게와 양중 하중을 아웃트리거의 플로트(float)가 각각 분담한다.
④ 타이어식 크레인에 아웃트리거를 사용하는 경우 타이어도 하중을 부담할 수 있도록 한다.

> 아웃트리거(outrigger) 사용 시 타이어에는 하중이 걸리지 않도록 지상에서 띄워야 한다.

53 양중 상태로 기중기를 이동할 경우의 주의 사항으로 틀린 것은?

① 양중 작업 전에 중량물을 인양한 상태로 이동 가능한 장비인지의 여부를 확인하도록 한다.
② 주행 시에는 상부 선회체가 회전하지 못하도록 잠그는 장치를 사용한다.
③ 기중기가 경사면을 이동할 때는 전도되는 것을 사전에 방지하여야 한다.
④ 경사면을 올라갈 때는 붐을 올려 세워 무게 중심을 조정하는 것이 좋다.

> 일반적으로 경사면을 내려갈 경우에는 붐을 올리고, 경사면을 올라갈 때는 붐을 전방으로 낮추어서 장비 전체의 무게 중심을 조정하여 안정성을 확보한다.

54 기중기 유압계통의 점검 중 오일량을 점검하기 위한 장비 준비 사항으로 틀린 것은?

① 장비를 평편한 지면에 주차시킨다.
② 작업을 시작하기 전에 유압 오일 탱크의 오일량을 점검한다.
③ 메인 붐의 텔레스코핑 부분을 완전히 확장시킨다.
④ 메인 붐이 붐 지지대 부분에 놓여야 한다.

> 유압 오일량을 점검하기 위해서는 메인 붐의 텔레스코핑 부분을 완전히 수축시켜야 한다.

55 기중기에 사용되는 케이블 와이어는 무엇으로 세척하는가?

① 엔진오일 ② 경유
③ 휘발유 ④ HB

> 기중기의 케이블 와이어는 엔진오일로 세척한다.

56 기중기를 이용한 인양 작업 시 작업계획서에 의한 관련자의 구성이 아닌 자는?

① 기중기 운전자 ② 교통 안전원
③ 신호수 ④ 작업 감독자

> 작업 계획서에 의한 관련자의 구성 : 기중기 운전자, 줄걸이 작업자, 신호수, 작업 감독자

57 신호등이 없는 철길건널목 통과방법 중 맞는 것은?

① 차단기가 올라가 있으면 그대로 통과해도 된다.
② 반드시 일시정지를 한 후 안전을 확인하고 통과한다.
③ 차단기가 올라가 있으면 일시정지 하지 않아도 된다.
④ 일시정지를 하지 않아도 좌우를 살피면서 서행으로 통과하면 된다.

> 모든 차는 신호등이 없는 철길 건널목을 통과하고자 하는 때에는 그 건널목 앞에서 반드시 일단 정지를 하여 안전함을 확인한 후에 통과하여야 한다.

58 도로교통법상 가장 우선하는 신호는?

① 경찰공무원의 수신호 ② 신호기의 신호
③ 운전자의 수신호 ④ 안전표지의 지시

> 도로를 통행하는 보행자와 모든 차마의 운전자는 교통안전시설이 표시하는 신호 또는 지시와 교통정리를 하는 국가경찰공무원·자치경찰공무원 또는 경찰보조자(이하 "경찰공무원등"이라 한다)의 신호 또는 지시가 서로 다른 경우에는 경찰공무원등의 신호 또는 지시에 따라야 한다.

59 편도 4차로의 일반도로에서 건설기계는 어느 차로로 통행해야 하는가?

① 1차로 ② 2차로
③ 1차로와 2차로 ④ 3차로와 4차로

> 편도 4차로의 일반도로에서 건설기계는 오른쪽 차로인 3차로와 4차로를 이용하여 통행하여야 한다.

60 도로교통법상 앞지르기 금지 장소가 아닌 곳은?

① 교차로, 도로의 구부러진 곳
② 버스 정류장 부근에 있는 주차금지 구역
③ 비탈길의 고개마루 부근, 가파른 비탈길의 내리막
④ 터널 안

> 앞지르기 금지장소
> • 교차로 • 도로의 구부러진 곳
> • 비탈길의 고개마루 부근 • 가파른 비탈길의 내리막
> • 터널 안

[CBT 복원문제 _제1회]

정답
01 ④ 02 ③ 03 ① 04 ④ 05 ④ 06 ② 07 ④ 08 ③ 09 ① 10 ②
11 ③ 12 ④ 13 ① 14 ① 15 ③ 16 ② 17 ④ 18 ② 19 ③ 20 ④
21 ② 22 ④ 23 ① 24 ③ 25 ② 26 ④ 27 ② 28 ④ 29 ③ 30 ④
31 ③ 32 ④ 33 ① 34 ④ 35 ② 36 ③ 37 ② 38 ③ 39 ④ 40 ④
41 ④ 42 ② 43 ① 44 ④ 45 ④ 46 ③ 47 ④ 48 ① 49 ③ 50 ①
51 ② 52 ④ 53 ④ 54 ③ 55 ① 56 ② 57 ② 58 ① 59 ④ 60 ②

제7장

CBT 복원문제 _제2회

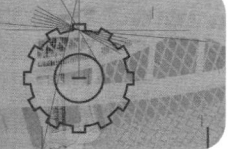

01 다음 중 건설기계정비업의 등록구분이 맞는 것은?

① 종합건설기계정비업, 부분건설기계정비업, 전문건설기계정비업

② 종합건설기계정비업, 단종건설기계정비업, 전문건설기계정비업

③ 부분건설기계정비업, 전문건설기계정비업, 개별건설기계정비업

④ 종합건설기계정비업, 특수건설기계정비업, 전문건설기계정비업

🔍 건설기계정비업의 등록 및 구분
- 등록 : 건설기계정비업의 등록을 하려는 자는 건설기계정비업등록신청서에 국토교통부령이 정하는 서류를 첨부하여 시장·군수 또는 구청장에게 제출하여야 한다.
- 구분 : 종합건설기계정비업, 부분건설기계정비업, 전문건설기계정비업

02 건설기계의 임시운행 사유에 해당되는 것은?

① 작업을 위하여 건설현장에서 건설기계를 운행하는 경우

② 정기검사를 받기 위하여 건설기계를 검사장소로 운행하는 경우

③ 등록신청을 위하여 건설기계를 등록지로 운행하는 경우

④ 등록말소를 위하여 건설기계를 폐기장으로 운행하는 경우

🔍 임시운행 사유
- 등록신청을 하기 위하여 건설기계를 등록지로 운행하는 경우
- 신규등록검사 및 확인검사를 받기 위하여 건설기계를 검사장소로 운행하는 경우
- 수출을 하기 위하여 건설기계를 선적지로 운행하는 경우
- 수출을 하기 위하여 등록말소한 건설기계를 점검·정비의 목적으로 운행하는 경우
- 신개발 건설기계를 시험·연구의 목적으로 운행하는 경우
- 판매 또는 전시를 위하여 건설기계를 일시적으로 운행하는 경우

03 고의로 경상 1명의 인명피해를 입힌 건설기계조종사에 대한 면허의 취소, 정지처분 기준으로 맞는 것은?

① 면허효력정지 45일

② 면허효력정지 30일

③ 면허효력정지 90일

④ 면허 취소

🔍 인명피해 관련 건설기계조종사 면허 취소 사유
- 건설기계 조종 중 고의로 사망, 중상, 경상 등을 입힌 경우
- 건설기계 조종 중 과실로 산업안전보건법에 따른 다음의 중대재해가 발생한 경우
  - 사망자가 1명 이상 발생한 재해
  - 3개월 이상의 요양이 필요한 부상자가 동시에 2명 이상 발생한 재해
  - 부상자 또는 직업성질병자가 동시에 10명 이상 발생한 재해

04 건설기계검사 중 성능이 불량하거나 사고가 빈발하는 건설기계의 안전성 등을 점검하기 위하여 수시로 실시하는 검사와 건설기계 소유자의 신청에 의하여 실시하는 검사는?

① 신규등록검사

② 정기검사

③ 수시검사

④ 구조변경검사

🔍 건설기계의 검사
- 신규등록검사 : 건설기계를 신규로 등록할 때 실시하는 검사
- 정기검사 : 건설공사용 건설기계로서 3년의 범위 내에서 국토교통부령이 정하는 검사유효기간이 끝난 후에 계속하여 운행하고자 할 때 실시하는 검사와 대기환경보전법에 따른 운행차의 정기검사
- 구조변경검사 : 등록된 건설기계의 주요 구조를 변경 또는 개조하였을 때 실시하는 검사(사유 발생일로부터 20일 이내에 검사를 받아야 한다)
- 수시검사 : 성능이 불량하거나 사고가 빈발하는 건설기계의 안전성 등을 점검하기 위하여 수시로 실시하는 검사와 건설기계 소유자의 신청에 의하여 실시하는 검사

05 건설기계의 구조 변경 및 범위에 해당되지 않는 것은?

① 원동기의 형식 변경

② 육상 작업용 건설기계의 규격 증가를 위한 구조 변경

③ 작업 장치의 형식 변경

④ 건설기계의 길이·너비·높이 등의 변경

🔍 구조 변경이 안 되는 사항
- 건설기계의 기종 변경
- 육상 작업용 건설기계의 규격 증가를 위한 구조 변경
- 적재함의 용량 증가를 위한 구조 변경

06 건설기계관리법상 등록되지 않는 건설기계를 사용하거나 운행한 자에 대한 벌칙은?

① 2년 이하의 징역 또는 2천만원 이하의 벌금

② 1년 이하의 징역 또는 1천만원 이하의 벌금

③ 100만원 이하의 벌금

④ 100만원 이하의 과태료

🔍 2년 이하의 징역 또는 2천만원 이하의 벌금
- 등록되지 아니한 건설기계를 사용하거나 운행한 자
- 등록이 말소된 건설기계를 사용하거나 운행한 자
- 시·도지사의 지정을 받지 않고 등록번호표를 제작하거나 등록번호를 새긴 자
- 법 규정을 위반하여 건설기계의 주요 구조나 원동기, 동력전달장치, 제동장치 등 주요 장치를 변경 또는 개조한 자
- 무단 해체한 건설기계를 사용·운행하거나 타인에게 유상·무상으로 양도한 자
- 제작결함에 따른 시정명령을 이행하지 아니한 자
- 등록을 하지 아니하고 건설기계사업을 하거나 거짓으로 등록을 한 자
- 등록이 취소되거나 사업의 전부 또는 일부가 정지된 건설기계사업자로서 계속하여 건설기계사업을 한 자

07 건설기계에서 사용하는 경유의 중요한 성질이 아닌 것은?

① 옥탄가

② 비중

③ 착화성

④ 세탄가

🔍 건설기계 기관은 대부분 디젤기관으로 경유를 사용하며 경유에서 가장 중요한 성질은 세탄가이다. 참고로 옥탄가는 가솔린의 폭발성을 나타낸 것이다.

08 기관 과열의 주요 원인이 아닌 것은?

① 라디에이터 코어의 막힘
② 냉각장치 내부의 물때 과다
③ 냉각수의 부족
④ 오일량 과다

> 기관 과열은 주로 냉각장치의 작동이 원활하지 않을 때 일어나는 것으로 오일량 과다는 기관 과열의 원인과 거리가 멀다.

09 과급기를 부착하였을 때의 장점이 아닌 것은?

① 고지대에서도 출력의 감소가 적다.
② 회전력이 증가한다.
③ 기관 출력이 향상된다.
④ 압축온도의 상승으로 착화지연 시간이 길어진다.

> 착화지연이란 연료를 분사하여 연소가 시작될 때까지를 말하며 과급기 부착여부에 따라 변화되는 것이 아니고 연소조건 및 상태에 따라 변한다.

10 건설기계에서 기동전동기가 회전이 안 될 경우 점검할 사항이 아닌 것은?

① 축전지의 방전 여부
② 배터리 단자의 접촉 여부
③ 팬벨트의 이완 여부
④ 배선의 단선 여부

> 전동기의 회전은 축전지 상태와 회로의 접촉 및 단선여부에 의해 영향을 받으며 팬벨트 이완은 냉각계통에 영향을 미친다.

11 같은 축전지 2개를 직렬로 접속하면 어떻게 되는가?

① 전압은 2배가 되고 용량은 같다.
② 전압은 같고 용량은 2배가 된다.
③ 전압과 용량은 변화 없다.
④ 전압과 용량 모두 2배가 된다.

> 축전지 연결을 직렬로 하면 전압이 상승하고 병렬 연결하면 전류가 상승한다.

12 배터리의 충·방전 작용은 다음 어떤 작용을 이용한 것인가?

① 발열 작용
② 자기 작용
③ 화학 작용
④ 발광 작용

> 축전지는 화학작용에 의해 전기적 에너지를 화학적으로 보관한다.

13 축전지 전해액이 자연 감소되었을 때 보충에 가장 적합한 것은?

① 증류수
② 황산
③ 경수
④ 수도물

> 증류수를 극판 위로부터 10~13mm 정도 보충하면 된다.

14 토크 컨버터의 동력전달 매체로 맞는 것은?

① 클러치 판
② 유체
③ 벨트
④ 기어

> 토크 컨버터는 유체 클러치와 같이 내부에 유체로 채우고 임펠러와 터빈 등의 회전시 압력에 의해 동력이 전달된다.

15 무한궤도식 건설기계에서 트랙에 있는 롤러에 대한 설명으로 틀린 것은?

① 상부 롤러는 보통 1~2개가 설치되어 있다.
② 하부 롤러는 트랙프레임의 한쪽 아래에 5~7개 설치되어 있다.
③ 상부 롤러는 스프로킷과 아이들러 사이에 트랙이 처지는 것을 방지한다.
④ 하부 롤러는 트랙의 마모를 방지해 준다.

> 하부 롤러(Track roller, 트랙 롤러)는 트랙 프레임에 5~7개 정도가 설치되며, 트랙터의 전체 중량을 지지하고, 전체 중량을 균일하게 트랙에 배분한다. 또한, 트랙의 회전 위치를 바르게 유지하게 함으로써 상부 롤러와 함께 트랙의 회전을 바르게 유지하는데 관여한다.

16 동력전달장치에서 추진축의 밸런스 웨이트에 대한 설명으로 맞는 것은?

① 추진축의 비틀림을 방지한다.
② 변속조작 시 변속을 용이하게 한다.
③ 추진축의 회전수를 높인다.
④ 추진축의 회전 시 진동을 방지한다.

> 추진축은 강한 비틀림을 받으면서 고속 회전하는 부분으로 이에 견딜 수 있도록 속이 빈 강관을 사용하며, 회전평형을 유지하고 회전 시 진동을 방지하기 위해 밸런스 웨이트(평형추)가 부착되어 있다.

17 실린더의 피스톤이 고속으로 왕복 운동할 때 행정의 끝에서 피스톤이 커버에 충돌하여 발생하는 충격을 흡수하고, 그 충격력에 의해서 발생하는 유압 회로의 악영향이나 유압기기의 손상을 방지하기 위해서 설치하는 것은?

① 쿠션기구
② 밸브기구
③ 유량제어기구
④ 셔틀기구

> 쿠션기구는 유압실린더 행정 끝 부분에서 충격을 흡수한다.

18 축압기(어큐뮬레이터)의 사용 목적이 아닌 것은?

① 유압회로 내의 압력 상승
② 충격압력 흡수
③ 유체의 맥동 감쇠
④ 압력 보상

> 어큐뮬레이터의 용도
> • 대유량의 작동유를 순간적으로 공급한다.
> • 유압 펌프의 맥동을 제거한다.
> • 충격 압력을 흡수한다.
> • 압력을 보상해 준다.

19 유압장치의 장점이 아닌 것은?

① 속도제어(speed control)가 용이하다.

② 힘의 연속적 제어가 용이하다.

③ 온도의 영향을 많이 받는다.

④ 윤활성, 내마멸성, 방청성이 좋다.

🔍 유압장치의 단점
• 오일 누설의 염려가 있다. • 화재의 위험이 있다.
• 온도 변화에 의해 영향을 받기 쉽다. • 배관작업이 복잡하다.
• 공기가 혼입되기 쉽다.

20 유압유 관내에 공기가 혼입되었을 때 일어날 수 있는 현상과 가장 거리가 먼 것은?

① 공동 현상　　　　　② 기화 현상

③ 숨돌리기 현상　　　④ 열화 현상

🔍 유압 회로 내의 공기 영향
• 실린더 숨돌리기 현상이 생긴다.
• 유압유의 열화가 촉진된다.
• 공동현상으로 소음발생, 온도상승, 포화상태가 된다.

21 유압 실린더를 행정 최종단에서 실린더의 속도를 감속하여 서서히 정지시키고자 할 때 사용되는 밸브는?

① 디셀러레이션 밸브　　② 셔틀 밸브

③ 프레필 밸브　　　　　④ 디콤프레션 밸브

🔍 셔틀 밸브는 저압측 통로를 막고 고압측의 유압유만 통과시키는 전환 밸브이고, 디셀러레이션 밸브는(감속밸브) 유량을 서서히 제한하여 유압실린더의 속도를 감속 또는 정지시켜준다.

22 유압기기의 과부하 방지를 위한 밸브로 맞는 것은?

① 분류 밸브　　　　　② 방향제어 밸브

③ 릴리프 밸브　　　　④ 스로틀 밸브

🔍 릴리프 밸브(relief valve)는 유압 펌프와 제어 밸브 사이에 설치되어 회로 내의 압력을 규정값으로유지시키는 역할 즉, 유압장치 내의 압력을 일정하게 유지하고 최고 압력을 제어하여 회로를 보호한다.

23 유압모터를 선택할 때 고려 사항과 가장 거리가 먼 것은?

① 동력　　　　　　　② 부하

③ 효율　　　　　　　④ 점도

🔍 유압모터를 선택할 때는 부하, 동력, 효율 등을 고려하며, 점도는 유압유 선택 시의 해당 사항이다.

24 유압기기에서 캐비테이션(Cavitation)을 방지하기 위한 방법으로 적합하지 않은 것은?

① 적당한 점도의 작동유를 선택한다.

② 작동유 중에 공기와 수분 등의 이물질 유입을 방지한다.

③ 유압 펌프의 운전 속도를 규정 속도 이상으로 하지 않는다.

④ 하이드로릭 실린더에 부하가 걸리지 않도록 한다.

🔍 캐비테이션(공동현상) 방지방법
• 적당한 점도의 작동유를 선택한다.
• 작동유 중에 공기와 수분 등의 이물질 유입을 방지한다.
• 유압 펌프의 운전 속도를 규정 속도 이상으로 하지 않는다.
• 오일 필터를 정기적으로 점검 및 교환한다.

25 유압 오일 실의 종류 중 O-링이 갖추어야 할 조건은?

① 탄성이 양호하고 압축변형이 적을 것

② 작동 시 마모가 클 것

③ 체결력(죄는 힘)이 작을 것

④ 오일의 누설이 클 것

🔍 오일 실은 오일 회로에서 오일이 외부로 누출되는 것을 방지하기 위한 것으로 O-링은 내열성, 내구성, 내마모성 등이 좋아야 한다.

26 유압 회로 내에 잔압을 설정해 두는 이유로 가장 적절한 것은?

① 제동 해제 방지　　　② 유로 파손 방지

③ 오일 산화 방지　　　④ 작동 지연 방지

🔍 유압회로 내에 잔압을 두는 이유
• 작동 지연을 방지한다.
• 오일의 누출을 방지한다.
• 회로 내 베이퍼 로크 발생을 방지한다.
• 회로 내로 공기 유입을 방지한다.

27 동력 전달장치에서 가장 재해가 많이 발생하는 것은?

① 차축　　　　　　　② 기어

③ 피스톤　　　　　　④ 벨트

🔍 동력 전달장치 중 재해가 가장 많이 발생되는 장치는 벨트, 체인, 기어 순이다.

28 안전작업은 복장의 착용상태에 따라 달라진다. 다음에서 권장사항이 아닌 것은?

① 땀을 닦기 위한 수건이나 손수건을 허리나 목에 걸고 작업해서는 안 된다.

② 옷소매 폭이 너무 넓지 않은 것이 좋고, 단추가 달린 것은 되도록 피한다.

③ 물체 추락의 우려가 있는 작업장에서는 안전모를 착용해야 한다.

④ 복장을 단정하게 하기 위해 넥타이를 꼭 매야 한다.

🔍 작업복은 작업자의 안전을 최우선으로 고려하여 선정되어야 하며, 넥타이 등의 착용은 작업 시 회전 부분에 끌려들어가는 등의 안전사고 위험이 있다.

29 화재예방 조치로서 적합하지 않은 것은?

① 가연성 물질을 인화장소에 두지 않는다.

② 유류취급 장소에는 방화수를 준비한다.

③ 흡연은 정해진 장소에서만 한다.

④ 화기는 정해진 장소에서만 취급한다.

🔍 유류 취급 장소는 유류화재의 진압에 적합한 B급 소화기나 방화사를 준비하여야 한다.

기중기운전기능사 총정리　**146**　제7장_ 최근 기출 및 CBT 복원문제

30 화재 발생 시 초기 진화를 위해 소화기를 사용하고자 할 때, 다음 보기에서 소화기 사용방법에 따른 순서로 맞는 것은?

> a. 안전핀을 뽑는다.
> b. 안전핀 걸림 장치를 제거한다.
> c. 손잡이를 움켜잡아 분사한다.
> d. 노즐을 불이 있는 곳으로 향하게 한다.

① a → b → c → d
② c → a → b → d
③ d → b → c → a
④ b → a → d → c

🔍 소화기 사용법
- 안전핀 걸림 장치를 제거한다.
- 안전핀을 뽑는다.
- 노즐을 불이 있는 곳으로 향하게 한다.
- 손잡을 움켜잡아 분사한다.

31 볼트 등을 조일 때 조이는 힘을 측정하기 위하여 쓰는 렌치는?

① 복스 렌치
② 오픈엔드 렌치
③ 소켓 렌치
④ 토크 렌치

🔍 토크 렌치는 볼트나 너트의 조임력을 규정값에 정확히 맞도록 하기 위해 사용하며, 오픈 엔드 렌치는 연료 파이프 피팅을 풀고 조일 때 사용한다. 또한, 복스 렌치는 볼트, 너트 주위를 완전히 감싸게 되어 사용 중에 미끄러지지 않는 장점이 있다.

32 수공구를 사용하여 일상정비를 할 경우의 필요 사항으로 가장 부적합한 것은?

① 수공구를 서랍 등에 정리할 때는 잘 정돈한다.
② 수공구는 작업 시 손에서 놓치지 않도록 주의한다.
③ 용도 외의 수공구는 사용하지 않는다.
④ 작업을 빠르게 하기 위해서 장비 위에 놓고 사용하는 것이 좋다.

🔍 공구는 지정된 장소에 보관 및 공구함에 넣어 놓고 작업을 하여야 한다.

33 안전사고의 원인 중 불안전한 행위에 해당되지 않는 것은?

① 안전수칙의 무시
② 부적당한 배치
③ 보호구의 잘못 사용
④ 불안전한 작업행동

🔍 재해의 직접원인(물적요인)
- 불안전한 행동(행위) : 위험장소 접근, 안전장치의 기능 제거, 복장 보호구의 잘못사용, 기계·기구 잘못사용, 운전 중인 기계장치의 손질, 불안전한 속도 조작, 위험물 취급 부주의, 불안전한 상태 방치, 불안전한 자세 동작, 감독 및 연락 불충분
- 불안전한 상태 : 물 자체 결함, 안전 방호장치 결함, 보호구의 결함, 물의 배치 및 작업장소 결함, 작업환경의 결함, 생산 공정의 결함, 경계표시·설비의 결함

34 안전관리의 근본 목적으로 가장 적합한 것은?

① 생산의 경제적 운용
② 근로자의 생명 및 신체의 보호
③ 생산과정의 시스템화
④ 생산량 증대

🔍 안전관리의 근본적인 목적은 근로자 및 사용자의 생명과 신체보호, 안전사고를 미연에 방지하는데 그 목적이 있다.

35 작업자가 실시하는 안전점검과 가장 거리가 먼 것은?

① 안전에 대한 기본방침과 실시 상황 보고
② 장비 및 공구의 상태
③ 안전보호구의 적정성 여부
④ 작업장 정리·정돈

🔍 안전에 대한 기본방침과 실시 상황보고는 안전관리자의 담당 업무로 작업자가 직접 실시하는 안전점검과는 거리가 멀다.

36 안전·보건표지의 종류와 형태에서 그림의 표지로 맞는 것은?

① 산화성 물질 경고
② 폭발성 물질 경고
③ 급성 독성물질 경고
④ 인화성 물질 경고

🔍 안전·보건표지

인화성 물질경고	산화성 물질경고	폭발성 물질경고	급성독성 물질경고

37 기중기의 기본 동작에 속하지 않는 것은?

① 덤프(Dump)
② 스윙(Swing)
③ 호이스트(Hoist)
④ 틸트(Tilt)

🔍 기중기의 7개 기본동작은 짐올리기(Hoist), 붐 올리기(Boom hoist), 돌리기(Swing), 파기(Crowd), 당기기(Retract), 버리기(Dump), 가기(Travel) 이다.

38 기중기 로드 차트에 포함되어 있는 정보가 아닌 것은?

① 기중기 본체 형식
② 실작업 중량
③ 사분면 운전
④ 붐 길이

🔍 로드 차트 정보
- 기중기 본체 형식 • 기중기 구성 내용
- 사분면 운전 • 붐 길이
- 붐 각도 • 작업 반경
- 공제 무게

39 기중기를 이용한 드래그라인(drag line) 작업의 특징과 가장 거리가 먼 것은?

① 지면보다 낮은 곳의 굴착에 적합하다.
② 굴착기에 비해 굴착 반경이 적고 굴착력은 크다.
③ 유압을 이용하는 굴착기와는 달리 중력을 이용하여 굴착한다.
④ 연약 지반의 굴착 작업에 적합하다.

🔍 드래그라인 작업
- 모래 채취에 많이 사용된다.
- 굴착기 등에 비해 굴착 반경은 크지만 굴착력은 작다.
- 연약 지반의 굴착 작업에 적합하다.

40 기중기를 이용한 클램셸 작업 시 버킷이 흔들리거나 스윙할 때 와이어로프가 꼬이는 것을 방지하기 위한 것은?

① 페어리드
② 태그 라인
③ 지브
④ 홀딩 케이블

🔍 태그 라인(tag line)은 선회나 지브 기복을 실시할 때 버킷이 흔들리거나 스윙할 때 와이어로프를 가볍게 당겨주어 와이어로프가 꼬이는 것을 방지하며, 태그 라인의 장력은 태그 라인 와인더를 통해 제어한다.

41 와이어로프가 국부적으로 꼬임이 막히거나 풀린 상태는?

① 버드 케이지(Bird Cage)
② 킹크(Kink)
③ 피팅(pitting)
④ 청킹(Chunking)

🔍 • 킹크(Kink) : 와이어로프가 국부적으로 꼬임이 막히거나 풀린 상태로 킹크 정도에 따라 와이어로프의 강도가 20~40% 정도 저하된다.
• 버드 케이지(Bird Cage) : 와이어로프가 새집 모양으로 부풀어 오른 상태

42 줄걸이 방법 중 U자나 T자형의 형상인 하물을 기중기로 들어 올릴 때 적합한 줄걸이 방법은?

① 2줄걸이
② 3줄걸이
③ 4줄걸이
④ 비대칭걸이

🔍 줄걸이
• 2줄걸이 : 긴 자재 인양
• 3줄걸이 : U자나 T자형의 형상
• 4줄걸이(+자 걸이) : 사다리꼴의 형상
• 비대칭걸이 : 부하의 수평 유지를 위해 주 로프와 보조로프의 길이를 다르게 함

43 기중기 작업과 관련한 수신호의 특징에 대한 설명으로 틀린 것은?

① 손의 모양과 움직임으로 의사를 전달하는 신호 방법을 말한다.
② 조종자가 잘 보이는 가까운 거리에서 신호하는 것을 말한다.
③ 작업장 내 소음이 심한 곳에서 사용하기에 적합하지 않다.
④ 호루라기 신호와 병행하여 사용하면 더 효과를 낼 수 있다.

🔍 작업 현장에서 크레인 작업과 관련한 신호는 수신호, 호각(호루라기)신호, 무전기 신호 등으로 나눌 수 있으며 특히 수신호는 소음이 심한 작업장에서 사용하기에 적합하다.

44 기중기 작업 중 안전조치 사항으로 틀린 것은?

① 장비 이동 시에는 붐을 하강시키고, 붐 길이를 줄여 고정시킨 후에 주행한다.
② 기중기가 이동할 때는 붐의 방향을 후방으로 둔다.
③ 작업 시 붐의 안전 각도는 68°~78° 이내로 유지한다.
④ 작업 시에는 반드시 아웃트리거를 사용하여 장비를 항상 수평으로 유지한다.

🔍 기중기가 이동할 때는 붐의 방향을 전방으로 두어야 하며, 운행로는 장비의 높이, 폭, 길이를 고려하여 선택한다.

45 기중기 작업 시 요령으로 옳은 것은?

① 작업 시 운전석에서는 운전자와 작업 책임자가 함께 탑승한다.
② 인양 작업 시 가능한 한 붐의 길이는 가급적 길게 한다.
③ 스윙 작업 시에는 최대한 신속하게 회전한다.
④ 신축용의 붐을 사용할 때는 각단 붐의 신축 길이를 같게 한다.

🔍 작업 시 운전석에서는 운전자만 탑승하여야 하며, 인양 작업 시 붐의 길이는 가급적 짧게 한다. 또한, 스윙 작업 시에는 천천히 회전하여야 한다.

46 기중기의 방호장치 중 일정 한도 이상으로 와이어로프가 드럼에 감겨서 위험 상태에 이르기 전에 자동적으로 전원이 끊겨서 모터를 멈추게 하는 장치는?

① 과부하방지장치
② 권과방지장치
③ 비상정지장치 및 제동장치
④ 압력방출장치

🔍 권과방지장치에는 리미트 스위치가 사용되어 드럼 회전에 연동해서 권과를 방지하는 형식인 나사형 리미트 스위치와 캠형 리미트 스위치, 훅의 상승에 의해 직접 작동되는 리미트 스위치가 있다.

47 드래그라인(drag line)에서 호이스트 케이블의 기능은?

① 붐의 상승 및 하강
② 버킷의 상승 및 하강
③ 적재물의 투하
④ 버킷을 장비 쪽으로 당겨 토사를 굴착

🔍 각 케이블의 기능
• 붐 호이스트 케이블 : 붐의 상승 및 하강
• 호이스트 케이블 : 버킷의 상승 및 하강
• 덤프 케이블 : 적재물의 투하
• 드래그 케이블 : 버킷을 장비 쪽으로 당겨 토사를 굴착

48 디젤 해머(diesel hammer)의 장점으로 적당하지 않은 것은?

① 타격력이 크다.
② 작업성 및 기동성에 있어 타격 속도가 빠르다.
③ 램 중량을 말뚝 구경에 따라 선택할 수 있다.
④ 진동 및 소음이 없다.

🔍 디젤 해머의 단점
• 비스듬한 말뚝 항타는 30° 정도까지만 가능하지만 에너지 손실이 있다.
• 연약 지반에서는 발화하기 어려우므로 능률 저하가 발생한다.
• 장시간 연속 사용 시 능력 저하가 발생된다.
• 진동 및 소음이 발생한다.

49 기중기에서 항타 작업을 할 때 바운싱(bouncing)이 일어나는 원인과 가장 거리가 먼 것은?

① 파일이 장애물과 접촉할 때
② 증기 또는 공기량을 약하게 사용할 때
③ 2중 작동 해머를 사용할 때
④ 가벼운 해머를 사용할 때

🔍 항타 작업 시 바운싱(bouncing)은 앞·뒤가 동시에 같은 방향으로 진동하는 상태를 말하며 증기 또는 공기량을 많이 사용할 때 일어난다.

50 기중기의 작업에 사용되는 와이어로프의 지름 감소가 공칭 지름의 몇 %를 초과하면 사용을 금지하여야 하는가?

① 3%
② 5%
③ 7%
④ 10%

> 와이어로프의 교체 기준
> • 이음매가 있는 것
> • 와이어로프의 한 꼬임(스트랜드)에서 끊어진 소선(wire)의 수가 10% 이상인 것
> • 지름의 감소가 공칭 지름의 7%를 초과한 것
> • 꼬인 것
> • 심하게 변경 또는 부식된 것

51 플로트(float) 하부의 받침은 아웃트리거(outrigger)와 몇 도(°)를 유지하도록 하여야 하는가?

① 15°
② 45°
③ 60°
④ 90°

> 아웃트리거 플로트(Float) 하부의 받침은 작용 하중을 균일하게 지표면으로 전달하여 기중기가 안정성을 유지하도록 하는 역할을 하는 것으로 플로트 하부의 받침은 아웃트리거와 90°를 유지할 수 있도록 지면을 평편하게 하여야 한다.

52 기중기의 붐 작동과 관련한 설명으로 틀린 것은?

① 붐 인양 속도는 액셀러레이터 그립의 돌림과 붐 작동 레버의 누름과 당김에 의해 조종된다.
② 붐의 올림 및 내림의 최고 속도는 드럼 속도 조종 노브의 작동에 의해 조종된다.
③ 붐 인양 컨트롤 레버를 앞쪽으로 밀면 붐이 올라간다.
④ 붐이 상부 한계 각도에 도달했을 때 인양 속도는 감소한다.

> 붐 인양 컨트롤 레버를 앞쪽으로 밀면 붐이 내려가고, 뒤쪽으로 당기면 붐이 올라간다.

53 크레인 작업 시 크레인과 장애물과의 이격거리는 얼마 이상을 유지하여야 하는가?

① 20cm
② 30cm
③ 45cm
④ 60cm

> 크레인과 장애물과의 거리는 60cm 이상 이격하여 작업자의 협착이나 구조물의 손상을 방지하여야 한다. 또한 크레인의 작업 구역은 외부 방책을 설치하여 관계자 이외 출입을 금지시켜 안전을 확보하여야 한다.

54 화물의 갑작스러운 상승·하강, 정지 등의 움직에 의해 발생하는 추가적인 하중을 뜻하는 것은?

① 임계하중
② 충격하중
③ 작업하중
④ 호칭하중

> 기중기의 하중 호칭
> • 임계하중 : 좌·우 스윙하지 않고 기중하였을 때 들 수 있는 하중으로, 들 수 없는 하중의 임계점을 말한다.
> • 충격하중 : 화물의 갑작스런 움직임(상승·하강, 정지)에 의해 발생하는 추가적인 하중을 뜻하며, 통상적으로 30% 또는 그 이상의 하중이 증가한다.
> • 작업하중 : 안전하중이라고도 하며, 작업할 수 있는 하중은 트럭식의 경우 임계하중의 85%, 크롤러식의 경우 임계하중의 75% 정도이다.
> • 호칭하중 : 최대의 작업 하중을 말한다.

55 타이어식 기중기에서 아웃트리거(outrigger)의의 설치 점검으로 적당하지 않은 사항은?

① 장비가 수평으로 설치되어 있는지 확인한다.
② 모든 아웃트리거가 지면 또는 받침판에 안정적으로 접지되어 있는지 확인한다.
③ 모든 타이어가 지면에서 밀착되어 있는지 확인한다.
④ 아웃트리거 로크 핀이 제대로 기능을 발휘하는지 확인한다.

> 아웃트리거(outrigger)가 최대 확장 상태로 작동되는지 확인하여야 하며, 모든 타이어는 지면에서 떨어져 있는지 확인하여야 한다.

56 기중기 신호수가 하여야 할 책무가 아닌 것은?

① 작업 지휘자의 지시에 따라 작업할 것
② 작업자들의 개인 보호구 착용을 확인 할 것
③ 신호 방법을 완전히 숙지토록 할 것
④ 중량물 취급에 올바른 자세 및 복장을 갖출 것

> 산호수의 책무
> • 작업 지휘자의 지시에 따라 작업할 것
> • 정해진 신호 방법에 의하여 양중 물을 목적 장소로 안전하게 유도하는 임무를 맡아 신호 작업에 대한 책임을 진다.
> • 신호 방법을 완전히 숙지토록 한다.(수신호, 무전, 깃발, 육성 등)
> • 중량물 취급에 올바른 자세 및 복장을 갖춘다.

57 4차로 고속도로에서 건설기계의 법정 최고속도는 매시 몇 km인가?(단, 별도로 지정·고시한 노선 또는 구간의 고속도로가 아닌 경우이다.)

① 100km
② 110km
③ 80km
④ 60km

> 4차로 고속도로에서 건설기계의 법정 최고속도는 매시 80km이다.

58 녹색신호에서 교차로 내를 직진 중에 황색신호로 바뀌었을 때, 안전운전 방법 중 가장 옳은 것은?

① 속도를 줄여 조금씩 움직이는 정도의 속도로 서행하면서 진행한다.
② 일시 정지하여 좌우를 살피고 진행한다.
③ 일시 정지하여 다음 신호를 기다린다.
④ 계속 진행하여 교차로를 통과한다.

> 녹색신호에서 교차로 내를 직진 중에 황색신호로 바뀌었을 때에는 신속하게 교차로를 벗어나야 한다.

59 도로교통법상 반드시 서행하여야 할 장소로 지정된 곳으로 가장 적절한 것은?

① 안전지대 우측

② 비탈길의 고개 마루 부근

③ 교통정리가 행하여지고 있는 교차로

④ 교통정리가 행하여지고 있는 횡단보도

🔍 서행하여야 할 곳
• 교통정리가 행하여지지 아니하고 좌·우를 확인할 수 없는 교차로
• 도로의 구부러진 곳
• 비탈길의 고개마루 부근
• 가파른 비탈길의 내리막

60 일시정지 안전 표지판이 설치된 횡단보도에서 위반되는 것은?

① 경찰공무원이 진행신호를 하여 일시정지 하지 않고 통과하였다.

② 횡단보도 직전에 일시정지하여 안전을 확인한 후 통과하였다.

③ 보행자가 보이지 않아 그대로 통과하였다.

④ 연속적으로 진행 중인 앞차의 뒤를 따라 진행할 때 일시정지 하였다.

🔍 일시정지 표지판이 설치된 장소에서는 반드시 일시정지 후 안전을 확인하고 통과하여야 한다.

[CBT 복원문제 _제2회]

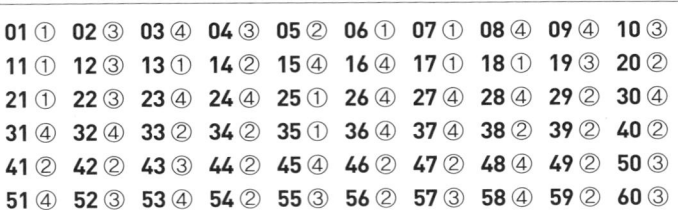

01 ① 02 ③ 03 ④ 04 ③ 05 ② 06 ① 07 ① 08 ④ 09 ④ 10 ③
11 ① 12 ③ 13 ① 14 ② 15 ④ 16 ④ 17 ① 18 ① 19 ③ 20 ②
21 ① 22 ③ 23 ④ 24 ④ 25 ① 26 ④ 27 ④ 28 ④ 29 ② 30 ④
31 ④ 32 ④ 33 ② 34 ② 35 ① 36 ④ 37 ④ 38 ② 39 ④ 40 ②
41 ② 42 ② 43 ③ 44 ② 45 ④ 46 ② 47 ② 48 ④ 49 ③ 50 ③
51 ④ 52 ③ 53 ④ 54 ② 55 ④ 56 ③ 57 ③ 58 ④ 59 ② 60 ③

제7장 CBT 복원문제_제3회

01 건설기계의 주요구조 변경 및 개조의 범위에 해당하지 않는 것은?

① 원동기의 형식 변경
② 동력전달장치의 형식 변경
③ 유압장치의 형식 변경
④ 건설기계의 기종 변경

> 구조 변경이 안 되는 사항
> • 건설기계의 기종 변경
> • 육상 작업용 건설기계의 규격 증가를 위한 구조 변경
> • 적재함의 용량 증가를 위한 구조 변경

02 건설기계조종사의 적성검사 기준으로 가장 거리가 먼 것은?

① 두 눈을 동시에 뜨고 잰 시력이 0.7 이상이고, 두 눈의 시력이 각각 0.3 이상일 것
② 시각은 150도 이상일 것
③ 언어분별력이 80% 이상일 것
④ 50데시벨(보청기를 사용하는 사람은 40데시벨)의 소리를 들을 수 있을 것

> 적성검사 기준
> • 두 눈을 동시에 뜨고 잰 시력(교정시력을 포함)이 0.7 이상이고 두 눈의 시력이 각각 0.3 이상일 것
> • 55데시벨(보청기를 사용하는 사람은 40데시벨)의 소리를 들을 수 있고, 언어분별력이 80퍼센트 이상일 것
> • 시각은 150도 이상일 것
> • 정신병자·지적장애인·뇌전증환자, 마약·대마·향정신성의약품·알코올 중독자가 아닐 것

03 건설기계관리법상 중상이란?

① 5일 미만의 치료를 요하는 진단이 있을 때
② 3주 이상의 치료를 요하는 진단이 있을 때
③ 3주 미만의 치료를 요하는 진단이 있을 때
④ 7일 이상의 치료를 요하는 진단이 있을 때

> 건설기계관리법 상 중상은 3주 이상의 치료를 요하는 진단이 있을 때를 말하며, 경상은 3주 미만의 치료를 요하는 진단이 있을 때를 말한다.

04 등록된 건설기계의 주요 구조를 변경 또는 개조하였을 때는 사유 발생일로부터 며칠 이내에 검사를 받아야 하는가?

① 10일 이내
② 20일 이내
③ 30일 이내
④ 2개월 이내

> 등록된 건설기계의 주요 구조를 변경 또는 개조하였을 때 실시하는 검사는 구조변경검사로 사유 발생일로부터 20일 이내에 검사를 받아야 한다.

05 건설기계관리법령상 건설기계조종사면허를 받지 않고 건설기계를 조종한 사람에 대한 벌칙은?

① 2년 이하의 징역 또는 2천만원 이하의 벌금
② 1년 이하의 징역 또는 1천만원 이하의 벌금
③ 300만원 이하의 벌금
④ 300만원 이하의 과태료

> 1년 이하의 징역 또는 1천만원 이하의 벌금(주요사항)
> • 거짓이나 그 밖의 부정한 방법으로 건설기계 등록을 한 자
> • 건설기계의 구조변경검사 또는 수시검사를 받지 아니한 자
> • 건설기계의 정비명령을 이행하지 아니한 자
> • 매매용 건설기계를 운행하거나 사용한 자
> • 건설기계조종사면허를 받지 아니하고 건설기계를 조종한 자
> • 건설기계조종사면허를 거짓이나 그 밖의 부정한 방법으로 받은 자
> • 건설기계를 도로나 타인의 토지에 버려둔 자

06 건설기계의 임시운행 사유에 해당되지 않는 것은?

① 등록신청을 하기 위하여 건설기계를 등록지로 운행하는 경우
② 수출을 하기 위하여 건설기계를 선적지로 운행하는 경우
③ 판매 또는 전시를 위하여 건설기계를 일시적으로 운행하는 경우
④ 수리를 위해 정비업체로 이동하기 위해 운행하는 경우

> 임시운행 사유
> • 등록신청을 하기 위하여 건설기계를 등록지로 운행하는 경우
> • 신규등록검사 및 확인검사를 받기 위하여 건설기계를 검사장소로 운행하는 경우
> • 수출을 하기 위하여 건설기계를 선적지로 운행하는 경우
> • 수출을 하기 위하여 등록말소한 건설기계를 점검·정비의 목적으로 운행하는 경우
> • 신개발 건설기계를 시험·연구의 목적으로 운행하는 경우
> • 판매 또는 전시를 위하여 건설기계를 일시적으로 운행하는 경우

07 축전지 및 발전기에 대한 설명으로 틀린 것은?

① 시동 전 전원은 배터리이다.
② 시동 후 전원은 발전기이다.
③ 시동 전과 후 모든 전력은 배터리로부터 공급된다.
④ 발전하지 못해도 배터리로만 운행이 가능하다.

> 시동 전 전원은 배터리이며, 시동 후에는 발전기가 엔진의 회전에 의해 함께 회전하면서 각종 전기장치의 전원공급을 담당하고 배터리를 충전하는 역할을 한다.

08 전기장치의 퓨즈가 끊어졌을 때의 조치 사항으로 옳은 것은?

① 동일 용량의 것으로 갈아 끼운다.
② 용량이 큰 것으로 갈아 끼운다.
③ 구리선이나 납선으로 바꾼다.
④ 전기장치의 고장개소를 찾아 수리한다.

> 퓨즈는 전기 회로에서 단락에 의해 전선이 타거나 과대 전류가 부하에 흐르지 않도록 하는 구성품으로 사용 중인 퓨즈가 끊어져 교체할 때는 동일 용량의 것을 사용하여야 한다.

09 교류발전기의 특징으로 틀린 것은?

① 속도변화에 따른 적용 범위가 넓고 소형, 경량이다.
② 저속시에도 충전이 가능하다.
③ 정류자를 사용한다.
④ 다이오드를 사용하기 때문에 정류 특성이 좋다.

🔍 직류발전기와 교류발전기의 비교

구분	직류(DC)발전기	교류(AC)발전기
중량	무겁다.	가볍다.
브러시 수명	짧다.	길다.
정류	정류자와 브러시	실리콘 다이오드
공회전시	충전 불가능	충전 가능
구조	계자코일 고정, 아마추어 회전	스테이터 고정, 로터 회전
사용범위	고속회전용으로 부적합	고속회전에도 견딤
조정기	컷아웃릴레이, 전압조정기, 전류조정기	전압조정기만 필요

10 기관에서 실린더 마모가 가장 큰 부분은?

① 실린더 아랫부분
② 실린더 윗부분
③ 실린더 중간 부분
④ 실린더 연소실 부분

🔍 실린더의 마모는 피스톤링의 접촉과 이물질의 흡입 및 연소생성물에 그 원인이 있으며, 연소실에 가까운 실린더 윗부분이 마모가 가장 크다.

11 디젤기관에 과급기를 부착하는 주된 목적은?

① 출력의 증대
② 냉각효율의 증대
③ 배기효율의 증대
④ 윤활성의 증대

🔍 과급기(Supercharger)
• 기관의 작동 중 흡입에 의한 충전 효율을 높여서 회전력, 연료 소비율, 기관의 출력 등을 향상시키기 위하여 흡입되는 가스에 압력을 가하여 주는 일종의 공기 펌프이다.
• 기관 전체 중량은 10~15%가 무거워진다.
• 기관의 출력은 35~45% 증대된다.

12 워터 펌프를 구동하는 팬 벨트의 장력이 적을 때의 현상으로 가장 적당한 것은?

① 벨트가 이탈된다.
② 냉각수 온도가 높아진다.
③ 기관이 과열된다.
④ 발전기 충전이 과다해진다.

🔍 벨트 장력이 헐거울 때
• 물 펌프 회전속도가 느려져 기관 과열
• 발전기 출력 저하
• 소음 발생
• 팬 벨트 마모 촉진(손상)

13 액슬 축과 액슬 하우징의 조향방법에서 액슬 축의 지지 방식이 아닌 것은?

① 전부동식
② 반부동식

③ 3/4부동식
④ 전유동식

🔍 액슬 축과 하우징의 상태에 따라 수직·수평·하중이 달라지며, 지지방식으로는 반부동식, 3/4 부동식, 전부동식(대형 트럭)이 있다.

14 윤활장치에 사용되고 있는 오일펌프로 적합하지 않는 것은?

① 기어 펌프
② 로터리 펌프
③ 베인 펌프
④ 나사 펌프

🔍 윤활장치에 사용되고 있는 오일펌프는 기어 펌프, 로터리 펌프, 베인 펌프 등이 있으며, 4행정 사이클 기관에 주로 사용되는 오일펌프는 로터리식과 기어식이다.

15 오일의 여과 방식이 아닌 것은?

① 자력식
② 분류식
③ 전류식
④ 샨트식

🔍 오일의 여과방식에는 오일의 일부를 여과하는 분류식과 전부를 여과시키는 전류식, 그리고 분류식과 전류식을 합친 샨트식이 있다.

16 건설기계 작업 중 계기판의 정보가 다음과 같았다. 조치해야 할 사항은?

① 냉각수를 보충한다.
② 연료를 보충한다.
③ 시동을 끄고 냉각계통을 점검한다.
④ 작업을 멈추고 일일점검을 실시한다.

🔍 그림의 계기판 정보는 연료량을 표시하며, 연료가 부족한 상태이므로 연료를 보충하여야 한다.

17 유압장치의 장점을 설명한 것이다. 틀린 것은?

① 소형장치로 큰 출력을 발생한다.
② 무단변속이 가능하고 정확한 위치 제어를 할 수 있다.
③ 유온의 영향이 있어도 정밀한 속도와 제어가 가능하다.
④ 과부하에 대한 안전장치가 간단하고 정확하다.

🔍 유압장치의 장점
• 과부하에 대한 안전장치가 간단하고 정확하다.
• 무단 변속이 가능하고 정확한 위치 제어가 가능하다.
• 부하의 변화에 대한 안정성이 크다.
• 동력 전달이 원활하고 저속에서 큰 회전력의 기동이 용이하다.
• 공기의 압력·유압 및 전기 신호 등으로 쉽게 원격조정이 가능하다.
• 진동이 적고 작동이 원활하다.
• 작동유에는 윤활성·방청성이 있어 마멸이 적고 내구성이 크다.
• 동력의 분배와 집중이 쉽다.
• 소형 장치로 큰 출력을 발생한다.
• 에너지의 저장이 가능하다.

18 유압회로에 사용되는 유압밸브의 역할이 아닌 것은?

① 일의 관성을 제어한다.
② 일의 방향을 변환시킨다.
③ 일의 속도를 제어한다.
④ 일의 크기를 조정한다.

🔍 유압밸브
• 압력제어 밸브 : 일의 크기를 조정한다.(릴리프 밸브, 리듀싱 밸브, 시퀀스 밸브, 언로더 밸브, 카운터 밸런스 밸브)
• 유량제어 밸브 : 일의 속도를 제어한다.(교축 밸브, 압력 보상 유량제어 밸브, 분류 밸브, 감속 밸브)
• 방향제어 밸브 : 일의 방향을 변환시킨다.(체크 밸브, 스풀 밸브, 셔틀 밸브)

19 자체중량에 의한 자유낙하 등을 방지하기 위하여 회로에 배압을 유지하는 밸브는?

① 감압 밸브
② 체크 밸브
③ 릴리프 밸브
④ 카운터 밸런스 밸브

🔍 카운터 밸런스 밸브(counter balance valve)는 유압 실린더 등이 자유 낙하되는 것을 방지하기 위하여 배압을 유지시키는 역할을 한다.

20 유압기기의 작동속도를 높이기 위하여 무엇을 변화시켜야 하는가?

① 유압 펌프의 토출유량을 증가시킨다.
② 유압 모터의 압력을 높인다.
③ 유압 모터의 토출압력을 높인다.
④ 유압 모터의 크기를 작게 한다.

🔍 유압의 제어방법 중 유압기기의 작동 속도는 유량의 제어를 통해 조절한다.

21 유압장치의 부품을 교환 후 다음 중 가장 우선 시행하여야 할 작업은?

① 최대부하 상태의 운전
② 유압을 점검
③ 유압장치의 공기빼기
④ 유압 오일쿨러 청소

🔍 유압장치의 부품 교환 후 가장 먼저 공기빼기를 해주어야 한다. 공기빼기 작업은 "엔진 기동 → 난기 운전 실시 → 각 유압 모터와 실린더를 5분 정도 천천히 반복 작동"시키는 순서로 한다.

22 유압 모터의 종류가 아닌 것은?

① 기어 모터
② 베인 모터
③ 플런저 모터
④ 터빈 모터

🔍 유압 모터는 기어형, 베인형, 액시얼 플런저형, 레이디얼 플런저형, 멀티 스트로크형이 있다.

23 어큐뮬레이터(축압기)의 사용 목적이 아닌 것은?

① 유압회로 내의 압력 상승
② 충격압력 흡수
③ 유체의 맥동 감쇠
④ 압력 보상

🔍 어큐뮬레이터의 용도
• 대유량의 작동유를 순간적으로 공급한다.
• 유압 펌프의 맥동을 제거한다.
• 충격 압력을 흡수한다.
• 압력을 보상해 준다.

24 그림의 유압 기호는 무엇을 표시하는가?

① 유압 실린더
② 어큐뮬레이터
③ 오일 탱크
④ 유압 린더 로드

🔍 기호는 어큐뮬레이터(축압기)이며 축압기는 유압 에너지의 저장, 충격흡수 등에 이용된다.

25 유압 모터와 유압 실린더의 설명으로 맞는 것은?

① 둘 다 회전운동을 한다.
② 모터는 직선운동, 실린더는 회전운동을 한다.
③ 둘 다 왕복운동을 한다.
④ 모터는 회전운동, 실린더는 직선운동을 한다.

🔍 유압 액추에이터는 유압펌프로부터 공급된 작동유의 유압에너지를 이용하여 기계적인 일, 즉 직선운동이나 회전운동으로 변환시키는 장치로 유압 모터는 회전운동, 유압 실린더는 직선운동을 한다.

26 피스톤의 지름이 20mm인 유압 실린더에서 유압이 50kgf/cm² 작용할 때 실린더에서 발생되는 힘은 약 얼마인가?

① 15.7kg
② 78.5kg
③ 100kg
④ 157kg

🔍
• 압력 = $\frac{힘}{단면적}$ ∴ 힘 = 단면적 × 유압
• 단면적 = $\frac{\pi D^2}{4} = \frac{3.14 \times 2(cm)^2}{4} = 3.14 cm^2$
• 힘 = 3.14cm² × 50kgf/cm² = 157kgf

27 산업재해 발생원인 중 직접원인에 해당되는 것은?

① 유전적 요소
② 사회적 환경
③ 불안전한 행동
④ 인간의 결함

🔍 재해의 직접원인
• 불안전한 행동 : 위험장소 접근, 안전장치의 기능 제거, 복장·보호구의 잘못 사용, 기계·기구 잘못 사용, 운전 중인 기계장치의 손질, 불안전한 속도 조작, 위험물 취급 부주의, 불안전한 상태 방치, 불안전한 자세 동작, 감독 및 연락 불충분
• 불안전한 상태 : 물 자체 결함, 안전 방호장치 결함, 보호구의 결함, 물의 배치 및 작업장소 결함, 작업환경의 결함, 생산 공정의 결함, 경계표시·설비의 결함

28 먼지가 많이 발생하는 장소에서 착용해야 하는 마스크는?

① 방독마스크
② 산소마스크
③ 송기마스크
④ 방진마스크

🔍 호흡용 보호구
- 방독마스크 : 유기용제, 유독가스, 미스트, 흄 발생작업
- 송기마스크, 산소마스크 : 저장조, 하수구 청소 및 산소결핍 작업장
- 방진마스크 : 분체작업, 연마작업, 광택작업, 배합작업 등 먼지가 많은 작업장

29 장갑을 끼고 작업을 할 때 위험한 작업은?

① 건설기계운전
② 타이어 교환 작업
③ 해머 작업
④ 오일 교환 작업

🔍 장갑을 착용하면 안 되는 작업
- 해머 작업
- 연삭 작업
- 드릴 작업
- 정밀기계 작업

30 복스 렌치가 오픈 렌치보다 많이 사용되는 이유로 가장 적합한 것은?

① 볼트, 너트 주위를 완전히 감싸게 되어 있어서 사용 중에 미끄러지지 않는다.
② 여러 가지 크기의 볼트, 너트에 사용할 수 있다.
③ 값이 싸며, 적은 힘으로 작업할 수 있다.
④ 가볍고, 사용하는데 양손으로도 사용할 수 있다.

🔍 렌치(Wrench)
- 오픈 렌치 : 스패너라고 하며, 볼트 머리 6각 중 두 군데만 고정하여 돌리기 때문에 볼트 머리가 훼손될 가능성이 있다.
- 조정 렌치 : 일명 몽키 스패너라고도 불리며 볼트 또는 너트를 조이거나 풀 때 고정 조에 힘이 가해지도록 해야 한다.
- 복스 렌치 : 오픈 렌치와 달리 볼트, 너트 주위를 완전히 감싸게 되어 사용 중에 미끄러지지 않으며, 고른 힘이 분산되어 볼트, 너트를 손상시키지 않고 큰 힘을 전달할 수 있다.
- 컴비네이션(조합) 렌치 : 오픈 렌치와 복스 렌치의 장점을 모아 하나로 만든 렌치이며, 한쪽은 오픈 렌치, 반대편은 복스 렌치로 되어 있다.

31 조정렌치 사용 및 관리요령으로 적합하지 않는 것은?

① 볼트를 풀 때는 렌치에 연결대 등을 이용한다.
② 적당한 힘을 가하여 볼트, 너트를 죄고 풀어야 한다.
③ 잡아당길 때 힘을 가하면서 작업한다.
④ 볼트, 너트를 풀거나 조일 때는 볼트머리나 너트에 꼭 끼워져야 한다.

🔍 조정 렌치는 조(jaw)의 폭을 자유롭게 조정하여 사용할 수 있는 공구로 볼트나 너트를 조이거나 풀 때는 고정 조에 힘이 가해지도록 하여야 하며, 연결대는 사용하지 않는다.

32 안전 · 보건표지의 색채와 관련하여 안내표지의 바탕색은?

① 노란색
② 흰색
③ 파란색
④ 검은색

🔍 안전 · 보건표지의 색채
- 금지표지 : 바탕은 흰색, 기본모형은 빨간색, 관련 부호 및 그림은 검은색
- 경고표지 : 바탕은 노란색, 기본모형, 관련 부호 및 그림은 검은색. 다만, 인화성물질 경고, 산화성 물질 경고, 폭발성물질 경고, 급성독성물질 경고, 부식성물질 경고 및 발암성 · 변이원성 · 생식독성 · 전신독성 · 호흡기과민성 물질 경고의 경우 바탕은 무색, 기본모형은 빨간색(검은색도 가능)
- 지시표지 : 바탕은 파란색, 관련 그림은 흰색
- 안내표지 : 바탕은 흰색, 기본모형 및 관련 부호는 녹색 또는 바탕은 녹색, 관련 부호 및 그림은 흰색

33 안전 · 보건표지를 제작할 때의 규격과 가장 거리가 먼 것은?

① 재질
② 색깔
③ 모양
④ 내용

🔍 안전 · 보건표지는 그 종류별로 기본모형에 의하여 규정된 구분에 따라 제작하여야 하며, 관련 법령에 따라 색채와 색도기준, 내용이 정해져 있다.

34 유류화재 발생 시 화재진압을 위한 가장 효과적인 방법은?

① 물 호스의 사용
② 불의 확대를 막는 덮개의 사용
③ 소다 소화기의 사용
④ 탄산가스 소화기의 사용

🔍 유류 및 가스화재는 B급 화재로 탄산가스(CO_2) 소화기, 포말 소화기, 분말 소화기, 증발성 액체 소화기 등을 사용하여 화재를 진압한다.

35 공장에서 엔진 등과 같은 중량물을 이동하고자 한다. 가장 좋은 방법은?

① 여러 사람이 들고 조용히 움직인다.
② 체인 블록이나 호이스트를 사용한다.
③ 로프로 묶고 살며시 잡아 당긴다.
④ 지렛대를 이용하여 움직인다.

🔍 중량물은 인력운반이 금지되며, 체인 블록이나 호이스트를 사용해서 운반하여야 한다.

36 기계의 회전부분(기어, 벨트, 체인)에 덮개를 설치하는 이유는?

① 좋은 품질의 제품을 얻기 위하여
② 회전 부분의 속도를 높이기 위하여
③ 제품의 제작과정을 숨기기 위하여
④ 회전부분과 신체의 접촉을 방지하기 위하여

🔍 기계의 회전부분은 끼임, 절단, 물림 등에 의한 사고가 빈번한 곳으로 이곳에 덮개를 덮어 신체의 접촉을 방지하기 위한 안전장치이다.

37 기중기에서 주행장치에 의한 분류가 아닌 것은?

① 트럭형
② 크롤러형
③ 로터리형
④ 휠형

🔍 주행장치에 따른 기중기의 분류
- 무한궤도식(크롤러형)
- 타이어식(휠형)
- 이동식(트럭형)

38 다음 중 기중기의 작업장치에 해당되지 않는 것은?

① 드래그라인
② 파일 드라이버
③ 블레이드
④ 클램쉘

> 블레이드는 삽날로 불도저에 사용되는 작업장치이다.

39 기중기의 작업 중 타격력을 가하여 지면에 박는 작업을 할 때 사용되는 작업장치는?

① 드롭 해머
② 셔블
③ 훅
④ 클램쉘

> • 훅 : 화물의 적재 및 적하작업
> • 셔블 : 경사면의 토사 굴토, 적재 등의 작업
> • 클램쉘 : 수직 굴토 및 토사 적재 작업

40 이동식 기중기에서 붐의 길이를 바르게 설명한 것은?

① 붐의 최상단에서 푸트핀까지의 거리
② 붐의 최상단에서 붐의 최하단까지의 거리
③ 선회 중심에서 포인트핀까지의 거리
④ 하부 지점인 푸트 핀 중심에서 상부의 포인트 핀까지의 거리

> 기중기 붐의 길이는 하부 지점인 붐의 푸트 핀 중심에서 상부의 붐 포인트 핀까지의 수평거리를 말한다.

41 타이어식 기중기에서 아웃트리거(outrigger)에 대한 설명으로 틀린 것은?

① 작업 시 안전성을 좋게 한다.
② 타이어가 같이 하중을 견디게 한다.
③ 작업 시 전도를 방지한다.
④ 아웃트리거 하부에 설치하는 받침은 작업하중을 견딜 수 있는 재료를 사용한다.

> 아웃트리거(outrigger)는 기중기 차륜의 바깥쪽으로 다리를 빼내어 차대를 떠받쳐 작업 시 안정성을 좋게 하는 장치로 타이어가 받는 하중을 방지하며 기중 작업을 할 때 전도되는 것을 방지한다.

42 기계식 기중기에서 붐 호이스트의 가장 일반적인 브레이크 형식은?

① 내부 수축식
② 내부 확장식
③ 외부 확장식
④ 외부 수축식

> 기계식 기중기의 일반적인 브레이크 형식
> • 붐 호이스트, 와이어로프 드럼 : 외부 수축식
> • 드럼 클러치 : 내부 확장식

43 기중기의 "작업반경"에 대한 설명으로 맞는 것은?

① 운전석 중심을 지나는 수직선과 폭의 중심을 지나는 수직선 사이의 최단거리
② 무한궤도 전면을 지나는 수직선과 폭의 중심을 지나는 수직선 사이의 최단거리
③ 선회장치의 회전중심을 지나는 수직선과 훅의 중심을 지나는 수직선 사이의 최단거리
④ 무한궤도의 스프로켓 중심을 지나는 수직선과 훅의 중심을 지나는 수직선 사이의 최단거리

> 기중기의 "작업반경"이란 선회장치의 회전중심을 지나는 수직선과 훅의 중심을 지나는 수직선 사이의 최단거리를 말하며, 붐의 각과 작업반경은 반비례한다. 또한, 기중기의 작업반경이 커지면 기중능력은 감소한다.

44 무한궤도식 기중기의 안전성을 유지하는 장치로 맞는 것은?

① 카운터 웨이트
② 붐
③ 트랙
④ 아웃트리거

> 카운터 웨이트(평형추)는 기중기 뒷부분에 설치되며 작업 시 장비 뒤쪽이 들리는 것을 방지하여 무한궤도식 기중기의 안전성을 유지한다.

45 기중기의 정격하중과 작업반경에 관한 설명 중 옳은 것은?

① 정격하중과 작업반경은 비례한다.
② 정격하중과 작업반경은 반비례한다.
③ 정격하중과 작업반경은 제곱에 비례한다.
④ 정격하중과 작업반경은 제곱에 반비례한다.

> 기중기의 "작업반경"이란 선회장치의 회전중심을 지나는 수직선과 훅의 중심을 지나는 수직선 사이의 최단거리를 말하며, 작업반경은 붐의 각과 정격하중에 반비례한다.

46 기중기 작업 시 사용되는 와이어로프의 사용금지 기준으로 적합하지 않는 것은?

① 심하게 변형 또는 부식된 것
② 와이어로프의 한 꼬임에서 끊어진 소선의 수가 10% 이상인 덧
③ 지름의 감소가 공칭직경의 10%를 초과하는 것
④ 꼬임·꺾임·비틀림 등이 있는 것

> 사용이 금지되는 와이어로프
> • 이음매가 있는 것
> • 와이어로프의 한 꼬임에서 끊어진 소선(필러선 제외)의 수가 10% 이상인 것
> • 지름의 감소가 공칭지름의 7%를 초과하는 것
> • 심하게 변형 또는 부식된 것
> • 꼬임·꺾임·비틀림 등이 있는 것

47 기중기의 시동 전 일상점검 사항으로 가장 거리가 먼 것은?

① 변속기 기어 마모 상태
② 연료탱크 유량
③ 엔진오일 유량
④ 라디에이터 수량

48 기중기의 붐의 길이를 연장하기 위하여 사용되는 유압식 붐 확장 크레인 형식을 의미하는 것은?

① 텔레스코픽 붐 타입
② 유압-기계식 붐 타입
③ 양로드형 유압 붐 타입
④ 유압-전기식 붐 타입

🔍 일반적으로 말하는 유압식 붐 확장 크레인은 텔레스코픽 붐 타입을 말한다.

49 기중기 작업 전 확인해야 할 안전 사항으로 맞지 않는 것은?

① 작업 대상물의 무게를 파악한다.
② 작업 반경에 맞추어 정격하중의 범위를 지킨다.
③ 지브는 필요한 범위 내에서 가능한 길게 한다.
④ 최대 작업 반경을 확인한다.

🔍 지브는 필요한 범위 내에서 가능한 짧게 한다.

50 기중기의 붐 길이를 결정하는데 가장 거리가 먼 것은?

① 작업 속도   ② 이동할 장소
③ 화물의 위치   ④ 적재할 높이

🔍 기중기의 붐 길이는 화물의 무게와 위치, 적재 높이, 이동 장소 등과 관련 있으며, 작업 속도는 붐 길이를 결정하는 요소로 보기 힘들다.

51 기중작업 시 무거운 하중을 들기 전에 반드시 점검해야 할 사항으로 가장 거리가 먼 것은?

① 클러치   ② 와이어로프
③ 브레이크   ④ 붐의 강도

🔍 붐의 강도는 하물 작업 전 점검해야 할 사항과는 거리가 멀다.

52 기중 작업에서 화물이 무거울 경우 붐 길이와 각도는 어떻게 하는 것이 좋은가?

① 붐 길이는 길게, 각도는 크게
② 붐 길이는 짧게, 각도는 그대로
③ 붐 길이는 짧게, 각도는 작게
④ 붐 길이는 짧게, 각도는 크게

🔍 무거운 화물 작업 시 붐의 길이는 짧게 하고, 각도는 크게 하는 것이 안전하다.

53 인양 물체의 중심을 측정하여 인양하여야 한다. 다음 중 잘못된 것은?

① 와이어로프나 매달기용 체인이 벗겨질 우려가 있으면 되도록 높이 인양한다.
② 인양 물체를 서서히 올려 지상 약 30cm 지점에서 정지 확인한다.

③ 인양 물체의 중심이 높으면 물체가 기울 수 있다.
④ 형상이 복잡한 물체의 무게 중심을 목측한다.

🔍 와이어로프나 매달기용 체인이 벗겨질 우려가 있으면 작업을 중지하고 필요한 조치를 하여야 한다.

54 기중기에 설치되어야 하는 안전장치로 거리가 먼 것은?

① 권과방지장치
② 권과경보장치
③ 차동제한장치
④ 권상용 드럼의 역회전방지장치

🔍 기중기 설치 안전장치
• 권상장치와 기복장치에는 권과방지장치 및 권과경보장치
• 훅에는 와이어로프 등이 이탈되는 것을 방지하는 해지장치(전용 달기기구로서 작업자의 도움 없이 짐걸이가 가능한 경우는 제외)
• 붐시브 및 훅블럭의 로프 벗겨짐 방지장치
• 권상용드럼의 역회전 방지장치

55 기중기의 후방안정도를 판단하기 위한 조건으로 적합하지 않은 것은?

① 평탄하고 단단한 지면일 것
② 최소 작업반경일 것
③ 달아올림기구에 최대하중이 가해진 상태일 것
④ 아웃리거가 없는 상태일 것

🔍 기중기의 "후방안정도"란 기중기에 지나치게 많은 평형추를 다는 것을 피하고 기중기의 후방에 안정성을 주기 위하여 다음의 조건에서 전후 축으로 배분된 하중을 말한다.
• 평탄하고 단단한 지면일 것
• 최소 작업반경일 것
• 달아올림기구에 하중이 가해지지 아니한 상태일 것
• 아웃리거가 없는 상태일 것

56 기중기에 의한 훅 작업시의 안전수칙으로 틀린 것은?

① 작업 반경 내 접근을 금지시킬 것
② 붐의 각을 최소 제한 각 이하로 하지 말 것
③ 붐의 각을 최대 제한 각 이상으로 하지 말 것
④ 크롤러식에는 아웃트리거를 반드시 사용할 것

🔍 아웃트리거(outrigger)는 타이어식 기중기의 작업 시에 안전성을 유지해주고 타이어에 하중이 걸리게 되는 것을 방지하여 타이어와 스프링이 하중으로 인해서 손상되는 것을 방지한다.

57 도로교통법상 폭우, 폭설, 안개 등으로 가시거리가 100m 이내일 때 최고속도의 감속기준으로 옳은 것은?

① 20%   ② 50%
③ 60%   ④ 80%

🔍 최고속도의 감속기준
• 20% 감속 : 비가 내려 노면이 젖어있는 경우, 눈이 20mm 미만 쌓인 경우
• 50% 감속 : 기상 조건 등으로 가시거리가 100m 이내인 경우, 노면이 얼어붙은 경우, 눈이 20mm 이상 쌓인 경우

58 교통사고가 발생하였을 때 운전자가 가장 먼저 취해야 할 조치는?

① 즉시 피해자 가족에게 알린다.
② 즉시 사상자를 구호하고 경찰공무원에게 신고한다.
③ 즉시 보험회사에 신고한다.
④ 모범운전자에게 신고한다.

> 차의 교통으로 인하여 사람을 사상하거나 물건을 손괴한 때에는 그 차의 운전자 그 밖의 승무원은 곧 정차하여 사상자를 구호하는 등 필요한 조치를 하여야 한다.

59 다음의 도로명판이 의미하는 바에 대한 설명으로 틀린 것은?

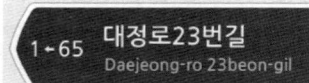

① 대정로23번길은 대정로 시작지점부터 약 230미터 지점에서 분기되는 길이다.
② 대정로23번길의 총 길이는 약 650미터 정도이다.
③ 대정로23번 길은 대정로 시작지점에서 출발하면 오른쪽으로 분기되는 길이다.
④ 도로명판이 세워진 현 위치는 대정로23번길의 끝지점이다.

> 도로명판
> • 대정로23번길은 대정로 시작지점부터 약 230미터 지점에서 왼쪽으로 분기되는 길이다.(명판의 왼쪽 방향 돌출 참조, 대정로xx번길의 번호는 번호당 약 10미터 구간을 의미하므로 23×10m = 230m)
> • 도로명판이 세워진 현 위치는 대정로23번길의 끝지점인 '65'이다.(1←65)
> • 대정로23번길은 1부터 65까지의 기초 단위가 있으므로 65×10m = 650m 정도이다.

60 건설기계 조종 시 자동차 제1종 대형면허가 있어야 하는 기종은?

① 로더　　　　　② 지게차
③ 트럭적재식 천공기　④ 기중기

> 1종 대형면허 운전기종 : 덤프트럭, 아스팔트살포기, 노상안정기, 콘크리트믹서트럭, 콘크리트펌프, 천공기(트럭적재식)

[CBT 복원문제 _제3회]

01 ④	02 ④	03 ②	04 ②	05 ②	06 ④	07 ③	08 ①	09 ③	10 ②
11 ①	12 ③	13 ④	14 ④	15 ①	16 ②	17 ③	18 ①	19 ④	20 ①
21 ②	22 ④	23 ①	24 ②	25 ④	26 ④	27 ③	28 ④	29 ③	30 ①
31 ①	32 ③	33 ①	34 ④	35 ②	36 ④	37 ③	38 ③	39 ①	40 ④
41 ②	42 ④	43 ③	44 ①	45 ②	46 ③	47 ①	48 ①	49 ③	50 ①
51 ④	52 ④	53 ①	54 ③	55 ③	56 ③	57 ②	58 ②	59 ③	60 ③

제7장

CBT 복원문제 _제4회

01 다음 중 건설기계의 범위에 해당되지 않는 것은?

① 자체중량 2톤 미만의 불도저
② 자체중량 1톤 미만의 굴착기
③ 자체중량 2톤 미만의 로더
④ 자체중량 2톤 미만의 엔진식 지게차

🔍 로더는 무한궤도 또는 타이어식으로 적재장치를 가진 자체중량 2톤 이상인 것을 말한다.

02 다음 중 특별 또는 경고표지 부착 대상 건설기계에 관한 설명이 아닌 것은?

① 대형건설기계에는 조종실 내부의 조종사가 보기 쉬운 곳에 경고표지판을 부착하여야 한다.
② 길이가 16.7m를 초과하는 건설기계는 특별표지 부착 대상이다.
③ 특별표지판은 등록번호가 표시되어있는 면에 부착해야 한다.
④ 최소 회전반경 12m를 초과하는 건설기계는 특별표지 부착 대상이 아니다.

🔍 특별표지 부착 대상 대형건설기계
 • 길이가 16.7m를 초과하는 건설기계
 • 너비가 2.5m를 초과하는 건설기계
 • 높이가 4.0m를 초과하는 건설기계
 • 최소회전반경이 12m를 초과하는 건설기계
 • 총중량이 40톤을 초과하는 건설기계
 • 총중량 상태에서 축하중이 10톤을 초과하는 건설기계

03 건설기계관리법상 중상이란?

① 5일 미만의 치료를 요하는 진단이 있는 경우
② 3주 이상의 치료를 요하는 진단이 있는 경우
③ 3주 미만의 치료를 요하는 진단이 있는 경우
④ 7일 이상의 치료를 요하는 진단이 있는 경우

🔍 건설기계관리법상 중상은 3주 이상의 치료를 요하는 진단이 있을 때를 말하며, 경상은 3주 미만의 치료를 요하는 진단이 있는 경우를 말한다.

04 건설기계소유자에게 등록번호표 제작 명령을 할 수 있는 기관의 장은?

① 국토교통부장관 　　　② 행정안전부장관
③ 경찰청장 　　　　　　④ 시 · 도지사

🔍 시 · 도지사는 등록번호표 봉인자를 지정한 때에는 등록번호표 봉인자 지정서를 교부하여야 한다.

05 제작자로부터 건설기계를 구입한 자가 무상으로 사후관리를 받을 수 있는 법정기간은?

① 3월 　　　　　　　　② 6월

③ 12월 　　　　　　　　④ 18월

🔍 건설기계의 제작자는 건설기계를 판매한 날부터 12개월(당사자 간에 12개월을 초과하여 별도 계약하는 경우에는 그 해당기간) 동안 무상으로 건설기계의 정비 및 정비에 필요한 부품을 공급 하여야 한다.

06 건설기계관리법령상 등록번호표를 가리거나 훼손하여 알아보기 곤란하게 한 자 또는 그러한 건설기계를 운행한 자에 대한 처벌은?

① 100만원 이하의 과태료
② 300만원 이하의 과태료
③ 1년 이하의 징역 또는 1천만원 이하의 벌금
④ 2년 이하의 징역 또는 2천만원 이하의 벌금

🔍 100만원 이하의 과태료(주요 사항)
 • 건설기계에 등록번호표를 부착 · 봉인하지 아니하거나 등록번호를 새기지 아니한 자
 • 등록번호표를 가리거나 훼손하여 알아보기 곤란하게 한 자 또는 그러한 건설기계를 운행한 자
 • 건설기계안전기준에 적합하지 아니한 건설기계를 사용하거나 운행한 자 또는 사용하게 하거나 운행하게 한 자
 • 검사유효기간이 끝난 날부터 31일이 지난 건설기계를 사용하게 하거나 운행하게 한 자 또는 사용하거나 운행한 자
 • 안전교육 등을 받지 아니하고 건설기계를 조종한 자

07 교류발전기에서 스테이터 코일에 발생한 교류는?

① 실리콘에 의해 교류로 정류되어 내부로 나온다.
② 실리콘에 의해 교류로 정류되어 외부로 나온다.
③ 실리콘 다이오드에 의해 교류로 정류시킨 뒤에 내부로 들어간다.
④ 실리콘 다이오드에 의해 직류로 정류시킨 뒤에 외부로 끌어낸다.

🔍 스테이터 코일에 발생한 교류는 6개의 다이오드(+ 3개, − 3개) 에 의해 교류가 직류로 바뀌게 된다.

08 일반적인 축전지 터미널의 식별법으로 적합하지 않은 것은?

① (+), (−)의 표시로 구분한다.
② 터미널의 요철로 구분한다.
③ 굵고 가는 것으로 구분한다.
④ 적색과 흑색 등 색으로 구분한다.

🔍 축전지 터미널의 식별
 • 양극 : (+) 또는 (P), 적색, 직경이 굵음
 • 음극 : (−) 또는 (N), 흑색, 직경이 얇음

09 건설기계의 전조등 성능을 유지하기 위하여 가장 좋은 방법은?

① 단선으로 한다. 　　　② 복선식으로 한다.
③ 축전지와 직결시킨다. 　④ 굵은선으로 갈아 끼운다.

🔍 전조등은 복선식으로 연결되어 있으며 병렬로 연결되어 있다.

10 디젤기관의 압축압력이 규정보다 저하되는 이유는?

① 실린더 벽이 규정보다 많이 마모되었다.
② 냉각수가 규정보다 작다.
③ 엔진 오일량이 규정보다 많다.
④ 점화시기가 규정보다 다소 느리다.

🔍 실린더 벽이 규정보다 많이 마모되면 압축압력의 저하되고, 블로바이 및 오일이 희석되고, 피스톤 슬랩 현상이 일어난다.

11 건식 공기청정기의 효율저하를 방지하기 위한 방법으로 가장 적합한 것은?

① 기름으로 닦는다.
② 마른걸레로 닦아야 한다.
③ 압축공기로 먼지 등을 털어낸다.
④ 물로 깨끗이 세척한다.

🔍 건식 공기청정기는 효율 저하를 방지하기 위해 1,500~30,000km 주행 후 압축공기를 이용하여 안쪽에서 바깥쪽으로 불어서 먼지를 털어낸다.

12 기관의 연료분사펌프에 연료를 보내거나 공기빼기 작업을 할 때 필요한 장치는?

① 체크 밸브(check valve)
② 프라이밍 펌프(priming pump)
③ 오버플로 펌프(overflow pump)
④ 드레인 펌프(drain pump)

🔍 기관 연료분사펌프의 프라이밍 펌프는 연료장치 공기빼기 작업 시 연료펌프를 수동으로 작동시키기 위해 둔다.

13 기관에서 크랭크축의 역할은?

① 원활한 직선운동을 하는 장치이다.
② 기관의 진동을 줄이는 장치이다.
③ 직선운동을 회전운동으로 변환시키는 장치이다.
④ 원운동을 직선운동으로 변환시키는 장치이다.

🔍 크랭크축은 피스톤의 상·하 왕복운동을 회전운동으로 바꾼다.

14 엔진의 회전수를 나타낼 때 RPM이란?

① 시간당 엔진회전수
② 분당 엔진회전수
③ 초당 엔진회전수
④ 10분간 엔진회전수

🔍 RPM이란 분당 회전속도를 나타내는 값으로 Revolution Per Minute의 약자이다.

15 연료의 세탄가와 가장 밀접한 관련이 있는 것은?

① 열효율
② 폭발압력
③ 착화성
④ 인화성

🔍 세탄가는 디젤기관에서 연료의 착화성을 나타내는 정량적인 수치로 세탄가 = $\frac{세탄}{세탄 + 메틸나프타렌} \times 100$이다. 세탄가가 큰 연료일수록 압축비가 낮아도 노킹이 잘 일어나지 않는다.

16 실린더 마모와 가장 거리가 먼 것은?

① 출력의 감소
② 크랭크실의 윤활유 오손
③ 불완전 연소
④ 거버너의 작동 불량

🔍 거버너(조속기)는 연료분사 펌프 내의 조절 잭을 움직여 분사량을 조정하는 장치이다.

17 오일의 압력이 낮아지는 원인과 가장 거리가 먼 것은?

① 오일펌프 성능이 노후 되었을 때
② 오일의 점도가 높아졌을 때
③ 오일의 점도가 낮아졌을 때
④ 계통 내에서 누설이 있을 때

🔍 오일의 점도가 낮아질 경우 압력이 저하되고 펌프 효율이 저하 된다.

18 유압유의 흐름을 한쪽으로만 허용하고 반대방향의 흐름을 제어하는 밸브는?

① 릴리프 밸브
② 체크 밸브
③ 카운터 밸런스 밸브
④ 매뉴얼 밸브

🔍
- 릴리프 밸브 : 회로 내의 압력을 규정값으로 유지
- 체크 밸브 : 유압유의 흐름을 한쪽으로만 허용하고 반대방향의 흐름을 제어 (역류를 방지하고 회로 내의 잔류 압력을 유지)
- 카운터 밸런스 밸브 : 실린더가 중력으로 인하여 제어속도 이상으로 낙하하는 것을 방지

19 다음 [보기]에서 유압 작동유가 갖추어야 할 조건으로 모두 맞는 것은?

| ㄱ. 장력에 대해 비압축성일 것 |
| ㄴ. 밀도가 작을 것 |
| ㄷ. 열팽창계수가 작을 것 |
| ㄹ. 체적탄성계수가 작을 것 |
| ㅁ. 점도지수가 낮을 것 |
| ㅂ. 발화점이 높을 것 |

① ㄱ, ㄴ, ㄷ, ㄹ
② ㄴ, ㄷ, ㅁ, ㅂ
③ ㄴ, ㄹ, ㅁ, ㅂ
④ ㄱ, ㄴ, ㄷ, ㅂ

🔍 유압 작동유는 점도지수가 높고, 체적탄성계수는 커야 한다.

20 유압유의 점도에 대한 설명으로 틀린 것은?

① 온도가 상승하면 점도는 저하된다.

② 점성의 점도를 나타내는 척도이다.

③ 온도가 내려가면 점도는 높아진다.

④ 점성계수를 밀도로 나눈 값이다.

🔍 점도란 윤활유 유동에 대한 내부마찰 저항력을 말하며 오일의 끈끈한 정도를 표시한다.

21 유압모터의 회전속도가 규정 속도보다 느릴 경우의 원인에 해당하지 않는 것은?

① 유압펌프의 오일 토출량 과다

② 유압유의 유입량 부족

③ 각 작동부의 마모 또는 파손

④ 오일의 내부 누설

🔍 토출량은 이론적으로 회전속도에 비례하며, 유압펌프의 오일 토출량이 많아지면 회전속도는 빨라진다.

22 유압회로 내의 유압을 설정압력으로 일정하게 유지하기 위한 압력제어 밸브는?

① 릴리프 밸브   ② 감압 밸브

③ 릴레이 밸브   ④ 리턴 밸브

🔍 릴리프 밸브는 압력을 일정하게 유지하거나 조정할 수 있어 과부하를 방지한다.

23 유압유 작동부에서 오일이 누출되고 있을 때 가장 먼저 점검하여야 할 곳은?

① 실(seal)   ② 피스톤

③ 기어   ④ 펌프

🔍 오일 실(seal)은 각 오일 회로에서 오일이 외부로 누출되는 것을 방지하는 역할을 한다.

24 그림과 같은 유압기호는?

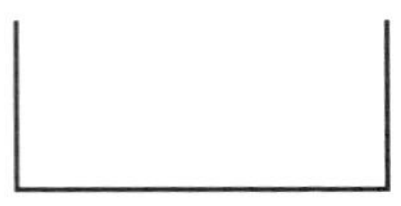

① 유압밸브   ② 차단밸브

③ 오일탱크   ④ 유압실린더

25 유압 실린더의 작동속도가 느릴 경우, 그 원인으로 옳은 것은?

① 엔진오일 교환 시기가 경과 되었을 때

② 유압회로 내에 유량이 부족할 때

③ 운전실에 있는 가속페달을 작동시켰을 때

④ 릴리프 밸브의 세팅 압력이 높을 때

🔍 유압의 제어방법 중 유압기기의 작동 속도는 유량의 제어를 통해 조절한다. 따라서, 유압회로 내에 유량이 부족하면 작동속도가 느려진다.

26 유압 모터와 유압 실린더의 설명으로 맞는 것은?

① 둘 다 회전운동을 한다.

② 모터는 직선운동, 실린더는 회전운동을 한다.

③ 둘 다 왕복운동을 한다.

④ 모터는 회전운동, 실린더는 직선운동을 한다.

🔍 유압 액추에이터는 유압펌프로부터 공급된 작동유의 유압에너지를 이용하여 기계적인 일, 즉 직선운동이나 회전운동으로 변환시키는 장치로 유압 모터는 회전운동, 유압 실린더는 직선운동을 한다.

27 산업안전 · 보건에서 안전표지의 종류가 아닌 것은?

① 위험표지   ② 경고표지

③ 지시표지   ④ 금지표지

🔍 산업안전 · 보건표지의 종류에는 금지표지, 경고표지, 지시표지, 안내표지가 있다.

28 배터리 전해액처럼 강산, 알칼리 등의 액체를 취급할 때 가장 적합한 복장은?

① 면장갑 착용   ② 면직으로 만든 옷

③ 나일론으로 만든 옷   ④ 고무로 만든 옷

🔍 피부로 침입하는 화학물질 또는 강산성 물질 취급 작업 시에는 보호복을 착용하여야 하며, 침투를 방지하기 위해 고무로 만든 옷이 적합하다.

29 다음 중 보호안경을 끼고 작업해야 하는 사항과 가장 거리가 먼 것은?

① 산소용접 작업 시

② 그라인더 작업 시

③ 건설기계 장비 일상점검 작업 시

④ 클러치 탈 · 부착 작업 시

🔍 보호안경의 사용
• 유해 광선으로부터 눈을 보호하기 위하여
• 비산되는 칩으로부터 눈을 보호하기 위하여
• 유해 약물로부터 눈을 보호하기 위하여

30 스패너 작업 시 유의할 사항으로 틀린 것은?

① 스패너의 입이 너트의 치수에 맞는 것을 사용해야 한다.

② 스패너의 자루에 파이프를 이어서 사용해서는 안 된다.

③ 스패너와 너트 사이에는 쐐기를 넣고 사용하는 것이 편리하다.

④ 너트에 스패너를 깊이 물리도록 하여 조금씩 앞으로 당기는 식으로 풀고 조인다.

🔍 스패너를 두 개로 연결하거나 자루에 파이프를 이어 사용해서는 안 되며, 스패너와 너트 사이에 쐐기를 넣고 사용하는 것도 안전사고의 우려가 있다.

31 물품을 운반할 때 주의할 사항으로 틀린 것은?

① 가벼운 화물은 규정보다 많이 적재하여도 된다.
② 안전사고 예방에 가장 유의한다.
③ 정밀한 물품을 쌓을 때는 상자에 넣도록 한다.
④ 약하고 가벼운 것을 위에, 무거운 것을 밑에 쌓는다.

🔍 가벼운 화물일지라도 규정에 맞게 적재하여야 한다.

32 전등 스위치가 옥내에 있으면 안 되는 경우는?

① 건설기계 장비 차고
② 절삭유 저장소
③ 카바이드 저장소
④ 기계류 저장소

🔍 카바이드 저장소에 전등을 설치할 경우에는 방폭구조로 하여야 하며, 전등 스위치는 옥외에 설치하여야 한다.

33 산업재해의 통상적인 분류 중 통계적 분류를 설명한 것 중 틀린 것은?

① 사망 : 업무로 인해서 목숨을 잃게 되는 경우
② 중경상 : 부상으로 인하여 30일 이상의 노동 상실을 가져온 상해 정도
③ 경상해 : 부상으로 1일 이상 7일 이하의 노동 상실을 가져온 상해 정도
④ 무상해 사고 : 응급처치 이하의 상처로 작업에 종사하면서 치료를 받는 상해 정도

🔍 산업재해의 통상적인 분류 중 중경상은 8일 이상의 노동 상실을 가져온 상해를 말한다.

34 해머 작업 시 안전수칙 설명으로 틀린 것은?

① 열처리된 재료는 해머로 때리지 않도록 주의한다.
② 녹이 있는 재료를 작업할 때는 보호안경을 착용하여야 한다.
③ 자루가 불안정한 것(쐐기가 없는 것 등)은 사용하지 않는다.
④ 장갑을 끼고 시작은 강하게, 점차 약하게 타격한다.

🔍 해머 작업 시 장갑을 착용해서는 안 되며, 시작은 약하게 하여야 한다.

35 가연성 액체, 유류 등 연소 후 재가 거의 없는 화재는 무슨 급별 화재인가?

① A급
② B급
③ C급
④ D급

🔍 화재의 분류
- A급 화재 : 일반화재
- B급 화재 : 유류화재
- C급 화재 : 전기화재
- D급 화재 : 금속화재
- K급 화재 : 주방화재

36 기계운전 및 작업 시 안전사항으로 맞는 것은?

① 작업의 속도를 높이기 위해 레버 조작을 빨리한다.
② 장비의 무게는 무시해도 된다.
③ 작업도구나 적재물이 장애물에 걸려도 동력에 무리가 없으므로 그냥 작업한다.
④ 장비 승·하차 시에는 장비에 장착된 손잡이 및 발판을 사용한다.

37 기중기에서 주행 장치에 의한 분류가 아닌 것은?

① 트럭탑재형
② 크롤러형
③ 로터리형
④ 휠형

🔍 기중기의 주행장치에 의한 분류
- 크롤러형(무한궤도식)
- 휠형(타이어식)
- 트럭탑재형

38 기중기의 3대 주요부 구분으로 옳은 것은?

① 트랙 주행체, 하부 주행체, 중간 선회체
② 동력 주행체, 하부 추진체, 중간 선회체
③ 작업(전부) 장치, 상부 선회체, 하부 추진체
④ 상부 조정장치, 하부 추진체, 중간 동력장치

🔍 기중기는 상부 회전체와 하부 추진체, 전부(작업) 장치로 구성된다.

39 이동식 기중기에서 붐의 길이를 바르게 설명한 것은?

① 붐의 최상단에서 푸트핀까지의 거리
② 붐의 최상단에서 붐의 최하단까지의 거리
③ 선회 중심에서 포인트핀까지의 거리
④ 하부 지점인 푸트핀 중심에서 상부의 포인트핀까지의 거리

🔍 기중기 붐의 길이는 하부 지점인 붐의 푸트핀 중심에서 상부의 붐 포인트 핀까지의 수평거리를 말한다.

40 기중기의 안전하중에 대한 설명으로 맞는 것은?

① 기중기가 최대로 들어 올릴 수 있는 하중
② 붐의 최대 제한 각도에 안전하게 리프팅할 수 있는 하중
③ 회전하며 작업할 수 있는 하중
④ 붐 각도에 따라 안전하게 작업할 수 있는 하중

🔍 기중기의 하중
- 임계하중 : 좌·우 스윙하지 않고 기중하였을 때 들 수 있는 하중
- 안전하중 : 작업하중이라고도 하며 붐 각도에 따라 안전하게 작업할 수 있는 하중
- 호칭하중 : 들어 올릴 수 있는 최대의 작업하중

41 기중기의 안전장치 중 훅(hook)으로부터 와이어로프가 이탈되는 것을 방지하는 장치는?

① 권과방지장치
② 권과경보장치
③ 해지장치
④ 역회전방지장치

🔍 훅(hook)에는 훅걸이용 와이어로프 등이 훅으로부터 벗겨지는 것을 방지하기 위한 장치(해지장치)를 구비한 크레인을 사용하여야 하며, 그 크레인을 사용하여 짐을 운반하는 경우에는 해지장치를 사용하여야 한다.

42 기중기 붐이 길어지면 작업반경은?

① 변함없다.
② 작업반경이 낮아진다.
③ 작업반경이 짧아진다.
④ 작업반경이 길어진다.

🔍 작업반경이란 선회장치의 회전중심을 지나는 수직선과 훅의 중심을 지나는 수직선 사이의 최단거리를 말하며, 붐의 각과는 반비례하고, 작업반경과는 비례한다.

43 기중기의 작업 용도와 가장 거리가 먼 것은?

① 기중 작업
② 굴토 작업
③ 지균 작업
④ 항타 작업

🔍 기중기(Crane)는 중화물의 기중작업, 토사 굴토 및 굴착 작업, 화물의 적하 및 적재작업, 항타작업 등을 하는 건설기계이다.

44 크롤러형 크레인은 작업 중에 무엇으로 안정성을 유지하는가?

① 붐(boom)
② 트랙(track)
③ 밸런스 웨이트(balance weight)
④ 아웃트리거(outrigger)

🔍 타이어식 기중기는 아웃트리거(outrigger), 무한궤도식(크롤러형) 기중기는 평형추(밸런스 웨이트 또는 카운터 웨이트)로 안정성을 유지한다.

45 기중기의 항타 작업에서 바운싱(bouncing)이 일어나는 원인이 아닌 것은?

① 파일이 장애물과 접촉할 때
② 공기량을 많이 사용할 때
③ 파일이 수직이 아닐 때
④ 가벼운 해머를 사용할 때

🔍 항타 작업 시 바운싱은 앞·뒤가 동시에 같은 방향으로 진동하는 상태를 말하며, 파일(pile)이 장애물과 접촉할 때, 증기 또는 공기량을 많이 사용할 때, 2중 작동 해머를 사용할 때, 가벼운 해머를 사용할 때 일어난다.

46 기중기의 드래그 라인에서 드래그 로프를 드럼에 잘 감기도록 안내하는 것은?

① 시브(sheave)
② 새들 블록(saddle block)
③ 태그 라인 와인더(tag line winder)
④ 페어리드(fair lead)

🔍 페어리드(fair lead) : 수중 굴착작업이나 큰 운전 반경이 필요한 지대에서의 평면 굴토 작업에 사용되는 드래그 라인에서 드래그 로프를 드럼에 잘 감기도록 안내하는 장치

47 기중기에 의한 훅 작업시의 안전수칙으로 틀린 것은?

① 작업반경 내 접근을 금지시킬 것
② 붐의 각을 최소 제한각 이하로 하지 말 것
③ 붐의 각을 최대 제한각 이상으로 하지 말 것
④ 크롤러식에는 아웃트리거를 반드시 사용할 것

🔍 아웃트리거(outrigger)는 휠식 기중기에서 작업 시 안전성을 유지해주고 타이어에 하중이 걸리게 되는 것을 방지하여 타이어와 스프링이 하중으로 인해서 손상되는 것을 방지한다.

48 태그 라인(tag line)이 장치된 기중기는?

① 동력 크레인
② 클램셀
③ 백호
④ 드래그 라인

🔍 클램셸 기중기의 케이블
• 붐 호이스트 케이블 : 붐의 상승 및 하강
• 홀딩 케이블 : 버킷의 상승 및 하강
• 클로징 케이블 : 버킷의 개폐
• 태그 라인 : 공중에서 버킷의 회전 방지

49 무한궤도식 기중기의 하부 구동체(undercarriage)에서 장비의 중량을 지탱하고 완충 작용을 하며 대각지주가 설치된 것은?

① 트랙
② 상부 롤러
③ 트랙 프레임
④ 하부 롤러

🔍 트랙 프레임은 하부 구동체의 몸체로 상부 롤러, 하부 롤러, 트랙 아이들러, 스프로킷, 주행 모터 등으로 구성되어 있으며, 박스형(box section type), 솔리드 스틸형(solid steel type), 오픈 채널형(open chanel type) 등으로 구분된다.

50 기중 작업에서 물체의 무게가 무거울수록 붐 길이와 각도는 어떻게 하는 것이 좋은가?

① 붐 길이는 길게, 각도는 크게
② 붐 길이는 짧게, 각도는 그대로
③ 붐 길이는 짧게, 각도는 작게
④ 붐 길이는 짧게, 각도는 크게

🔍 붐의 각과 작업반경은 반비례하며, 작업반경이 커지면 기중능력은 감소한다. 따라서, 물체의 무게가 무거울수록 붐 길이는 짧게, 각도는 크게 한다.

51 기중기를 이용한 파일링 작업에 대한 설명으로 틀린 것은?

① 파일링 작업은 강관 파일이나 콘크리트 파일을 때려 박는 작업을 말한다.
② 파일링 작업 장비의 구조는 붐에 리더, 스트랩, 해머 및 와이어 로프 등이 설치된다.
③ 스트랩은 리더의 진동을 방지하며, 리더의 수직 상태를 유지시킨다.
④ 리더는 붐 포인트에 연결되어 수평으로 설치되어 있으며 해머의 작동을 안내한다.

🔍 리더는 어댑터에 의해 붐 포인트에 연결되어 수직으로 설치되어 있으며, 해머의 작동을 안내한다.

52 무한궤도식 기중기의 동력 전달 계통과 관계가 없는 것은?

① 추진축
② 최종 감속기어
③ 유압모터
④ 주행모터

🔍 추진축은 휠(wheel)형 동력 전달 계통에서 변속기의 회전력을 종감속장치에 전달하여 바퀴를 회전시키는 부품이다.

53 무한궤도식 기중기의 하부 롤러, 링크 등 트랙 부품이 조기 마모되는 원인으로 가장 적절한 것은?

① 일반 객토에서 작업을 하였을 때
② 트랙 장력 실린더에 그리스가 누유될 때
③ 겨울철에 작업을 하였을 때
④ 트랙 장력이 너무 팽팽했을 때

🔍 트랙의 장력이 너무 팽팽하면 각종 롤러 및 트랙 구성 부품의 마멸이 촉진된다.

54 기중기 작업 시 유의사항으로 틀린 것은?

① 장비 이동시는 붐을 하강시키거나 수축시켜 고정한 후 주행할 것
② 하중을 지면에서 2m 이상 들어보고 안전하면 권상할 것
③ 운행경로는 장비의 높이, 폭, 길이를 고려하여 선택할 것
④ 작업 반경 내 근로자의 접근을 금지 시킬 것

🔍 권상 시에는 하중을 지면에서 30cm 정도 들어보고 안전하면 권상하도록 한다.

55 기중기의 권상작업에 사용되는 와이어로프 직경의 허용차 표시로 맞는 것은?

① +7%~-7% ② +7%~0%
③ 0%~7%   ④ 50%

🔍 지름의 감소(마모)가 공칭 지름의 7%를 초과하는 와이어로프를 사용해서는 안 된다. 따라서, 직경의 허용차는 +7%~0%이다.

56 기중기 선회 시 회전 후면부와 주변 장애물 사이의 간격은 최소 얼마 이상을 유지하여야 하는가?

① 10cm
② 30cm
③ 40cm
④ 60cm

🔍 기중기 선회 시 회전 후면부와 주변 장애물 사이의 간격은 최소 60cm 간격을 유지하여 안전사고를 미연에 방지해야 하므로 이를 확인한다.

57 도로교통법상에서 교통안전표지의 구분이 맞는 것은?

① 주의표지, 통행표지, 규제표지, 지시표지, 차선표지
② 주의표지, 규제표지, 지시표지, 보조표지, 노면표시
③ 도로표지, 주의표지, 규제표지, 지시표지, 노면표시
④ 주의표지, 규제표지, 지시표지, 차선표지, 도로표지

🔍 교통안전표지의 종류 : 주의표지, 규제표지, 지시표지, 보조표지, 노면표시

58 도로교통법상 철길 건널목을 통과할 때 방법으로 가장 적합한 것은?

① 신호등이 없는 철길 건널목을 통과할 때에는 서행으로 통과하여야 한다.
② 신호등이 있는 철길 건널목을 통과할 때에는 건널목 앞에서 일시정지하여 안전한지의 여부를 확인한 후에 통과하여야 한다.
③ 신호가 없는 철길 건널목을 통과할 때에는 건널목 앞에서 일시정지하여 안전한지의 여부를 확인한 후에 통과하여야 한다.
④ 신호기와 관련 없이 철길 건널목을 통과할 때에는 건널목 앞에서 일시정지하여 안전한지의 여부를 확인한 후에 통과하여야 한다.

🔍 철길 건널목의 통과
• 모든 차는 건널목 앞에서 일시 정지를 하여 안전함을 확인한 후에 통과하여야 한다.
• 신호기 등이 표시하는 신호에 따르는 때에는 정지하지 않고 통과할 수 있다.
• 건널목의 차단기가 내려져 있거나 내려지려고 하는 때 또는 건널목의 경보기가 울리고 있는 동안에는 그 건널목으로 들어가서는 안된다.

59 자동차가 주행 중 서행하여야 하는 곳을 설명한 사항으로 맞지 않는 것은?

① 4차로 주행차선에서 1차로 부근
② 도로가 구부러진 부근
③ 가파른 비탈길의 내리막
④ 비탈길의 고갯마루 부근

🔍 서행하여야 하는 장소
• 교통정리를 하고 있지 아니하는 교차로
• 도로가 구부러진 부근
• 비탈길의 고갯마루 부근
• 가파른 비탈길의 내리막
• 지방경찰청장이 도로에서의 위험을 방지하고 교통의 안전과 원활한 소통을 확보하기 위하여 필요하다고 인정하여 안전표지로 지정한 곳

60 다음 도로명판에 대한 설명으로 맞는 것은?

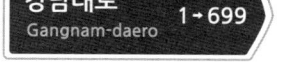

① 왼쪽과 오른쪽 양 방향용 도로명판이다.

② "1→" 이 위치는 도로가 끝나는 지점이다.

③ 강남대로는 총 699m 길이의 도로이다.

④ "강남대로"는 도로이름을 나타낸다.

🔍 도로명판의 의미
- "강남대로"는 도로이름으로 넓은 길. 시작지점을 나타낸다.
- "1→" 현 위치는 도로 시작점임을 의미한다.('1')
- 강남대로는 6.99km이다.(699×10m)
- 문제의 도로명판은 오른쪽 한 방향용 도로명판이다.

 [CBT 복원문제 _제4회]

01 ③	02 ④	03 ②	04 ④	05 ③	06 ①	07 ④	08 ②	09 ②	10 ①
11 ③	12 ②	13 ③	14 ②	15 ③	16 ④	17 ②	18 ②	19 ④	20 ④
21 ①	22 ①	23 ①	24 ③	25 ②	26 ④	27 ①	28 ④	29 ③	30 ③
31 ①	32 ③	33 ②	34 ④	35 ②	36 ④	37 ③	38 ③	39 ④	40 ④
41 ③	42 ④	43 ③	44 ③	45 ③	46 ④	47 ④	48 ②	49 ③	50 ④
51 ④	52 ①	53 ④	54 ②	55 ②	56 ④	57 ②	58 ③	59 ①	60 ④

제7장 CBT 복원문제 _제5회

01 등록건설기계의 기종별 표시 방법으로 옳은 것은?

① 01 : 불도저
② 02 : 모터그레이더
③ 03 : 지게차
④ 04 : 덤프트럭

🔍 모터그레이더 : 08, 지게차 : 04, 덤프트럭 : 06

02 특별표지판을 부착하여야 할 건설기계의 범위에 해당하지 않는 것은?

① 높이가 5미터인 건설기계
② 총중량이 50톤인 건설기계
③ 길이가 16미터인 건설기계
④ 최소회전반경이 13미터인 건설기계

🔍 특별표지 부착대상 대형건설기계
• 길이가 16.7m를 초과하는 건설기계
• 너비가 2.5m를 초과하는 건설기계
• 높이가 4.0m를 초과하는 건설기계
• 최소회전반경이 12m를 초과하는 건설기계
• 총중량이 40톤을 초과하는 건설기계
• 총중량 상태에서 축하중이 10톤을 초과하는 건설기계

03 건설기계를 산(매수한) 사람이 등록사항변경(소유권 이전) 신고를 하지 않아 등록사항 변경신고를 독촉하였으나 이를 이행하지 않을 경우 판(매도한) 사람이 할 수 있는 조치로서 가장 적합한 것은?

① 소유권 이전 신고를 조속히 하도록 매수한 사람에게 재차 독촉한다.
② 매도한 사람이 직접 소유권 이전 신고를 한다.
③ 소유권 이전 신고를 조속히 하도록 소송을 제기한다.
④ 아무런 조치도 할 수 없다.

04 3톤 미만 지게차의 소형건설기계 조종 교육시간은?

① 이론 6시간, 실습 6시간
② 이론 4시간, 실습 8시간
③ 이론 12시간, 실습 12시간
④ 이론 10시간, 실습 14시간

🔍 3톤 미만의 굴착기, 지게차의 경우 이론 6시간, 실습 6시간 총 12시간을 이수해야 한다.

05 다음 중 건설기계 임시운행 사유가 아닌 것은?

① 등록신청을 하기 위하여 건설기계를 등록지로 운행하는 경우
② 수출을 하기 위하여 건설기계를 선적지로 운행하는 경우
③ 판매 또는 전시를 위하여 건설기계를 일시적으로 운행하는 경우
④ 수리를 위해 정비업체로 운행하는 경우

🔍 미등록 건설기계의 임시운행 사유
• 등록신청을 하기 위하여 건설기계를 등록지로 운행하는 경우
• 신규등록검사 및 확인검사를 받기 위하여 건설기계를 검사장소로 운행하는 경우
• 수출을 하기 위하여 건설기계를 선적지로 운행하는 경우
• 수출을 하기 위하여 등록말소한 건설기계를 점검·정비의 목적으로 운행하는 경우
• 신개발 건설기계를 시험·연구의 목적으로 운행하는 경우
• 판매 또는 전시를 위하여 건설기계를 일시적으로 운행하는 경우

06 건설기계 조종사의 면허가 취소되는 사유에 해당하는 경우는? (단, 산업안전보건법상 중대재해가 아닌 경우이다.)

① 과실로 인하여 2명을 사망하게 하였을 때
② 면허정지 처분을 받은 자가 그 기간 중에 건설기계를 조종한 때
③ 과실로 인하여 15명에게 경상을 입힌 때
④ 건설기계로 2천만원 이상의 재산 피해를 냈을 때

🔍 건설기계조종사의 면허 취소 사유
• 거짓이나 그 밖의 부정한 방법으로 건설기계조종사면허를 받은 경우
• 건설기계조종사면허의 효력정지기간 중 건설기계를 조종한 경우
• 건설기계조종사면허의 결격사유에 해당하게 된 경우
• 건설기계 조종 중 고의로 사망, 중상, 경상 등을 입힌 경우
• 건설기계 조종 중 과실로 산업안전보건법에 따른 다음의 중대재해가 발생한 경우
 – 사망자가 1명 이상 발생한 재해
 – 3개월 이상의 요양이 필요한 부상자가 동시에 2명 이상 발생한 재해
 – 부상자 또는 직업성질병자가 동시에 10명 이상 발생한 재해

07 건설기계에 사용하는 축전지 2개를 직렬로 연결하였을 때 변화되는 것은?

① 전압이 증가된다.
② 사용 전류가 증가된다.
③ 비중이 증가된다.
④ 전압 및 이용 전류가 증가된다.

🔍 축전지 2개를 직렬로 연결하였을 때 전압은 2배로 증가되고 용량은 그대로이다.

08 운전 중 갑자기 계기판에 충전 경고등이 점등되었다. 그 현상으로 맞는 것은?

① 정상적으로 충전이 되고 있음을 나타낸다.
② 충전이 되지 않고 있음을 나타낸다.
③ 충전계통에 이상이 없음을 나타낸다.
④ 주기적으로 점등되었다가 소등되는 것이다.

🔍 충전 경고등은 충전계통에 이상이 있음을 알려주는 경고등이다.

09 납산 축전지가 방전되어 급속충전을 할 때의 설명으로 틀린 것은?

① 충전 중 전해액의 온도가 45℃가 넘지 않도록 한다.
② 충전 중 가스가 많이 발생되면 충전을 중단한다.
③ 충전전류는 축전지 용량보다 크게 한다.
④ 충전시간은 가능한 짧게 한다.

🔍 급속충전은 보충전할 시간적 여유가 없을 때 하는 충전으로 ①, ②, ④ 이외에 도 실용량의 1/2~1배의 전류로 충전한다.

10 기관의 냉각팬에 대한 설명 중 틀린 것은?

① 유체 커플링식은 냉각수의 온도에 따라서 작동된다.
② 전동팬은 냉각수의 온도에 따라 작동된다.
③ 전동팬이 작동되지 않을 때는 물펌프도 회전하지 않는다.
④ 전동팬의 작동과 관계없이 물펌프는 항상 회전한다.

🔍 전동팬은 냉각수 온도에 따라 작동되며 물펌프는 엔진이 회전하면 전동팬과 관계없이 작동된다.

11 기관 실린더(cylinder) 벽에서 마멸이 가장 크게 발생하는 부위는?

① 상사점 부근
② 하사점 부근
③ 중간 부분
④ 하사점 이하

🔍 실린더 상사점 부근이 연소실 쪽에 가까워서 오일공급이 가장 적으므로 마멸 이 가장 많이 발생한다.

12 디젤기관에서 시동이 되지 않는 원인으로 맞는 것은?

① 연료공급 펌프의 연료공급 압력이 높다.
② 가속 페달을 밟고 시동하였다.
③ 배터리 방전으로 교체가 필요한 상태이다.
④ 크랭크축 회전속도가 빠르다.

🔍 배터리가 방전되면 기동전동기를 회전시킬 수 없으므로 시동이 되지 않는다.

13 일반적으로 기관에 많이 사용되는 윤활 방법은?

① 수 급유식
② 적하 급유식
③ 압송 급유식
④ 분무 급유식

🔍 기관에 많이 사용되는 윤활방법은 오일펌프로 급유하는 압송 급유식이다.

14 운전 중인 기관의 에어클리너가 막혔을 때 나타나는 현상으로 맞는 것은?

① 배출가스 색은 검고, 출력은 저하한다.
② 배출가스 색은 희고, 출력은 정상이다.
③ 배출가스 색은 청백색이고, 출력은 증가된다.
④ 배출가스 색은 무색이고, 출력과는 무관하다.

🔍 에어클리너가 막히게 되면 공기가 적게 들어가게 되어 출력이 떨어지고 배기 색은 검은색이 된다.

15 엔진의 윤활유 소비량이 과다해지는 가장 큰 원인은?

① 기관의 과냉
② 피스톤 링 마멸
③ 오일 여과지 필터 불량
④ 냉각펌프 손상

🔍 피스톤 링이나 실린더 벽이 마모되어 윤활유를 완전히 긁어내리지 못하면 연 소실에서 연소되므로 소비량이 많아지게 된다.

16 진공식 제동 배력 장치의 설명 중에서 옳은 것은?

① 진공 밸브가 새면 브레이크가 전혀 듣지 않는다.
② 릴레이 밸브의 다이어프램이 파손되면 브레이크가 듣지 않는다.
③ 릴레이 밸브 피스톤 컵이 파손되어도 브레이크는 듣는다.
④ 하이드로릭 피스톤의 체크 볼이 밀착 불량이면 브레이크가 듣지 않는다.

🔍 진공식 제동 배력장치는 고장으로 진공에 의한 브레이크가 듣지 않아도 유압 에 의한 브레이크는 작동한다.

17 건설기계에 사용되는 유압 실린더 작용은 어떠한 것을 응용한 것인가?

① 베르누이의 정리
② 파스칼의 원리
③ 지렛대의 원리
④ 후크의 법칙

🔍 파스칼의 원리 : 밀폐된 용기 중에 정지하고 있는 액체에 전해지는 압력은 모 든 방향에 동일하게 작용하고 그 압력용기의 각 면에 직각으로 작용한다.

18 유압에너지를 공급받아 회전운동을 하는 기기를 무엇이라 하는가?

① 펌프
② 모터
③ 밸브
④ 롤러 리미트

🔍 유압모터는 오일에 가해진 압력 즉 유압에 의해 축이 회전운동을 하는 것이며, 유압펌프는 기관에 의해 발생된 기계적 에너지를 유압에너지로 바꾸는 유압기 기를 말한다.

19 유압실린더는 유체의 힘을 어떤 운동으로 바꾸는가?

① 회전운동
② 직선운동
③ 곡선운동
④ 비틀림운동

🔍 유압실린더는 직선운동으로 변화하며, 유압모터는 회전운동으로 변화시킨다.

20 공유압 기호 중 그림이 나타내는 것은?

① 유압 동력원　　② 공기압 동력원
③ 전동기　　　　④ 원동기

21 일반적으로 오일탱크의 구성품이 아닌 것은?

① 스트레이너
② 배플
③ 드레인 플러그
④ 압력조절기

🔍 오일탱크 구성품으로는 주입구 캡, 배플(칸막이), 드레인 플러그(오일배출마개), 유면계 등이 있다.

22 다음 그림과 같이 안쪽은 내·외측 로터로 바깥쪽은 하우징으로 구성되어있는 오일펌프는?

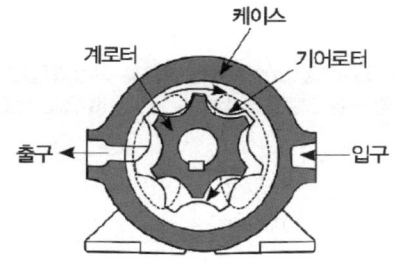

① 기어 펌프　　　② 베인 펌프
③ 트로코이드 펌프　④ 피스톤 펌프

🔍 로터리 펌프는 2개의 로더를 조립한 형식으로 트로코이드 펌프라고도 한다.

23 다음 중 액추에이터의 입구 쪽 관로에 설치한 유량제어밸브로 흐름을 제어하여 속도를 제어하는 회로는?

① 시스템 회로(system circuit)
② 블리드 오프 회로(bleed-off circuit)
③ 미터인 회로(meter-in circuit)
④ 미터 아웃 회로(meter-out circuit)

🔍 용어설명
- 미터인 방식 : 액추에이터 입구 쪽 관로에서 유량을 교축시켜 작동속도를 조절하는 방식
- 미터아웃 방식 : 액추에이터 출구 쪽 관로에서 유량을 교축시켜 작동속도를 조절하는 방식

24 직동형, 평형피스톤형 등의 종류가 있으며 회로의 압력을 일정하게 유지시키는 밸브는?

① 릴리프 밸브　　② 메이크업 밸브
③ 시퀀스 밸브　　④ 무부하 밸브

🔍 릴리프 밸브(유압조절 밸브)는 회로의 압력을 설정값으로 유지시키는 밸브이다.

25 유압 작동유의 점도가 너무 높을 때 발생되는 현상으로 맞는 것은?

① 동력 손실의 증가　　② 내부 누설의 증가
③ 펌프 효율의 증가　　④ 마찰 마모 감소

🔍 유압 작동유의 점도가 너무 높으면 작동유의 유동 저항이 증가하고, 관 내의 마찰 손실이 커지기 때문에 유압기기의 작동이 불량해지고 동력 손실이 증가한다.

26 유압장치의 구성 요소가 아닌 것은?

① 펌프　　　　　② 오일탱크
③ 유니버설 조인트　④ 제어밸브

🔍 유니버설 조인트(자재이음, universal joint)는 양 축이 동일평면 내에 있고, 그 축선이 30° 이하의 각도로 교차하는 경우에 사용되는 축 이음으로서 훅 조인트라고도 한다.

27 보호구의 구비조건으로 틀린 것은?

① 착용이 간편할 것
② 외양과 외관이 아름다울 것
③ 유해·위험요소에 대한 방호성능이 충분할 것
④ 작업에 방해가 되지 않도록 할 것

🔍 보호구의 구비조건
- 착용이 간편할 것
- 작업에 방해가 되지 않도록 할 것
- 유해·위험요소에 대한 방호성능이 충분할 것
- 재료의 품질이 양호할 것
- 구조와 끝마무리가 양호할 것
- 외양과 외관이 양호할 것

28 낙하, 추락 또는 감전에 의한 머리의 위험을 방지하는 보호구는?

① 안전대　　② 안전모
③ 안전화　　④ 안전장갑

🔍 안전모의 종류

종류	사용구분	비고
AB	물체의 낙하 또는 비래 및 추락에 의한 위험을 방지 또는 경감시키기 위한 것	
AE	물체의 낙하 또는 비래에 의한 위험을 방지 또는 경감하고, 머리부위 감전에 의한 위험을 방지하기 위한 것	내전압성
ABE	물체의 낙하 또는 비래 및 추락에 의한 위험을 방지 또는 경감하고, 머리부위 감전에 의한 위험을 방지하기 위한 것	내전압성

29 볼트 등을 조일 때 조이는 힘을 측정하기 위하여 쓰는 렌치는?

① 복스 렌치　　② 오픈엔드 렌치
③ 소켓 렌치　　④ 토크 렌치

🔍 토크 렌치는 볼트, 너트, 스크루 등을 규정된 값으로 조일 때 사용하는 정밀 측정 공구로 다수의 볼트에 토크를 주어 나사산의 파손이나 탈락을 방지하는 용도로 사용된다.

30 복스 렌치가 오픈 렌치보다 많이 사용되는 이유는?

① 값이 싸며 적은 힘으로 작업할 수 있다.

② 가볍고 사용하는데 양손으로도 사용할 수 있다.

③ 파이프 피팅 조임 등 작업용도가 다양하여 많이 사용된다.

④ 볼트, 너트 주위를 완전히 감싸게 되어 사용 중에 미끄러지지 않는다.

🔍 복스 렌치는 오픈 렌치와 규격이 동일하지만, 여러 방향에서 사용이 가능하며, 볼트나 너트 주위를 완전히 감싸게 되어 있어서 사용 중에 미끄러지지 않는 장점이 있다.

31 산업·안전보건표지에서 그림이 나타내는 것은?

① 출입금지 표지 ② 비상구 없음 표지
③ 탑승금지 표지 ④ 보행금지 표지

🔍 산업·안전보건표지

출입금지	탑승금지	보행금지

32 동력 전달장치에서 가장 재해가 많이 발생하는 것은?

① 차축 ② 벨트
③ 피스톤 ④ 기어

🔍 동력 전달장치에서 가장 빈번하게 재해가 발생하는 것은 벨트에 의한 것으로 벨트를 걸 때나 교체할 때는 엔진을 정지한 후에 작업하여야만 한다.

33 작업장에서 전기가 예고 없이 정전 되었을 경우 전기로 작동하던 기계·기구의 조치방법으로 틀린 것은?

① 전기가 들어오는 것을 알기 위해 스위치를 켜 둔다.

② 안전을 위해 작업장을 정리해 놓는다.

③ 퓨즈의 단선 유·무를 검사한다.

④ 즉시 스위치를 끈다.

🔍 정전 시에는 반드시 전기로 작동하던 기계·기구의 스위치를 꺼두어야 한다. 이는 정전 복구 시 가동되는 기계·기구에 의해 재해가 발생할 수 있기 때문이다.

34 전기장치의 퓨즈가 끊어져서 다시 새것으로 교체하였으나 또 끊어졌다면 어떤 조치가 가장 옳은가?

① 계속 교체한다.

② 용량이 큰 것으로 갈아 끼운다.

③ 구리선이나 납선으로 바꾼다.

④ 전기장치의 고장개소를 찾아 수리한다.

🔍 전기장치의 퓨즈가 계속 끊어진다면 이상 부위가 있는 것으로 고장 개소를 찾아 수리하여야 한다.

35 소화작업의 기본 요소가 아닌 것은?

① 가연물질을 제거하면 된다.

② 산소를 차단하면 된다.

③ 연료를 기화시키면 된다.

④ 점화원을 냉각시키면 된다.

🔍 소화의 원리
• 연소의 3요소인 가연물, 산소, 점화원을 분리한다.
• 연쇄반응 인자의 전달을 차단한다.(부촉매를 사용한다.)

36 화재의 등급과 분류가 올바르게 연결된 것은?

① A급 화재 – 전기화재

② B급 화재 – 유류화재

③ C급 화재 – 금속화재

④ D급 화재 – 주방화재

🔍 화재의 등급과 분류
• A급 화재 : 일반화재 • B급 화재 : 유류화재
• C급 화재 : 전기화재 • D급 화재 : 금속화재(Al, Mg)
• K급 화재 : 주방화재

37 크롤러형(crawler type) 크레인의 특징이 아닌 것은?

① 습지, 사지에서 작업이 가능하다.

② 험난하고 협소한 곳에서도 작업이 가능하다.

③ 굳은 땅 또는 포장도로에서 작업이 불리하다.

④ 기동성이 좋다.

🔍 크롤러식(무한궤도식) 기중기는 무한궤도 트랙 위에 기중작업을 위한 상부회전체의 전부장치가 설치된 방식의 기중기로 타이어식(휠식)에 비해 기동성이 떨어진다.

38 기중기의 인양 능력을 결정하는 요소로 가장 거리가 먼 것은?

① 기중기의 강도 ② 기중기의 안정도
③ 하물의 중량 ④ 윈치 용량

🔍 기중기의 인양 능력 결정 3요소
• 기중기 강도(구조물의 파괴 여부)
• 기중기 안정도(크레인 전도)
• 윈치 용량(중량물 권상 능력)

39 기중기에 적용하는 권상용 와이어로프의 안전율로 옳은 것은?

① 3 ② 4
③ 5 ④ 10

🔍 와이어로프에 따른 안전율

와이어로프의 종류	안전율
권상용 와이어로프, 지브의 기복용 와이어로프 및 호스트 로프	5.0
붐 신축용 또는 지지 로프, 지브의 지지용 와이어로프, 보조 로프 및 고정용 와이어로프	4.0

40 유압식 기중기는 무부하상태에서 붐을 45° 기울이고 엔진을 정지한 경우 붐의 기울기 변화량은 10분간 몇 도(°) 이내여야 하는가?

① 2°
② 5°
③ 7°
④ 10°

🔍 유압식 기중기는 무부하상태에서 붐을 45° 기울이고 엔진을 정지한 경우 붐의 기울기 변화량은 10분간 2° 이내여야 하며, 기중기에는 붐(지브를 포함)의 작업반경 내에서 기중기가 들어 올릴 수 있는 최대하중을 초과하는 경우 과부하를 방지할 수 있는 구조이어야 한다.

41 기중기의 붐 길이를 결정하는데 가장 거리가 먼 것은?

① 작업시의 속도
② 이동할 장소
③ 화물의 위치
④ 적재할 높이

🔍 기중기의 붐 길이는 화물의 무게와 위치, 적재 높이, 이동 장소 등과 관련 있으며, 작업 속도는 붐 길이를 결정하는 요소로 보기 힘들다.

42 클램쉘(clamshell)의 안전 작업 용량은 무엇으로 계산하는가?

① 붐 길이와 작업반경
② 붐 각도와 회전속도
③ 차체 중량과 평형추의 무게
④ 트랙의 크기와 훅 블록 직경

43 기중기의 사용 용도로 적합하지 않은 것은?

① 파일항타 작업
② 화물적하 작업
③ 경지정리 작업
④ 크레인 작업

🔍 기중기(Crane)는 중화물의 기중작업, 토사 굴토 및 굴착 작업, 화물의 적하 및 적재작업, 항타작업 등을 하는 건설기계이다.

44 기중기의 기본 동작 중 크라우드 작업이란?

① 짐 부리기 작업
② 흙파기 작업
③ 셔블을 당기는 작업
④ 붐의 상하운동

🔍 기중기의 7개 기본동작은 짐올리기(Hoist), 붐 올리기(Boom hoist), 돌리기(Swing), 파기(Crowd), 당기기(Retract), 버리기(Dump), 가기(Travel)이다.

45 기중기에서 상부 회전체를 선회시키는 축은 무엇인가?

① 수직 프로펠러 샤프트
② 수직 스윙 샤프트
③ 수평 스윙 샤프트
④ 수직 리버싱 샤프트

🔍 수직 스윙 축(vertical swing shaft)은 수직 리버싱 축에서 동력을 받아 조 클러치(jaw clutch)에 의해 스윙 기어를 구동시켜 좌우 360° 회전이 가능케 해준다. 즉 상부 회전체가 좌우 선회(swing)할 수 있도록 동력을 전달해 주는 축이다.

46 타이어식(wheel type) 기중기에서 차동장치의 설치목적으로 맞는 것은?

① 선회할 때 반부동식 축이 바깥쪽 바퀴에 힘을 주도록 하기 위해서이다.
② 기어조작을 쉽게 하기 위해서이다.
③ 선회할 때 양쪽 바퀴의 회전이 동일하게 작용 되도록 하기 위해서이다.
④ 선회할 때 바깥쪽 바퀴의 회전 속도를 안쪽 바퀴보다 빠르게 하기 위해서이다.

🔍 차동장치는 랙크와 피니언의 원리를 이용하여 선회 시 좌우바퀴의 회전을 다르게 하여 원활히 회전하도록 하는 장치를 말한다.

47 기중기 드래 그라인(drag line)의 특징 설명으로 틀린 것은?

① 지면보다 높은 곳의 굴착에 적합하다.
② 유압을 이용하는 굴착기와 달리 중력을 이용하여 굴착한다.
③ 굴착기에 비해 굴착 반경은 크지만 굴착력은 작다.
④ 연약 지반의 굴착 작업에 적합하다.

🔍 드래그 라인(drag line)은 장비가 위치한 지면보다 낮은 곳을 굴착하는데 적합하고 수중 굴착, 호퍼 작업, 교량 기초, 건축물의 지하실 공사 등 깊게 굴착하는데 적합하다.

48 기중기의 3부 구성체 명칭이 아닌 것은?

① 상부 회전체
② 스윙 장치
③ 하부 추진체
④ 전부 장치

🔍 기중기는 상부 회전체와 하부 추진체, 전부(작업) 장치로 구성된다.

49 클램쉘(clamshell)의 구성품이 아닌 것은?

① 태그 라인(tag line)
② 홀딩 케이블(holding cable)
③ 새들 블록(saddle block)
④ 클로징 케이블(closing cable)

🔍 클램쉘(clamshell)의 구성품은 태그 라인, 클램쉘 버킷, 홀딩 케이블, 클로징 케이블이다.

50 페어리드가 설치된 크레인은?

① 동력 크레인
② 클램셀
③ 백호
④ 드래그 라인

🔍 드래그 라인(drag line)의 앞부분은 붐, 버킷, 와이어로프, 페어리드(fair lead) 등으로 구성되며, 그 중 페어리드는 케이블이 드럼에 잘 감기도록 안내한다.

51 무한궤도식 기중기의 동력전달계통에서 최종적으로 구동력 증가를 하는 것은?

① 트랙모터
② 종감속기어
③ 스프로킷
④ 변속기

🔍 종감속기어(최종구동기어)는 추진축의 회전력을 직각의 각도로 바꾸어 뒷차축에 감속해 전달하는 역할을 한다.

52 기중기에서 훅(hook)을 너무 많이 상승시키면 경보음이 작동되는데 이 경보장치는?

① 과부하 경보장치
② 전도방지 경보장치
③ 붐 과권방지 경보장치
④ 권상 과권방지 경보장치

🔍 기중기의 훅(hook)은 화물의 적재 및 적하작업 등 일반적인 기중기 작업에 많이 사용되는 것으로 권상 작업시 훅을 너무 많이 상승시키면 권상 과권방지 경보장치를 통해 경보음이 울리게 된다.

53 무한궤도식 기중기의 트랙 장치에서 트랙과 아이들러의 충격을 완화시키기 위해 설치한 것은?

① 스프로킷
② 리코일 스프링
③ 상부 롤러
④ 하부 롤러

🔍 리코일 스프링(recoil spring)은 트랙 전면에서 오는 충격을 완화하여 장비 차체의 파손을 방지하고 원활한 작동이 이루어 질 수 있도록 해주는 역할을 한다.

54 기중기 작업 시의 안전대책으로 적절치 않은 것은?

① 아웃트리거 받침대는 2단 이상으로 사용할 것
② 줄걸이용 와이어로프의 인양 각도는 60° 이내로 할 것
③ 인양화물이 요동하지 않도록 유도로프를 사용할 것
④ 작업반경내 관계자 외의 출입을 금지하고 신호수를 배치할 것

🔍 작업 시 아웃트리거(outrigger) 및 가대의 침하방지조치(전용 침목 사용) 실시하여야 하며, 아웃트리거 받침대는 2단 이상 사용을 금지하도록 한다.

55 기중기의 권상작업에 사용되는 와이어로프(wirerope)의 마모한도에 따른 교환기준을 설명한 것으로 맞는 것은?

① 킹크(kink)가 발생한 경우
② 로프에 그리스가 많이 발라진 경우
③ 마모로 직경의 감소가 공칭 직경의 3% 이상인 경우
④ 로프의 한 꼬임(스트랜드를 의미) 사이에서 소선의 수가 5% 끊어진 경우

🔍 와이어로프 사용금지 기준
　• 이음매가 있는 것
　• 와이어로프의 한 꼬임(스트랜드)에서 끊어진 소선의 수가 10% 이상인 것(필러선은 제외)
　• 지름의 감소(마모)가 공칭 지름의 7%를 초과하는 것
　• 심하게 변형되었거나 부식된 것(부식이 심하면 강도가 약 40~50% 감소됨)
　• 열 및 전기충격에 의해 손상된 것
　• 부풀거나 변형된 것
　• 꺾임으로 인한 영구 변형된 것
　• 소선 및 스트랜드가 돌출되었거나 빠져 나온 것
　• 국부적인 직경의 증가 또는 감소가 발생된 것
　• 훅에 거는 고리 부분의 섬유 심강이 빠져 나온 것
　• 압축 고정 소켓 부분에 균열이 있거나 압축이 덜 된 것

56 기중기의 유압 오일량 점검을 위한 장비 준비에 대한 설명으로 틀린 것은?

① 장비를 평평한 지면에 주기시킨다.
② 메인 붐의 텔레스코핑 부분을 완전히 확장시킨다.
③ 작업을 시작하기 전에 유압 오일 탱크의 오일량을 점검한다.
④ 메인 붐이 붐 지지대 부분에 놓여야 한다.

🔍 메인 붐의 텔레스코핑 부분을 완전히 수축시켜야 한다.

57 다음 건물번호판에 대한 설명으로 맞는 것은?

① 세종대로는 도로명, 209는 건물번호이다.
② 세종대로는 주 출입구, 209는 기초번호이다.
③ 세종대로는 도로시작점, 209는 건물주소이다.
④ 세종대로는 도로별 구분기준, 209는 상세주소이다.

🔍 보기의 그림은 일반용 건물번호판으로 상단에는 도로명, 하단에는 건물번호가 표시되어 있다.

58 현장에 경찰 공무원이 없는 장소에서 인명사고와 물건의 손괴를 입힌 교통사고가 발생하였을 때 가장 먼저 취할 조치는?

① 손괴한 물건 및 손괴 정도를 파악한다.
② 즉시 피해자 가족에게 알리고 합의한다.
③ 즉시 사상자를 구호하고 경찰 공무원에게 신고한다.
④ 승무원에게 사상자를 알리게 하고 회사에 알린다.

🔍 인명 사고시 최우선 조치 사항은 사상자를 구호하는 것이다.

59 정차 및 주차금지 장소에 해당되는 것은?

① 건널목 가장 자리로부터 15m 지점
② 정류장 표시판으로부터 12m 지점
③ 도로의 모퉁이로부터 4m 지점
④ 교차로 가장자리로부터 10m 지점

🔍 **정차 및 주차가 모두 금지되는 장소**
- 교차로·횡단보도·건널목이나 보도와 차도가 구분된 도로의 보도
- 교차로의 가장자리나 도로의 모퉁이로부터 5m 이내인 곳
- 안전지대가 설치된 도로에서는 그 안전지대의 사방으로부터 각각 10m 이내인 곳
- 버스여객자동차의 정류지임을 표시하는 기둥이나 표지판 또는 선이 설치된 곳으로부터 10m 이내인 곳
- 건널목의 가장자리 또는 횡단보도로부터 10m 이내인 곳
- 소방용수시설 또는 비상소화장치가 설치된 곳으로부터 5m 이내인 곳

60 노면이 얼어붙은 경우 또는 폭설로 가시거리가 100 미터 이내인 경우 최고속도의 얼마나 감속 운행하여야 하는가?

① 50/100
② 30/100
③ 40/100
④ 20/100

🔍 **감속 운행**
- 20/100을 줄인 속도 : 눈이 20mm 미만 쌓인 때, 비가 내려 습기가 있을 때
- 50/100을 줄인 속도 : 폭우·폭설·안개 등으로 가시거리가 100m 이내인 때, 노면이 얼어붙은 때, 눈이 20mm 이상 쌓인 때

[CBT 복원문제 _제5회]

정답

01 ① 02 ③ 03 ② 04 ① 05 ④ 06 ② 07 ① 08 ② 09 ③ 10 ③
11 ① 12 ③ 13 ① 14 ① 15 ② 16 ① 17 ② 18 ② 19 ② 20 ①
21 ④ 22 ③ 23 ② 24 ① 25 ① 26 ② 27 ② 28 ② 29 ④ 30 ④
31 ④ 32 ② 33 ① 34 ④ 35 ③ 36 ② 37 ④ 38 ③ 39 ③ 40 ①
41 ① 42 ① 43 ③ 44 ② 45 ② 46 ④ 47 ① 48 ② 49 ③ 50 ④
51 ② 52 ④ 53 ② 54 ① 55 ① 56 ② 57 ① 58 ③ 59 ③ 60 ①

제7장
CBT 복원문제 _ 제6회

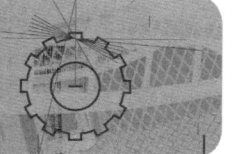

01 건설기계의 등록이 말소된 경우 등록번호표는 며칠 이내에 시·도지사에게 반납하여야 하는가?

① 10일
② 30일
③ 3개월
④ 6개월

🔍 건설기계 등록이 말소되거나 등록된 사항 중 대통령령이 정하는 사항이 변경된 때에는 등록번호표의 봉인을 뗀 후 그 번호표를 10일 이내에 시·도지사에게 반납하여야 한다.

02 건설기계 검사의 종류가 아닌 것은?

① 신규등록검사
② 정기검사
③ 임시검사
④ 수시검사

🔍 건설기계 검사
• 신규등록검사 : 건설기계를 신규로 등록할 때 실시하는 검사
• 정기검사 : 건설공용 건설기계로서 3년의 범위 내에서 국토교통부령이 정하는 검사유효기간이 끝난 후에 계속하여 운행하고자 할 때 실시하는 검사와 대기환경보전법에 따른 운행차의 정기검사
• 구조변경검사 : 등록된 건설기계의 주요 구조를 변경 또는 개조하였을 때 실시하는 검사(사유발 생일로부터 20일 이내에 검사)
• 수시검사 : 성능이 불량하거나 사고가 빈발하는 건설기계의 안전성 등을 점검하기 위하여 수시로 실시하는 검사와 건설기계 소유자의 신청에 의하여 실시하는 검사

03 건설기계등록번호표의 유형별 도색으로 틀린 것은?

① 자가용 : 흰색 바탕에 검은색 문자
② 대여사업용 : 주황색 바탕에 검은색 문자
③ 관용 : 흰색 바탕에 검은색 문자
④ 임시용 : 흰색 페인트판에 파란색 문자

🔍 건설기계의 임시번호표 및 등록번호표
• 임시번호표(미등록 및 등록된 건설기계) : 흰색 페인트판에 검은색 문자
• 등록번호표
  - 비사업용(관용 또는 자가용) : 흰색 바탕에 검은색 문자
  - 대여사업용 : 주황색 바탕에 검은색 문자

04 다음 중 건설기계조종사 면허가 취소되는 경우는?

① 고의로 사람을 다치게 한 경우
② 과실로 1명을 사명하게 한 경우
③ 과실로 3명에게 중상을 입힌 경우
④ 과실로 10명에게 경상을 입힌 경우

🔍 건설기계조종사 면허의 취소 사유
• 거짓이나 그 밖의 부정한 방법으로 건설기계조종사면허를 받은 경우
• 건설기계조종사면허의 효력정지기간 중 건설기계를 조종한 경우
• 건설기계조종사면허의 결격사유에 해당하게 된 경우
• 건설기계 조종 중 고의로 사망, 중상, 경상 등을 입힌 경우
• 건설기계 조종 중 과실로 산업안전보건법에 따른 다음의 중대재해가 발생한 경우
  - 사망자가 1명 이상 발생한 재해
  - 3개월 이상의 요양이 필요한 부상자가 동시에 2명 이상 발생한 재해
  - 부상자 또는 직업성질병자가 동시에 10명 이상 발생한 재해

05 건설기계관리법령상 건설기계를 주택가 주변의 도로·공터 등에 세워 두어 교통소통을 방해하거나 소음 등으로 주민의 조용하고 평온한 생활환경을 침해한 자에 대한 벌칙은?

① 1년 이하의 징역 또는 1천만원 이하의 벌금
② 300만원 이하의 과태료
③ 100만원 이하의 과태료
④ 50만원 이하의 과태료

🔍 50만원 이하의 과태료(주요 사항)
• 등록 전 일시적으로 운행하는 건설기계에 임시번호표를 붙이지 아니하고 운행한 자
• 등록사항의 변경신고를 하지 아니하거나 거짓으로 신고한 자
• 건설기계의 정비 범위를 위반하여 건설기계를 정비한 자
• 건설기계를 주택가 주변의 도로·공터 등에 세워 두어 교통소통을 방해하거나 소음 등으로 주민의 조용하고 평온한 생활환경을 침해한 자

06 건설기계조종사면허의 적성검사 기준에 해당되지 않는 것은?

① 두 눈을 뜨고 잰 시력이 0.7 이상이고 두 눈의 시력이 각각 0.3 이상일 것
② 55데시벨(보청기를 사용하는 사람은 40데시벨)의 소리를 들을 수 있을 것
③ 시각은 150도 이상일 것
④ 언어분별력이 50% 이상일 것

🔍 적성검사 기준
• 두 눈을 동시에 뜨고 잰 시력(교정시력 포함)이 0.7 이상이고 두 눈의 시력이 각각 0.3 이상일 것
• 55데시벨(보청기를 사용하는 사람은 40데시벨)의 소리를 들을 수 있고, 언어분별력이 80퍼센트 이상일 것
• 시각은 150도 이상일 것
• 정신병자·지적장애인·뇌전증환자, 마약·대마·향정신성의약품·알코올 중독자가 아닐 것

07 축전지의 용량에 대한 설명으로 옳은 것은?

① 전해액의 양과는 관계가 없다.
② 극판의 수와 관련이 있으며 극판의 크기와는 관계가 없다.
③ 방전 전류에 방전 시간을 곱한 것이다.
④ 격리판의 개수와 관계가 있다.

🔍 축전지의 용량은 극판의 크기, 극판의 갯수 및 황산(전해액)의 양에 의해 결정된다.

08 퓨즈에 대한 설명 중 틀린 것은?

① 퓨즈는 정격용량을 사용한다.
② 퓨즈 용량은 A로 표시한다.
③ 퓨즈는 가는 구리선으로 대용된다.
④ 퓨즈는 표면이 산화되면 끊어지기 쉽다.

> 퓨즈는 일정한 값 이상의 전류가 흐르면 용단되는 것으로 회로 및 기기를 보호하는 가장 간단한 전류자동차단기로 납과 주석의 합금으로 만든다.

09 직권식 기동 전동기의 전기가 코일과 계자 코일은 전원에 대해 어떻게 접속되어 있는가?

① 전기자 코일은 직렬, 계자 코일은 병렬로 접속되어 있다.
② 모두 직렬로 접속되어 있다.
③ 모두 병렬로 접속되어 있다.
④ 전기자 코일은 병렬, 계자 코일은 직렬로 접속되어 있다.

> 직권식은 전기자 코일과 계자 코일이 직렬로 접속되어 있으며, 분권식은 병렬, 복권식은 직·병렬로 연결되어 있다.

10 디젤기관의 연소실 형태 중에서 직접 분사실식에 대한 설명으로 옳지 않은 것은?

① 열효율이 높고 시동이 쉽다.
② 분사 압력이 낮아 펌프와 노즐의 수명이 길다.
③ 분사 노즐의 상태와 연료의 질에 민감하다.
④ 노크가 일어나기 쉽다.

> 직접 분사실식의 단점
> • 분사 압력이 높아 분사 펌프와 노즐 등의 수명이 짧다.
> • 분사 노즐의 상태와 연료의 질에 민감하다.
> • 노크가 일어나기 쉽다.

11 건설기계에서 사용되는 윤활유 여과방식에 해당되지 않는 것은?

① 분류식
② 전류식
③ 복합식
④ 합류식

> 엔진오일의 여과방식
> • 분류식 : 오일 펌프에서 나온 오일의 일부를 여과하고 나머지는 윤활부로 그냥 보낸다.
> • 전류식 : 오일 펌프에서 나온 오일 전부가 여과기를 거쳐 여과된 다음 윤활부로 가게 된다.
> • 샨트식(조합식, 복합식) : 펌프에 보내지는 오일의 일부만을 여과하지만 여과된 오일이 오일 팬으로 돌아오지 않고 윤활부에 공급된다.

12 동력전달장치에서 추진축의 각도 변화를 가능하게 하는 기구는?

① 슬립 조인트
② 유니버셜 조인트
③ 파워 시프트
④ 크로스 멤버

> 유니버셜 조인트(자재이음, universal joint)
> • 양 축이 동일평면 내에 있고, 그 축선이 30° 이하의 각도로 교차하는 경우에 사용되는 축 이음으로서 훅 조인트라고도 한다.
> • 양 축단에 각각 요크(yoke)를 부착하고, 이것을 십자형의 핀으로 자유로이 회전할 수 있도록 연결한 축 이음이다.

13 과급기의 터보차저를 구동하는 것으로 가장 적합한 것은?

① 엔진의 열
② 엔진의 배기가스
③ 엔진의 흡입가스
④ 엔진의 여유동력

> 엔진 배기가스 잔류 압력을 이용하여 과급기를 구동한다.

14 크랭크축 베어링의 윤활유로 사용되는 것은?

① 엔진오일
② 그리스
③ 오일리스 베어링
④ 외부 윤활유

> 크랭크축 베어링은 윤활장치에서 공급되는 엔진오일에 의해 윤활되며, 엔진오일은 오일펌프에 의해 오일 통로를 거쳐 크랭크축 – 메인 – 베어링에 공급된다.

15 건설기계 기관에서 사용하는 윤활유의 구비 성질로 볼 수 없는 것은?

① 인화점 및 발화점이 높을 것
② 비중이 적당할 것
③ 열전도가 양호할 것
④ 산화에 대한 저항이 작을 것

> 윤활유의 구비 성질
> • 인화점 및 발화점이 높을 것
> • 비중이 적당할 것
> • 열전도가 양호할 것
> • 산화에 대한 저항이 클 것(내산성)
> • 점도와 온도의 관계가 좋을 것
> • 카본 생성이 적을 것
> • 강인한 유막을 형성할 것

16 기관이 작동 중 라디에이터 캡 쪽으로 물이 상승하면서 연소가스가 누출될 때 원인으로 맞는 것은?

① 분사 노즐의 동와셔가 불량하다.
② 라디에이터 캡이 불량하다.
③ 물 펌프에 누설이 생겼다.
④ 실린더 헤드에 균열이 생겼다.

> 압력식 라디에이터 캡은 기관 냉각장치에서 냉각수 비등점을 올리기 위한 것으로 기관 작동 중에 라디에이터 캡으로 물이 상승하면서 연소가스가 누출되면 그 원인은 실린더 헤드에 균열이 생겼기 때문이다.

17 작동유(유압유) 속에 용해 공기가 기포로 되어 있는 상태를 무엇이라고 하는가?

① 인화 현상
② 노킹현상
③ 조기착화 현상
④ 공동현상

> 공동현상(캐비테이션)이란 유동하고 있는 액체의 압력이 국부적으로 저하되어 포화 증기 압력 또는 공기 분리 압력에 대하여 증기를 발생시키거나 용해 공기 등이 분리되어 기포를 일으키는 현상을 말한다.

18 유압모터의 단점에 해당되지 않는 것은?

① 작동유에 먼지나 공기가 침입하지 않도록 특히 보수에 주의해야 한다.
② 작동유가 누출되면 작업 성능에 지장이 있다.
③ 작동유의 점도변화에 의하여 유압모터의 사용에 제약이 있다.
④ 릴리프 밸브를 부착하여 속도나 방향제어하기가 곤란하다.

🔍 릴리프 밸브는 회로내의 압력이 과도하게 상승하는 것을 방지하고 항상 일정한 압력을 유지하는 밸브로 유압펌프와 제어 밸브 사이에 설치되어 있다.

19 유압제어 밸브 중 속도제어 밸브의 역할에 대한 설명으로 틀린 것은?

① 회로에 공급되는 유량을 조절한다.
② 작동유의 흐름을 한쪽 방향으로만 흐르도록 한다.
③ 액추에이터의 작동 속도를 제어한다.
④ 스로틀 밸브는 속도제어 밸브이다.

🔍 작동유의 흐름을 한쪽 방향으로만 흐르도록 하고 역류를 방지하는 역할을 하는 것은 체크밸브(check valve)로 방향제어에 해당된다.

20 2개 이상의 분기 회로에서 유압 회로의 압력에 의하여 작동순서를 제어하기 위해 사용되는 밸브는?

① 카운터 밸런스 밸브   ② 언로더 밸브
③ 릴리프 밸브   ④ 시퀀스 밸브

🔍
• 카운터 밸런스 밸브 : 실린더가 중력으로 인하여 제어속도 이상으로 낙하하는 것을 방지
• 언로더 밸브 : 유압회로의 압력이 설정압력에 이르면 펌프로부터 전체 유량을 직접 탱크로 복귀시켜 펌프를 무부하로 상태로 유지
• 릴리프 밸브 : 유압 회로의 최고 압력을 제한하고 회로 내의 과부하를 방지
• 시퀀스 밸브 : 2개 이상의 분기 회로가 있을 때 순차적인 작동을 하기 위한 압력제어 밸브

21 유압회로 내의 유압유 점도가 너무 낮을 때 생기는 현상이 아닌 것은?

① 오일이 누설될 수 있다.
② 유압펌프의 효율이 저하된다.
③ 시동 저항이 커진다.
④ 회로의 압력이 저하된다.

🔍 오일 점도가 낮을 경우 나타나는 현상
• 펌프 효율 저하   • 액추에이터의 효율 저하
• 회로 내의 누유   • 유압 저하
• 유압장치 각 부의 누유

22 그림과 같은 실린더의 명칭은?

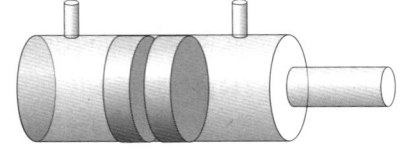

① 단동 실린더 편로드형   ② 단동 실린더 양로드형
③ 복동 실린더 편로드형   ④ 복동 실린더 양로드형

🔍 그림의 실린더는 복동 실린더 편로드형을 나타내고 있다. 참고로 위쪽의 연결부가 1개면 단동, 그림처럼 2개면 복동이며, 실린더의 좌·우로 로드가 모두 있으면 양로드형, 그림과 같이 1개만 있으면 편로드형이다.

23 유량이나 1차 측의 압력과 무관하게 분기회로에서 2차측 압력을 설정값까지 감압하여 사용하는 제어 밸브는?

① 시퀀스 밸브
② 감압 밸브
③ 언로더 밸브
④ 카운터 밸런스 밸브

🔍
• 시퀀스 밸브 : 2개 이상의 분기 회로가 있을 때 순차적인 작동을 하기 위한 압력제어 밸브
• 리듀싱(감압 밸브) : 유압 회로에서 분기 회로의 압력을 주회로의 압력보다 감압시켜 사용하는 제어 밸브
• 언로더 밸브 : 유압회로의 압력이 설정압력에 이르면 펌프로부터 전체 유량을 직접 탱크로 복귀시켜 펌프를 무부하로 상태로 유지
• 카운터 밸런스 밸브 : 실린더가 중력으로 인하여 제어속도 이상으로 낙하하는 것을 방지

24 다음 유압펌프 중 가장 높은 압력 조건에 사용할 수 있는 펌프는?

① 기어 펌프
② 로터리 펌프
③ 플런저 펌프
④ 베인 펌프

🔍 플런저 펌프(plunger pump)의 특성
• 고압(150~350kgf/cm²)에 적합하며 펌프 효율이 가장 높다.
• 가변 용량형에 적합하며, 각종 토출량 제어장치가 있어서 목적 및 용도에 따라 조정할 수 있다.
• 구조가 복잡하고 비싸다.
• 오일의 오염에 극히 민감하다.
• 흡입능력이 가장 낮다.

25 액추에이터의 운동속도를 조정하기 위하여 사용되는 밸브는?

① 압력제어 밸브
② 온도제어 밸브
③ 유량제어 밸브
④ 방향제어 밸브

🔍 밸브의 역할
• 압력제어 밸브 : 일의 크기를 조절한다.
• 방향제어 밸브 : 일의 방향을 조절한다.
• 유량제어 밸브 : 일의 속도를 조절한다.

26 플런저가 구동축의 직각방향으로 설치되어 있는 유압 모터는?

① 캠형 플런저 모터
② 엑시얼형 플런저 모터
③ 블래더형 플런저 모터
④ 레이디얼형 플런저 모터

🔍
• 엑시얼형 플런저 : 구동축의 원둘레 방향에 설치
• 레이디얼형 플런저 : 구동축의 직각방향에 설치

27 안전·보건표지의 색채 기준 중 응급 구호 장비가 있는 장소를 알리는 색채는?

① 빨간색　② 노란색
③ 녹색　④ 흰색

색채	용도	사용례
빨간색	금지	정지신호, 소화설비 및 그 장소, 유해행위의 금지
	경고	화학물질 취급장소에서의 유해·위험 경고
노란색	경고	화학물질 취급장소에서의 유해·위험 경고 이외의 위험경고, 주의 표지 또는 기계방호물
파란색	지시	특정 행위의 지시 및 사실의 고지
녹색	안내	비상구 및 피난소, 사람 또는 차량의 통행 표시
흰색	-	파란색 또는 녹색에 대한 보조색
검은색		문자 및 빨간색 또는 노란색에 대한 보조색

28 벨트 취급에 대한 안전사항 중 틀린 것은?

① 벨트 교환시 회전을 완전히 멈춘 상태에서 한다.
② 벨트의 회전을 정지할 때 손으로 잡고서 한다.
③ 벨트의 적당한 장력을 유지하도록 한다.
④ 벨트에 기름이 묻지 않도록 한다.

> 벨트의 회전을 멈출 때 손으로 잡고서 하면 사고 우려가 있다.

29 작업장에서 휘발유 화재가 일어났을 경우 가장 적합한 소화 방법은?

① 탄산가스 소화기의 사용
② 불의 확대를 막는 덮개의 사용
③ 소다 소화기의 사용
④ 물 호스의 사용

> 유류화재는 B급화재로 포말소화기, 이산화탄소(탄산가스) 소화기, 분말 소화기, 증발성 액체 소화기를 적용한다.

30 안전제일에서 가장 먼저 선행되어야 할 이념으로 맞는 것은?

① 재산 보호　② 생산성 향상
③ 신뢰성 향상　④ 인명 보호

> 안전의 제1목표는 인명을 보호하는 것이다.

31 산업체에서 안전을 지킴으로서 얻을 수 있는 이점과 가장 거리가 먼 것은?

① 직장의 신뢰도를 높여준다.
② 직장 상·하 동료 간 인간관계 개선 효과도 기대된다.
③ 기업의 투자 경비가 늘어난다.
④ 사내 안전수칙이 준수되어 질서유지가 실현된다.

> 안전관리란 재해로부터 인간의 생명과 재산을 보존하기 위한 계획적이고 체계적인 제반 활동을 의미한다.

32 재해의 원인 중 인적 원인에 해당되는 것은?

① 안전 방호장치 결함
② 위험물 취급 부주의
③ 작업환경의 결함
④ 보호구의 결함

> 재해의 직접원인
> • 불안전한 행동(행위, 인적원인) : 위험장소 접근, 안전장치의 기능 제거, 복장·보호구의 잘못사용, 기계·기구 잘못사용, 운전 중인 기계장치의 손질, 불안전한 속도 조작, 위험물 취급 부주의, 불안전한 상태 방치, 불안전한 자세 동작, 감독 및 연락 불충분
> • 불안전한 상태 : 물 자체 결함, 안전 방호장치 결함, 보호구의 결함, 물의 배치 및 작업장소 결함, 작업환경의 결함, 생산 공정의 결함, 경계표시·설비의 결함

33 수공구 사용시 안전수칙으로 바르지 못한 것은?

① 톱 작업은 밀 때 절삭되게 작업한다.
② 줄 작업으로 생긴 쇳가루는 브러시로 털어 낸다.
③ 해머작업은 미끄러짐을 방지하기 위해서 반드시 면장갑을 끼고 작업한다.
④ 조정 렌치는 조정조가 있는 부분에 힘을 받지 않게 하여 사용한다.

> 장갑을 착용하면 안 되는 작업 : 해머작업, 연삭작업, 드릴작업, 정밀기계작업

34 산소-아세틸렌 가스 용접 작업 시의 재해로 거리가 먼 것은?

① 고온과 불티에 의해 화재의 우려가 있다.
② 용접 시 발생하는 유해광선에 의해 눈질환의 우려가 있다.
③ 충전부 접촉에 의한 감전재해의 우려가 있다.
④ 용접 작업 중 화구에 불을 붙이는 순간 화염이 뻗치면서 화상을 입을 수 있다.

> 산소-아세틸렌 가스 용접은 아세틸렌과 산호의 혼합물을 토치 끝부분에서 연소시켜 접합하는 용접으로 감전재해와는 거리가 멀다.

35 반드시 건설기계정비업체에서 정비하여야 하는 것은?

① 오일의 보충
② 배터리의 교환
③ 창유리의 교환
④ 엔진 탈·부착 및 정비

> 엔진의 탈·부착 및 정비는 반드시 건설기계정비업체를 통해 정비하여야 한다.

36 연삭 작업 시 반드시 착용해야 하는 보호구는?

① 방독면　② 장갑
③ 보안경　④ 마스크

> 물체가 날아 흩어질 위험이 있는 작업을 하는 경우에는 보안경을 반드시 착용하여야 한다.

37 트럭탑재식 기중기의 장점이 아닌 것은?

① 기동성이 좋다.
② 장거리 이동에 유리하다.
③ 기중작업시 안정성이 좋다.
④ 습지, 사지, 황지에서 작업이 가능하다.

🔍 트럭탑재식은 트럭의 차대 또는 트럭 기중기 전용차체로 제작된 캐리어(carrier) 위에 기중 작업장치인 상부선회체를 설치한 것으로 기동성과 안정성이 좋은 장점이 있으나 습지, 사지, 험한 지역, 협소한 장소에서는 작업이 곤란하다.

38 기중기의 붐 각이 커지면?

① 작업반경이 작아진다.
② 기중능력이 작아진다.
③ 임계하중이 작아진다.
④ 붐의 길이가 짧아진다.

🔍 붐의 각과 작업반경은 반비례한다. 또한, 기중기의 작업반경이 커지면 기중능력은 감소한다.

39 기중기에서 들어 올릴 수 있는 최대의 작업하중을 무엇이라고 하는가?

① 호칭하중
② 임계하중
③ 작업하중
④ 회전하중

🔍 기중기의 하중
• 임계하중 : 좌·우 스윙하지 않고 기중하였을 때 들 수 있는 하중
• 안전하중 : 작업하중이라고도 하며 붐 각도에 따라 안전하게 작업할 수 있는 하중
• 호칭하중 : 들어 올릴 수 있는 최대의 작업하중

40 기중기의 후방안정도란 기중기에 지나치게 많은 평형추를 다는 것을 피하고 기중기의 후방에 안정성을 주기 위하여 일정한 조건에서 전후 축으로 배분된 하중을 말한다. 여기서 말하는 일정한 조건에 해당되지 않는 것은?

① 평탄하고 단단한 지면일 것
② 최소 작업반경일 것
③ 달아올림기구에 정격 하중이 가해진 상태일 것
④ 아웃트리거가 없는 상태일 것

🔍 후방안정도의 조건
• 평탄하고 단단한 지면일 것
• 최소 작업반경일 것
• 달아올림기구에 하중이 가해지지 아니한 상태일 것
• 아웃트리거가 없는 상태일 것

41 무한궤도식 기중기의 등판능력 및 제동능력과 관련하여 다음 내용의 ( ) 안에 들어갈 내용으로 옳은 것은?

무한궤도식 기중기는 ( ) 기울기의 견고한 건조지면을 올라갈 수 있고, 정지상태를 유지할 수 있어야 한다.

① 100분의 10
② 100분의 25
③ 100분의 30
④ 100분의 45

🔍 기중기는 100분의 25(무한궤도식 기중기는 100분의 30) 기울기의 견고한 건조지면을 올라갈 수 있고, 정지상태를 유지할 수 있어야 한다. 다만, 항만 등 특수한 장소에서 사용하는 기중기로 국토교통부장관이 고시한 기중기의 경우에는 제외한다.

42 기중기의 사용 용도와 가장 거리가 먼 것은?

① 철도 교량 설치작업
② 경지정리 작업
③ 파일 항타 작업
④ 차량의 화물적재 및 적하작업

🔍 기중기(Crane)는 중화물의 기중작업, 토사 굴토 및 굴착 작업, 화물의 적하 및 적재작업, 항타작업 등을 하는 건설기계이다.

43 기중기 장치 중 콘크리트 기둥을 세우기 위해 사용하는 구멍파기 전부장치는?

① 파일 해머
② 항발기
③ 훅
④ 어스드릴

🔍 어스오거는 나사모양의 드릴을 이용하여 지면에 원통홈을 파며, 어스드릴은 드릴버킷을 이용하여 원통구멍을 내고 그곳에 철근, 콘크리트를 투입하여 파일을 만드는 작업을 한다.

44 휠형(wheel type) 기중기는 작업 중에 무엇으로 안정성을 유지하는가?

① 아웃트리거
② 평형추
③ 디퍼스틱
④ 새들 블록

🔍 아웃트리거(outrigger)는 기중기의 전후, 좌우 방향에 안정성을 주어 기중작업을 할 때 기중기가 전도되는 것을 방지하는 역할을 한다.

45 기중기에서 하부 주행체가 전진 또는 후진할 수 있도록 하기 위한 축은?

① 수직 프로펠러 축
② 수직 주행 축
③ 수평 주행 축
④ 수직 리버싱 축

🔍 • 수직 주행 축(vertical travel shaft) : 하부 주행체가 전·후진이 이루어질 수 있도록 하기 위해 설치한 축
• 수평 주행 축(horizontal travel shaft) : 하부 주행체의 조향과 주행 동력을 전달하는 축

46 크레인 붐의 최대 제한 각도는?

① 45°
② 66°
③ 78°
④ 93°

🔍 크레인 붐의 최소 제한 각도는 20°, 최대 제한 각도는 78°이다.

47 클램셸(clamshell) 기중기의 케이블과 그 역할의 연결이 잘못된 것은?

① 붐 호이스트 케이블 – 붐의 상승 및 하강
② 홀딩 케이블 – 버킷의 상승 및 하강
③ 클로징 케이블 – 버킷의 좌우 회전
④ 태그라인 – 버킷이 공중에서 회전하는 것을 방지

🔍 클로징 케이블 – 버킷의 개폐

48 크레인의 기본 동작에 속하지 않는 것은? ②

① 리트랙트(Retract)   ② 틸트(Tilt)
③ 크라우드(Crowd)   ④ 스윙돌리기(Swing)

🔍 기중기의 7개 기본동작은 짐 올리기(Hoist), 붐 올리기(Boom hoist), 돌리기(Swing), 파기(Crowd), 당기기(Retract), 버리기(Dump), 가기(Travel)이다.

49 기중기의 클램셸(clamshell) 어태치먼트로 작업하기 어려운 것은?

① 토사 적재작업   ② 오물 제거작업
③ 수직 굴토작업   ④ 일반 기중작업

🔍 클램셸(clamshell) 기중기는 우물 공사 등 수직으로 깊이 파는 굴토 작업, 토사를 적재하는 작업, 토사 및 화물의 취급 및 오물 제거 작업 등에 주로 사용된다.

50 기중기 부착물에서 태그 라인 와인더의 역할은?

① 작업반경을 계산한다.
② 태그 라인의 장력을 제어한다.
③ 태그 라인의 세척작용을 돕는다.
④ 기중시 안전성을 유지한다.

🔍 클램셸(clamshell)의 구성품인 태그 라인은 버킷이 공중에서 회전하는 것을 방지하며, 태그 라인 와인더는 이러한 태그 라인의 장력을 제어한다.

51 드래그 라인 작업장치에서 케이블을 드럼에 잘 감기도록 안내하는 것은?

① 새들 블록   ② 페어리드
③ 태그 라인 와인더   ④ 브리들

🔍 페어리드(fair lead)는 드래그 라인(drag line)의 앞부분에 설치되며 역할은 케이블에 드럼에 잘 감기도록 안내하는 것이다.

52 크레인 인양작업 시 줄걸이 안전사항으로 적합하지 않는 것은?

① 신호자는 크레인운전자가 잘 볼 수 있는 안전한 위치에서 행한다.
② 2인 이상의 고리 걸이 작업 시에는 상호 간에는 소리를 내면서 행한다.
③ 신호자는 원칙적으로 1인이다.
④ 권상 작업시 지면에 있는 보조자는 와이어로프를 손으로 꼭 잡아 하물이 흔들리지 않게 하여야 한다.

53 기중기 작업현장에서 와이어로프 설치 시 가장 간편한 고정법은?

① 전기용접법
② 묶음법
③ 쐐기고정법
④ 합금고정법

🔍 쐐기(Wedge) 고정법은 끝을 시징한 와이어로프를 소켓 안에서 구부려 그 속에 쐐기를 넣어 고정시키는 방법으로 작업이 간편하고 현장에서 쉽게 적용할 수 있는 가공방법이다.

54 무한궤도식 기중기에서 트랙이 자주 벗겨지는 원인으로 가장 거리가 먼 것은?

① 유격(긴도)이 규정보다 커 트랙이 늘어졌다.
② 트랙의 상·하부 롤러가 마모되었다.
③ 최종 구동기어가 마모되었다.
④ 트랙의 중심 정렬이 맞지 않았다.

🔍 트랙이 벗겨지는 원인
• 프런트 아이들러와 스프로킷 및 상부 롤러의 마모가 클 때
• 고속 주행시 급선회하였을 경우
• 프런트 아이들러와 스프로킷의 중심이 틀릴 때
• 트랙의 긴도가 너무 클 때(느슨할 때)
• 리코일 스프링의 장력이 약할 때
• 측면을 경사시켜 작업할 때

55 기중기 작업 시 유의사항으로 틀린 것은?

① 작업 반경 내 근로자의 접근을 금지 시킬 것
② 작업시는 반드시 아웃트리거를 사용하여 항상 수평유지 할 것
③ 권상 중량을 높이기 위한 카운터 웨이트 중량을 증가시킬 것
④ 신호는 유자격자 중 한 사람의 신호만을 따를 것

🔍 권상 중량을 높이기 위해 카운터 웨이트 중량을 증가시키지 말아야 한다.

56 타이어식(wheel type) 기중기의 인양 전 점검사항으로 적절치 않은 것은?

① 부하(하물)의 중량을 확인
② 모든 타이어를 지면에 밀착
③ 확실한 선회 여유 간격 유지
④ 크레인의 수평을 맞춤

🔍 아웃트리거(outrigger) 빔을 완전히 펼치고 모든 타이어를 지상으로부터 띄워야 한다.

57 자동차의 승차정원에 대한 내용 중 맞는 것은?

① 등록증에 기재된 인원
② 화물자동차 4명
③ 승용자동차 4명
④ 운전자를 제외한 나머지 인원

🔍 자동차의 승차정원은 자동차등록증에 기재된 인원이다.

58 앞지르기를 할 수 없는 경우는?

① 앞차의 좌측에 다른 차가 나란히 진행하고 있을 때

② 앞차가 우측으로 진로를 변경하고 있을 때

③ 앞차가 그 앞차와의 안전거리를 확보하고 있을 때

④ 앞차가 양보 신호를 할 때

🔍 **앞지르기가 금지되는 경우**
- 앞차의 좌측에 다른 차가 나란히 진행하고 있을 때
- 앞차가 다른 차를 앞지르려고 하거나, 앞지르고 있을 때
- 앞차가 좌측으로 진로를 바꾸려고 할 때
- 대향차의 진행을 방해하게 될 염려가 있을 때
- 앞차가 법규, 경찰공무원의 지시에 따르거나 위험을 방지하기 위하여 정지 또는 서행하고 있을 때

59 도로교통법상 도로의 모퉁이로부터 몇 m 이내의 장소에 정차하여서는 안 되는가?

① 2m　　　　　　② 3m

③ 5m　　　　　　④ 10m

🔍 **정차 및 주차가 모두 금지되는 장소**
- 교차로 · 횡단보도 · 건널목이나 보도와 차도가 구분된 도로의 보도
- 교차로의 가장자리나 도로의 모퉁이로부터 5m 이내인 곳
- 안전지대가 설치된 도로에서는 그 안전지대의 사방으로부터 각각 10m 이내인 곳
- 버스여객자동차의 정류지임을 표시하는 기둥이나 표지판 또는 선이 설치된 곳으로부터 10m 이내인 곳
- 건널목의 가장자리 또는 횡단보도로부터 10m 이내인 곳
- 소방용수시설 또는 비상소화장치가 설치된 곳으로부터 5m 이내인 곳

60 도로명주소 안내시설 중 도로명판이 아닌 것은?

① 강남대로　Gangnam-daero　1 - 699

② 사임당로　Saimdang-ro　250 ↑ 92

③ 중앙로　Jungang-ro　92 ← 96

④ 세종대로　Sejong-daero　209

🔍 보기 중 ④항은 건물번호판 중 일반용 건물번호판에 해당된다.

[CBT 복원문제 _제6회]

정답

01 ①	02 ③	03 ④	04 ①	05 ④	06 ④	07 ③	08 ③	09 ②	10 ②
11 ④	12 ②	13 ②	14 ①	15 ④	16 ④	17 ④	18 ④	19 ②	20 ④
21 ③	22 ③	23 ②	24 ③	25 ③	26 ④	27 ②	28 ②	29 ①	30 ④
31 ③	32 ②	33 ③	34 ③	35 ④	36 ③	37 ④	38 ①	39 ①	40 ④
41 ③	42 ②	43 ④	44 ①	45 ②	46 ③	47 ③	48 ②	49 ④	50 ④
51 ②	52 ④	53 ③	54 ④	55 ③	56 ②	57 ①	58 ①	59 ③	60 ④

기중기운전기능사 총정리문제

2025년 01월 05일 인쇄
2025년 01월 20일 발행

저자 | 건설기계교육아카데미
발행처 | (주)도서출판 책과상상
등록번호 | 제2020-000205호
발행인 | 이강복
주소 | 경기도 고양시 일산동구 장항로 203-191
편집문의 | 02)3272-1703
구입문의 | 02)3272-1704
홈페이지 | www.sangsangbooks.co.kr
ISBN | 979-11-6967-177-4 (13550)

Copyright©2025 건설기계교육아카데미
Book & SangSang Publishing Co.
정가 : 15,000원

※저자와의 협의하에 인지를 생략합니다.